"十四五"职业教育国家规划教材

AutoCAD 项目教程 （2024 版）

主　编　陈卫红　马艳昌　郝海瑞

参　编　向华维　向楚骄　邹丹丹
　　　　李晓芸　姚祥勇　王红雨

机械工业出版社

本书通过 22 个机械绘图任务组织学习内容，以全新的编排方式、贴近读者的语言对每个任务进行分步讲解，任务包含绘制立方体、绘制标准图框、绘制阶梯轴、绘制手柄、绘制操纵杆、绘制轴类零件图、绘制叉架类零件图、绘制 V 带轮零件图、绘制螺纹连接、绘制齿轮、绘制螺母块零件图、绘制活动钳身零件图、绘制固定钳座零件图、绘制轴测图、参数化绘图、三通管道建模、茶壶建模、直齿圆柱齿轮建模、焊接弯头建模、轴承座建模、绘制机用虎钳三维模型装配图和绘制轴承座工程图。各任务自成体系，并在每个任务后适当讲解相关理论知识进行知识扩展，有利于组织模块式教学。

　　本书内容安排遵循学习规律，内容以"实用、够用"为原则，各任务由易到难，命令输入方式以由选项卡、工具栏选取工具为主，以到命令行输入命令为辅，打破了 AutoCAD 原有的知识框架，增加了机械制图国家标准和与其他程序进行数据交换等内容，同时运用了"互联网+"形式，在重要知识点处嵌入二维码，方便读者理解相关知识，进行更深入的学习，并在每个任务后安排有强化练习题。另外，每个项目均配有必要的课件、视频和".dwg"格式原图等课程资源，方便组织教学和学生自学使用。

　　本书可作为职业院校机械类相关专业的教材，也可作为零基础人员自学 AutoCAD 技能的参考书。

　　为便于教学，本书配有电子课件及素材等配套资源，需要的教师可登录机械工业出版社教育服务网（www.cmpedu.com），免费注册后下载。

图书在版编目（CIP）数据

AutoCAD 项目教程：2024 版／陈卫红，马艳昌，郝
海瑞主编. -- 北京：机械工业出版社，2025. 1（2025. 8 重印）.
（"十四五"职业教育国家规划教材）. -- ISBN 978-7
-111-77441-9

Ⅰ. TP391.72

中国国家版本馆 CIP 数据核字第 2025NL6482 号

机械工业出版社（北京市百万庄大街 22 号　邮政编码 100037）

策划编辑：黎　艳　　　　　责任编辑：黎　艳　章承林
责任校对：曹若菲　李　婷　　封面设计：鞠　杨
责任印制：李　昂
涿州市京南印刷厂印刷
2025 年 8 月第 1 版第 2 次印刷
184mm×260mm · 14. 5 印张 · 405 千字
标准书号：ISBN 978-7-111-77441-9
定价：49. 80 元

电话服务　　　　　　　　　网络服务
客服电话：010-88361066　　机　工　官　网：www.cmpbook.com
　　　　　010-88379833　　机　工　官　博：weibo.com/cmp1952
　　　　　010-68326294　　金　书　网：www.golden-book.com
封底无防伪标均为盗版　　机工教育服务网：www.cmpedu.com

关于"十四五"职业教育
国家规划教材的出版说明

为贯彻落实《中共中央关于认真学习宣传贯彻党的二十大精神的决定》《习近平新时代中国特色社会主义思想进课程教材指南》《职业院校教材管理办法》等文件精神，机械工业出版社与教材编写团队一道，认真执行思政内容进教材、进课堂、进头脑要求，尊重教育规律，遵循学科特点，对教材内容进行了更新，着力落实以下要求：

1. 提升教材铸魂育人功能，培育、践行社会主义核心价值观，教育引导学生树立共产主义远大理想和中国特色社会主义共同理想，坚定"四个自信"，厚植爱国主义情怀，把爱国情、强国志、报国行自觉融入建设社会主义现代化强国、实现中华民族伟大复兴的奋斗之中。同时，弘扬中华优秀传统文化，深入开展宪法法治教育。

2. 注重科学思维方法训练和科学伦理教育，培养学生探索未知、追求真理、勇攀科学高峰的责任感和使命感；强化学生工程伦理教育，培养学生精益求精的大国工匠精神，激发学生科技报国的家国情怀和使命担当。加快构建中国特色哲学社会科学学科体系、学术体系、话语体系。帮助学生了解相关专业和行业领域的国家战略、法律法规和相关政策，引导学生深入社会实践、关注现实问题，培育学生经世济民、诚信服务、德法兼修的职业素养。

3. 教育引导学生深刻理解并自觉实践各行业的职业精神、职业规范，增强职业责任感，培养遵纪守法、爱岗敬业、无私奉献、诚实守信、公道办事、开拓创新的职业品格和行为习惯。

在此基础上，及时更新教材知识内容，体现产业发展的新技术、新工艺、新规范、新标准。加强教材数字化建设，丰富配套资源，形成可听、可视、可练、可互动的融媒体教材。

教材建设需要各方的共同努力，也欢迎相关教材使用院校的师生及时反馈意见和建议，我们将认真组织力量进行研究，在后续重印及再版时吸纳改进，不断推动高质量教材出版。

机械工业出版社

　　编者从事机械设计工作和机械类专业课程教学多年，在实践工作和教学过程中，发现使用 AutoCAD 绘图对于一般设计者和工作人员而言，并不需要掌握 AutoCAD 系统的所有功能，可以说，只需要掌握其中的一小部分功能就足够绘制出一张符合我国机械制图国家标准要求的工程图。而在教学过程中，大多数教学都从操作命令入手进行讲解和学习，甚至出现了一节课只讲一个命令的情况，这样虽然这个命令被讲精、讲透了，但在实际应用中却很少使用它的大多数功能，这既浪费了大量的教学时间，又影响了学生进一步学习的积极性。同时，在大多数教学安排上，AutoCAD 教学与机械制图课程是分开进行的，将 AutoCAD 单纯作为一门软件课进行教学，与机械制图国家标准完全脱节，使学生不能将所学知识和技能直接应用于生产实际。为此，编写了这本针对性极强的任务驱动式项目教程。本书具有以下特点：

　　1）针对机械类专业教学，将机械行业标准贯穿在教学过程中，使绘制的图形符合现行的国家标准。

　　2）采用任务驱动的形式组织教学，全书精选了 22 个任务，对每个任务进行细致讲解，任务包含直线曲线练习、工程图、轴测图、参数化设计图、三维图、三维图转二维图等 Auto-CAD 2024 版基本模块，各任务自成体系，并在每个任务后适当讲解相关理论知识，进行知识扩展，有利于组织模块式教学。

　　3）内容安排遵循职业教育学生认知特点，内容以"实用、够用"为原则，各任务由易到难，命令输入方式以由选项板、工具栏选取工具为主，以到命令行输入命令为辅，打破了 Au-toCAD 原有的知识框架，增加了机械制图国家标准和与其他程序进行数据交换等内容。

　　4）每个任务后安排有强化练习题，练习题选取科学，涵盖了所有应掌握的知识点，在教会学生实用技能的同时，有效减轻了学生负担。

　　5）力求反映职业教育的特点，突出"互联网+"教育特色，在部分知识点附近设置了二维码，使用者可以用智能手机进行扫描，便可观看和教学资源相关的多媒体内容，方便读者理解相关知识，进行更深入的学习。此外，每个项目均配有必要的课件、视频和".dwg"格式原图等课程资源，方便教师组织教学和学生自学使用。

　　6）选用的 AutoCAD 版本为 AutoCAD 2024，同样适用于 AutoCAD 2014 以后的各版本。这些版本除少量功能外，大都只在界面上做了一些调整，在绘图基本操作上没有区别，各版本在功能上增加了大量适合各行业的库文件，就机械行业一般用户而言，没有太大用处，但由此造成各版本系统越来越大，对计算机的要求也越来越高。AutoCAD 绘图以实际图形效果为准，不必追随不断变化的版本。

　　在使用本书的过程中，可以根据教学的实际情况安排一部分任务进行课堂教学，另一部分任务学生自学，课堂教学可采取理论教学、多媒体演示教学和上机辅导等多种教学手段相结合的方式，总学时建议为 56 学时，其中，理论教学 12 学时，实践教学 44 学时，学时分配建议见下表。

学时分配建议

模块	任务	相关理论	理论学时	实践学时
项目一 直线绘图	任务一　绘制立方体	用户界面、文件操作、直线、图形缩放、正交窗口设置	1	2
	任务二　绘制标准图框	图层、选取对象、删除、偏移、拉伸、修剪、对象捕捉、对象捕捉追踪模式、文字输入和文字编辑	1	2
	任务三　绘制阶梯轴	复制、移动、倒角、正多边形	1	2
项目二 圆弧连接	任务一　绘制手柄	状态栏、圆、镜像	1	2
	任务二　绘制操纵杆	当前图形控制项、外部参照	0	2
项目三 简单零件图的绘制	任务一　绘制轴类零件图	标注、块、分解、样条曲线、图案填充	1	2
	任务二　绘制叉架类零件图	圆角、旋转、打断、延伸	0	2
	任务三　绘制V带轮零件图	放弃与重做、夹点编辑	0	2
项目四 标准件的绘制	任务一　绘制螺纹连接	图形的标准化	1	2
	任务二　绘制齿轮	阵列、重画、重生成、缩放	0	2
项目五 复杂零件图的绘制	任务一　绘制螺母块零件图	CAD成图技术	1	2
	任务二　绘制活动钳身零件图	零件图表达	0	2
	任务三　绘制固定钳座零件图	图形打印、AutoCAD与其他程序的数据交换	0	2
项目六 AutoCAD技能提高	任务一　绘制轴测图	二维等轴测图形、绘制等轴测圆	1	2
	任务二　参数化绘图	参数化图形和约束、约束设置	1	2
项目七 简单零件三维建模	任务一　三通管道建模	三维视图的表达方式、三维动态观察、设置视觉样式、三维空间定位点、基本实体的绘制	1	2
	任务二　茶壶建模	利用布尔运算创建复杂实体、使用面域绘制复杂形状实体	0	2
	任务三　直齿圆柱齿轮建模	拉伸、按住并拖动创建实体	0	2
项目八 复杂零件三维建模	任务一　焊接弯头建模	扫掠、实体的倒角和圆角	1	2
	任务二　轴承座建模	三维实体的尺寸标注、三维对齐、三维阵列、三维镜像	0	2
项目九 三维模型装配	任务　绘制机用虎钳三维模型装配图	创建外部块	0	2
项目十 从三维图到工程图	任务　绘制轴承座工程图	从模型空间创建视图	1	2
小　计			12	44

　　教学过程中，在保证实践学时的前提下，理论学时可适当减少，一般在理论课上对操作过程和命令进行讲解，并演示任务的操作过程；实践课以学生操作为主，主要完成各任务图形的绘制和强化练习，也可有针对性地补选一些图形（优先选择《机械制图》教材中的图形），教师有针对性地个别或分组辅导，只对具体问题进行解答，不进行展开讲解。

　　本书由陈卫红、马艳昌、郝海瑞任主编，参编人员有向华维、向楚骄、邹丹丹、李晓芸、姚祥勇、王红雨。

　　本书中的任务和操作过程内容全部为编者原创，由于受个人操作习惯的影响，加之编者水平有限，书中难免存在不当之处，望各位读者批评指正。

编　者

二维码索引

（续）

目录

直 线 绘 图

学习目标

1. 掌握 AutoCAD 2024 的进入与退出方法。
2. 熟悉 AutoCAD 2024 用户界面。
3. 掌握文件的新建、打开和保存方法。
4. 了解状态栏各按钮的功能及设置方法。
5. 掌握构造对象集的方法。
6. 掌握删除、偏移、拉伸、修剪、倒角、复制、移动等编辑命令的基本操作。
7. 掌握文字输入与编辑的方法。

任务一　绘制立方体

【工作任务及分析】

绘制一个边长为 100mm 的立方体，如图 1-1-1 所示。该图形包含九条直线，其中有三条水平线、三条铅垂线、三条倾斜线。倾斜线与水平线成一定夹角（设为 30°）。

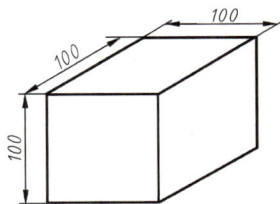

图 1-1-1　立方体

绘制立方体

【任务操作步骤】

一、启动 AutoCAD 2024

双击桌面上的 AutoCAD 2024 图标 ，启动后初始界面如图 1-1-2 所示，单击右下角状态栏中的 按钮，展开"工作空间设置"菜单，根据需求可切换不同的工作空间。

二、绘制立方体

1）单击状态栏中的 按钮和 按钮，打开"正交"和"对象捕捉追踪"功能，将输入法设置为英文输入状态。

> 注意：除输入汉字外，绘图过程中应确保输入法处于英文输入状态，这样才能使输入命令有效。

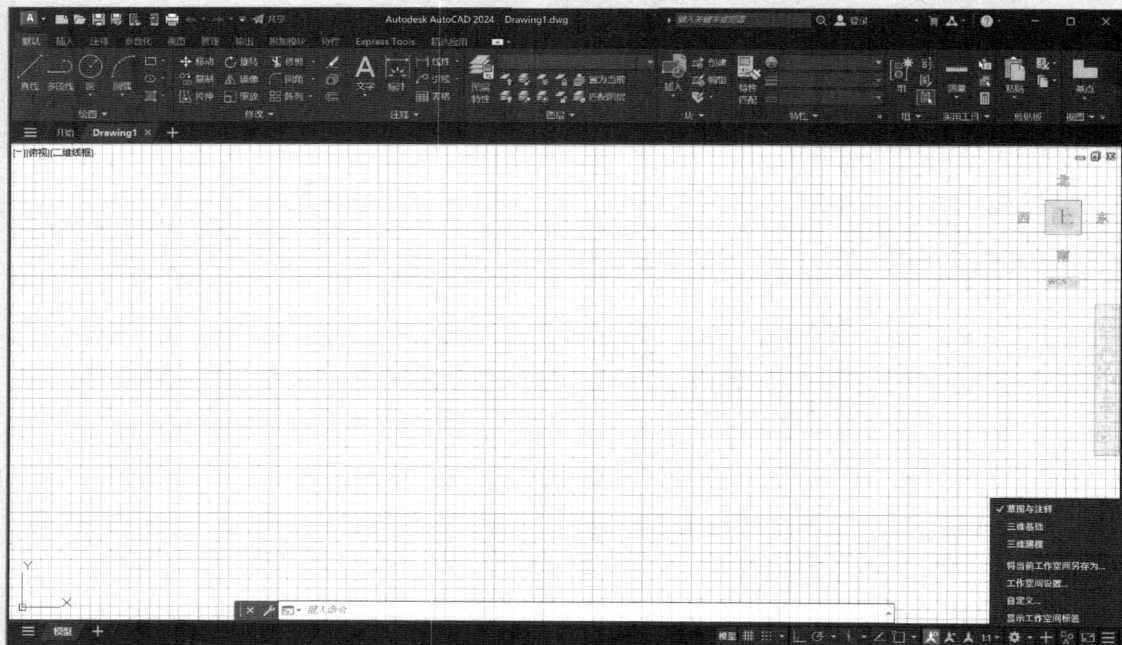

图 1-1-2　AutoCAD 2024 初始界面

2）在"默认"工具栏中单击 ▱ 按钮，启动"直线"命令。

3）在绘图区中任意拾取一点，并将光标向右移动一段距离，拉出一段水平的"橡皮线"。

注意：此时的状态栏中， ▱ 按钮处于按下状态时为正交模式，只能画水平线和铅垂线；处于上浮状态时为非正交模式，可画任意方向的直线。

4）输入"100"，按〈Enter〉键一次即画出第一条水平线。

注意：按〈Enter〉键一次表示结束输入，即本条直线长度为 100mm。再按〈Enter〉键一次，则表示命令终止。第三次按〈Enter〉键，则重启命令。如选择其他绘图命令，则前一命令自动结束，此处因为要画连续直线，故只按〈Enter〉键一次，如图 1-1-3a 所示。

画出图形后，如屏幕显示的大小不合适，可滚动鼠标滚轮进行调整，此操作只改变图形的显示大小，并不改变图形的实际大小。

注意：滚动滚轮时光标的位置为屏幕缩放的中心，双击滚轮可使图形全部显示在绘图区。

5）输入"@100<30"。此方式称为相对极坐标输入法，"@"表示相对于前一线段终点，"100"为所画线段长度，"30"表示相对于 X 轴正方向逆时针方向旋转的角度。按〈Enter〉键一次，画出第二条直线（倾斜线），如图 1-1-3b、c 所示。

注意：光标附近立即窗口所显示的内容变化，在输入角度符号"<"时，也可按键盘上的〈Tab〉键移动编辑位置。

6）将光标向左方移动一段距离后，输入"100"并按〈Enter〉键，画出第三条直线。

7）输入"C"（表示封闭线框），完成平行四边形的绘制，如图 1-1-3d 所示。

8）单击 ▨ 按钮，重启"直线"命令，将光标移至平行四边形左下角附近，此时在该角点出现黄色捕捉标记的"端点" ▨。如光标稍作停留，光标附近就会出现被捕捉点的名称，此处为"端点"。单击黄色捕捉标记并向下移动光标，如图1-1-3e所示。

9）输入"100"后按〈Enter〉键。

10）向右移动光标，再次输入"100"，按〈Enter〉键。

11）向上移动光标，到平行四边形右下角附近，在该角出现黄色捕捉标记后单击，完成前面矩形的绘制，如图1-1-3f所示。

12）将光标移至平行四边形右上角附近，在该角出现黄色捕捉标记后单击，即在原斜线上再画一条斜线，这样做可提高速度且不影响图形输出，如图1-1-3g所示。

13）向下方移动光标，输入"100"，按〈Enter〉键。

14）将光标移到矩形的右下角附近，在该角出现黄色捕捉标记后单击，如图1-1-3h所示，按〈Enter〉键，整个图形完成，如图1-1-3i所示。

15）单击"保存"按钮 💾，系统弹出"图形另存为"对话框，操作该对话框保存图形文件到选定位置（详见知识链接）。

16）单击界面右上角的"关闭"按钮 ✕，或双击标题栏控制菜单中的图标按钮，还可选择"文件"→"关闭"菜单，关闭AutoCAD 2024。

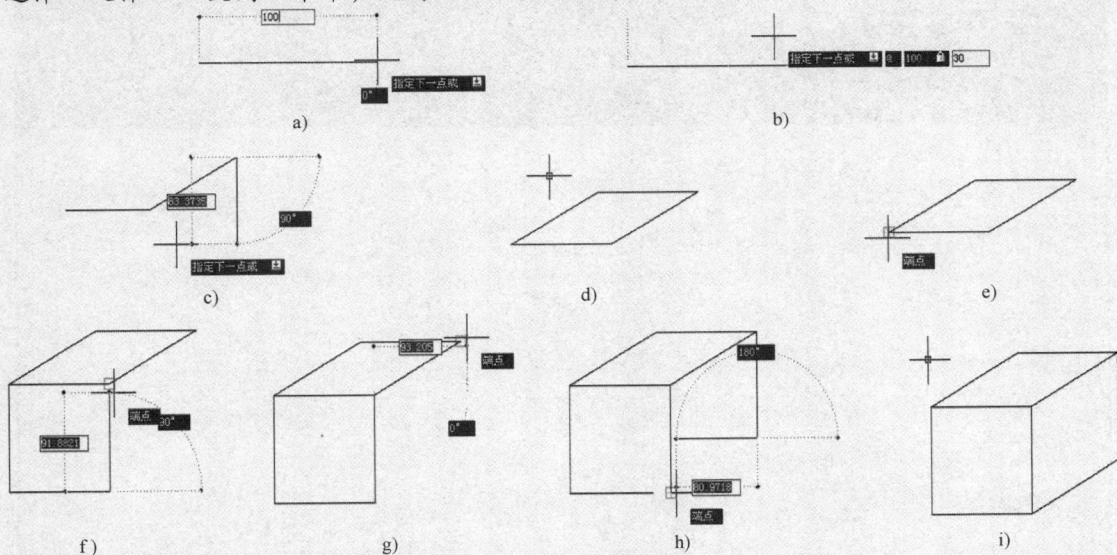

图 1-1-3　绘制立方体

【知识链接】

一、AutoCAD 2024 用户界面

鼠标是最常见的定位设备，表1-1-1列出了AutoCAD 2024中常用的鼠标操作应用。

表 1-1-1　AutoCAD 2024 中常用的鼠标操作应用

名称	鼠标操作动作	应用
单击	按鼠标左键一次	主要用于工具栏命令的选取、逐级打开下拉菜单、拾取点和选择对象、对话框中栏目的选择与操作等，是最常用的操作

（续）

名称	鼠标操作动作	应用
双击	快速连续按鼠标左键两次	双击程序和文件可以将其打开；双击图形对象可以打开特性管理器
拖动	按住鼠标左键不放，移动光标到另一个位置再释放鼠标	移动工具栏位置是拖动的常见用法。在绘图区空白处拖动光标会打开套索选择，从左向右拖动为窗口套索，从右向左拖动为窗交套索
右击	按鼠标右键一次	调出快捷菜单是右击最常见的用法，还可代替按〈Enter〉键操作，结束某个命令或某项操作也常常右击
拖动滚轮	按住鼠标滚轮不放，移动光标	在绘图区光标变为手形，移动图形显示
双击滚轮	快速连续按鼠标滚轮两次	将屏幕图形全部显示在绘图区
滚轮滚动	滚动鼠标滚轮（中键）	屏幕图形的放大和缩小，向前滚动为放大，向后滚动为缩小
Shift+拖动滚轮	按住〈Shift〉键，同时按住鼠标滚轮不放，移动光标	对绘图区图形进行三维动态观察

　　打开 AutoCAD 2024 后的用户界面称为工作空间，工作空间是经过选择和分组的菜单、工具栏、选项卡和控制面板的集合，使用户可以在自定义、面向任务的绘图环境中工作。不同工作空间的工具栏和选项卡是不同的，用户可以根据工作任务和个人习惯使用不同的工作空间，也可以定制新的工作空间。本书中工程图均使用"草图与注释"工作空间，下面以该工作空间为例介绍用户界面，如图 1-1-4 所示。

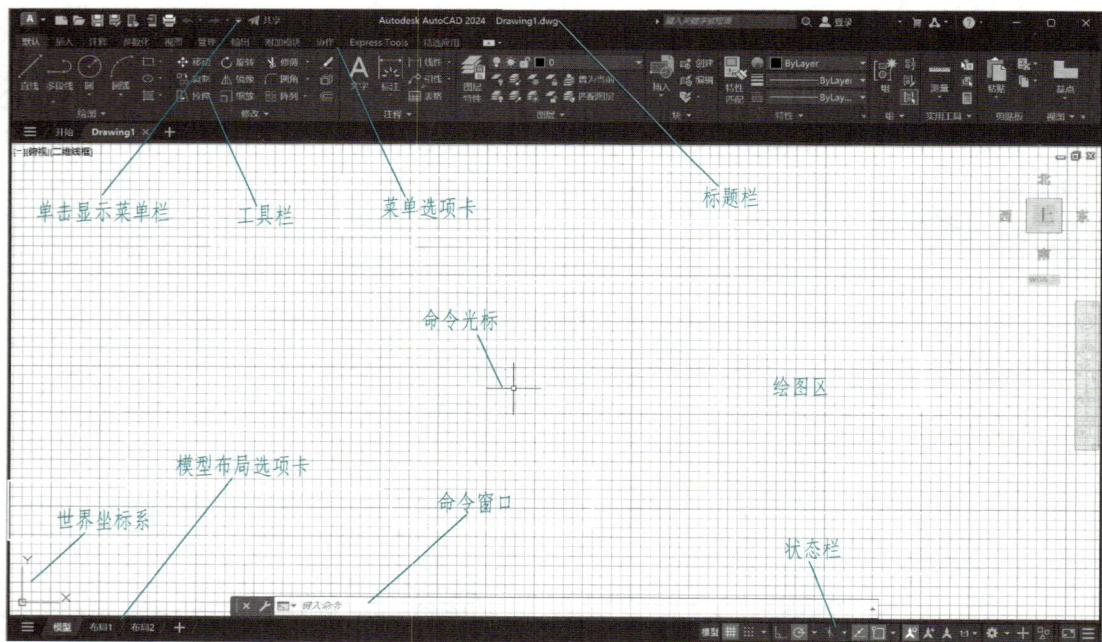

图 1-1-4　AutoCAD 2024 用户界面

1. 光标、标题栏、工具选项板、下拉菜单栏与工具栏

　　（1）光标　光标在不同位置和区域，其形状是不同的，当需要在绘图区输入一个点时呈"十"字形，称为点光标，也称十字光标；当要求拾取一个或多个对象时呈"口"字形，称为拾取光标；当准备执行一个新命令时呈╅形状，称为命令光标；而在绘图区外呈╲形状，此时可用光标拖动工具栏或打开下拉菜单；在命令行及立即窗口呈"I"字形，可输入文本。在任何情形下按〈Esc〉键，光标都可还原为命令光标。

　　（2）标题栏　标题栏位于窗口顶部第一行，左端显示控制菜单图标和文件操作按钮，中间为当前运行的程序名及文件名,右端是"最小化""最大化"(或"还原")"关闭"按钮。单击标题栏中的下拉箭头 ⯆,如图1-1-4所示,可显示或隐藏常用工具或菜单。

(3)工具选项板　AutoCAD 2024的工具设计成图标布置在选项板中,直接单击图标可以执行对应命令。例如,利用"默认"选项卡,用户可以看见部分工具菜单。通常情况下,选项板中的大多数图标代表相应的AutoCAD 2024命令,某些图标中的项既代表一条命令,也提供了该命令的选项。例如,"默认"选项卡中"圆弧"命令的各选项如图1-1-5a所示。工具选项板与下拉菜单栏的对应命令为同一命令的不同入口,执行结果完全相同。

(4)下拉菜单栏　AutoCAD 2024的标准菜单栏包括控制AutoCAD 2024运行的功能和命令。单击标题栏下拉箭头 ⯆,在快捷菜单中可以显示或隐藏菜单栏,如图1-1-4所示。通常情况下,下拉菜单栏中的大多数选项代表相应的AutoCAD 2024命令,某些选项既代表一条命令,也提供了该命令的选项。例如,"绘图"下拉菜单中"圆弧"命令的各选项如图1-1-5b所示。

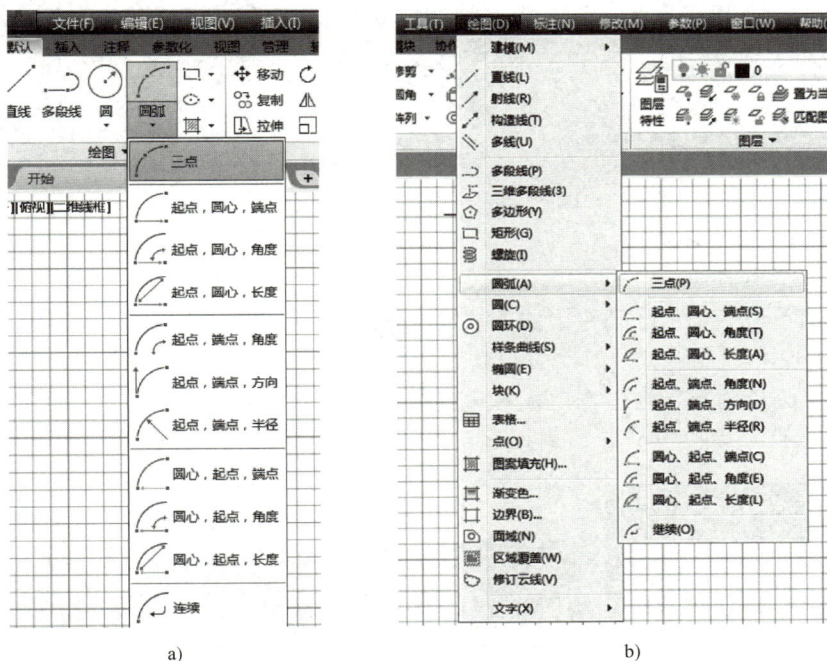

a)　　　　　　　　　　b)

图1-1-5　"圆弧"命令及其各选项

(5)工具栏　在AutoCAD 2024中,工具栏是另一种代替命令的简便工具,利用它们可以完成大部分的绘图工作。通过图1-1-4所示界面单击"显示菜单栏"图标按钮,在下拉菜单栏中单击"工具"→"工具栏"→"AutoCAD",可以看到多个已经命名的工具栏,勾选相应工具栏即可使其在界面显示,如图1-1-6所示。用户可以将光标移动到显示的工具栏中的任何一个工具按钮上并右击,在弹出的快捷菜单中单击要打开或关闭的工具栏。工具栏在界面中的位置是可以移动的,将工具栏拖动到绘图区之外工具栏双线处,或拖动到绘图区之内工具栏标题栏处,均可将其移动到任何位置。此外,在工具栏空白处右击打开快捷菜单,选择"锁定位置"→"全部"→"锁定",可将工具栏、窗口等所处位置锁定,也可用同样方法解锁。

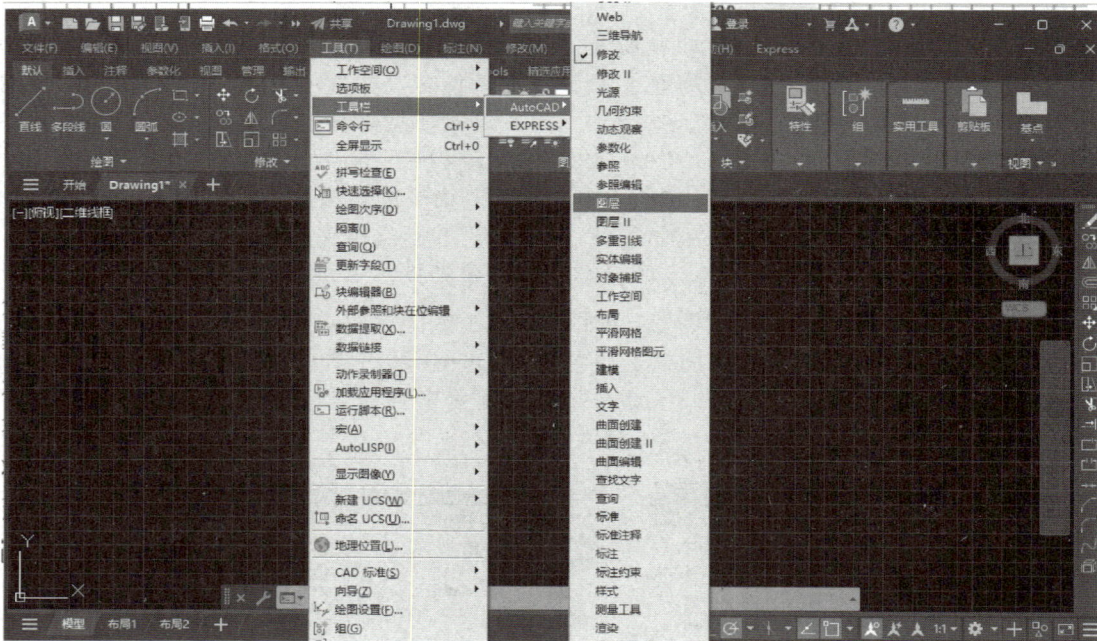

图 1-1-6　工具栏

2. 定制经典工作空间

（1）**显示菜单栏**　单击标题栏中的下拉箭头 →"显示菜单栏"，即可调出所有下拉菜单栏，如图 1-1-4 所示。

（2）**关闭工具选项板**　右击选项板右边空白区域，在快捷菜单中单击"关闭"，如图 1-1-7a 所示；或在下拉菜单栏中单击"工具"→"选项板"→"功能区"，即可隐藏工具选项板。

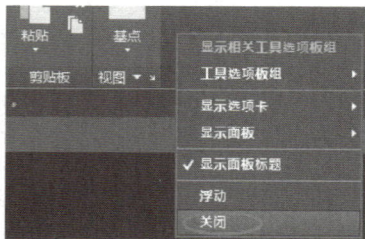

a) 关闭工具选项板

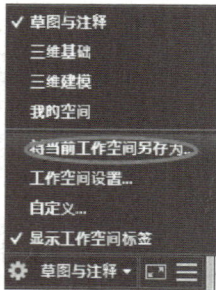

c) 保存工作空间命令

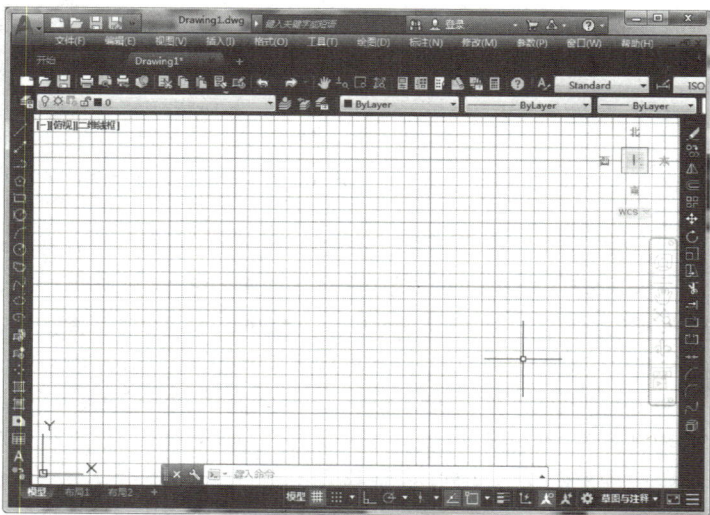

b) 经典工作空间

图 1-1-7　定制经典工作空间

（3）调出工具栏　　在下拉菜单栏中单击"工具"→"工具栏"→"AutoCAD"，选择"标准""绘图""特性""图层""修改""样式"6个工具栏，放置位置如图1-1-7b所示。在工具栏空白处右击，打开快捷菜单，选择"锁定位置"→"全部"→"锁定"进行位置锁定，即为经典工作空间。

（4）保存工作空间　　单击状态栏中的 ⚙ 按钮，再单击"将当前工作空间另存为"，如图1-1-7c所示，打开"保存工作空间"对话框，输入名称进行保存。再次打开保存的工作空间只需单击状态栏保存的工作空间名称即可。

> **素养园地：历史沿革、传承经典**
>
> 　　AutoCAD经典工作空间于1992年AutoCAD R12版本基本成形，后来虽经不断完善，但其基本布局一直沿用至今，成为熟练CAD绘图员永远的记忆，并形成一定的操作习惯。目前主流国产CAD软件如中望CAD 2024、CAXA CAD 2024等均采用这个工作空间布局，如图3-1-43所示。

3. 绘图区与坐标系图标

（1）绘图区　　即绘图窗口，位于屏幕中部，默认背景为黑色。

（2）坐标系图标　　用于显示当前坐标系的设置，如坐标系原点，X、Y、Z轴正向等。AutoCAD 2024有一个默认的坐标系，即世界坐标系。如果重新设置坐标系原点或重新调整坐标系指向等其他设置，则世界坐标系（WCS）就变成用户坐标系（UCS）。

4. 命令窗口与文本窗口

（1）命令窗口　　用户通过键盘输入命令和参数的地方，它位于绘图区的下方（最下面一行称为命令行），用户可以放大、缩小它，或者改变其状态（如固定和浮动）。

（2）文本窗口　　文本窗口是记录AutoCAD 2024命令的窗口，它记录了整个绘图过程中所有命令的使用和动作历史，也可以说是放大的命令窗口。按〈F2〉键，或者选择"视图"→"显示"→"文本窗口"菜单，或者执行TEXTSCR命令，均可打开或关闭它，如图1-1-8所示。

> **注意：** 在进行绘图操作过程中应随时注意状态栏、命令行及光标附近的提示或说明，尤其当执行一个命令后，必须严格按提示进行下一步的操作，这对初学者极为重要！

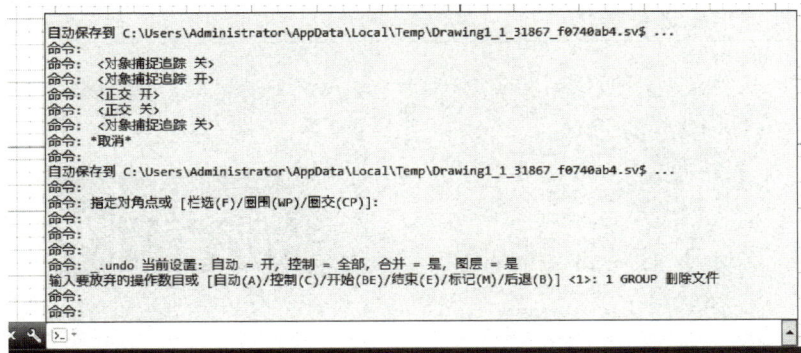

图 1-1-8　文本窗口

5. 状态栏与快捷菜单

（1）状态栏　　状态栏主要用于显示当前光标的坐标，还用于显示和控制捕捉、栅格、正交、极轴、对象捕捉、对象捕捉追踪、线宽和模型显示的状态（工具按钮按下去时为开启模式）以及锁定、状态栏的设置，如图1-1-9所示。单击"自定义"按钮 ▤ ，可以打开和关闭状态栏。

（2）快捷菜单　　在AutoCAD 2024中，用户可以随时通过右击打开一个与当前操作状态相

当前光标的坐标　　　　　　　　　图形工具按钮　　　　切换工作空间　锁定用户界面　全屏显示　自定义

458.6993, 94.8497, 0.0000

图 1-1-9　状态栏

关的快捷菜单。例如，在工具栏右击，可以打开工具开关控制菜单；在绘图区右击，将打开一个包含复制、粘贴等操作的快捷菜单等。

二、AutoCAD 2024 文件操作

1. 打开文件

1）选择"文件"→"打开"，在弹出的对话框中选择欲打开的文件，单击"打开"按钮。

> **注意：**系统默认打开的文件类型为".dwg"，即 AutoCAD 2024 图形文件，要打开其他类型文件，可以单击"文件类型"下拉框按钮，在弹出的列表中单击选择合适的文件类型，对话框列表区将列出所选类型文件以供选择，如图 1-1-10a 所示。

2）单击标题栏中的 按钮，选择"打开"，在弹出的对话框中选择欲打开的文件，单击"打开"按钮。

3）通过"预览"功能查看待打开文件，可以同时打开多个文件进行编辑，可利用"最小化""还原"等按钮进行切换，或单击"窗口"菜单进行选择。

2. 保存文件

1）单击"保存"按钮 ，系统弹出"图形另存为"对话框，在"保存于"下拉框中选择目标文件夹，也可在列表窗口右击，新建文件夹后选择，在"文件名"下拉框中输入文件名称。在"文件类型"下拉框中选择文件类型（默认为".dwg"文件），然后单击"保存"按钮，完成保存，如图 1-1-10b 所示。

2）如果文件有其他命名或要保存到其他位置，可选择"文件"→"另存为"，在打开的"图形另存为"对话框中进行操作。

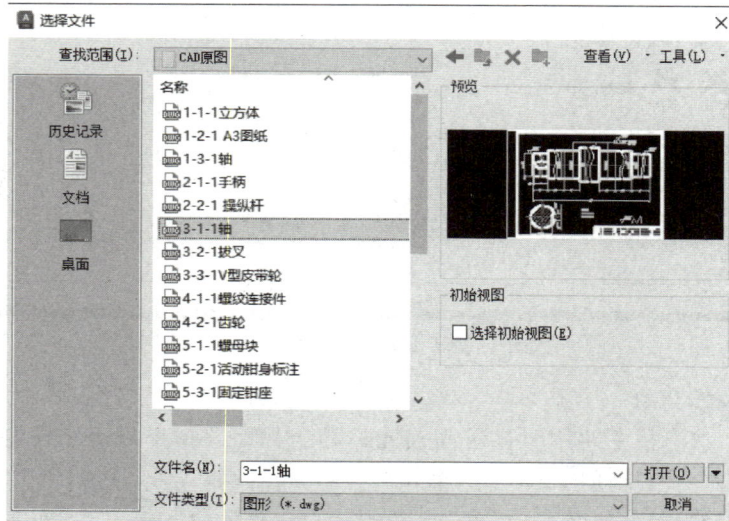

a) 打开图形文件对话框

图 1-1-10　打开与保存图形文件

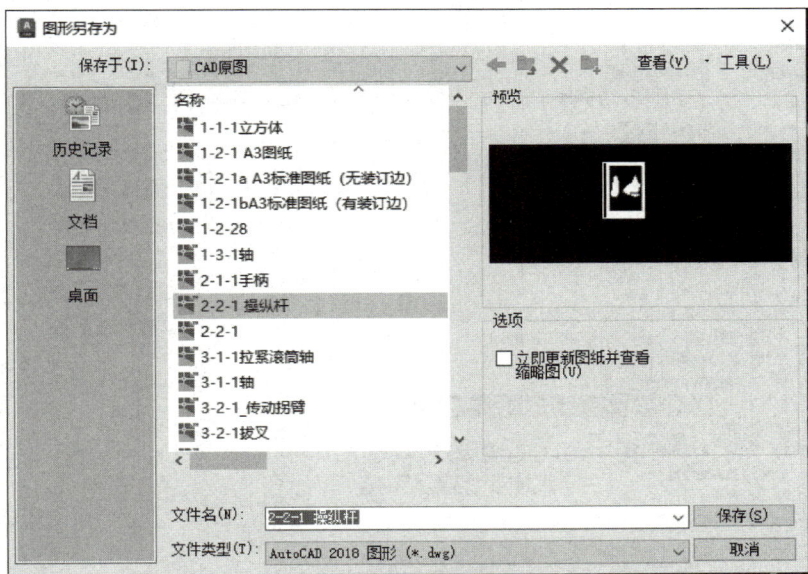

b) 保存图形文件对话框

图 1-1-10　打开与保存图形文件（续）

3）文件自动保存操作可在绘图开始时进行设置，这样在图形绘制过程中，系统每间隔一定时间自动保存一次，以避免因操作失误造成死机、突然停电或意外关闭 AutoCAD 2024 后造成图形丢失。

> **注意：**进行文件自动保存设置（包括自动保存位置和时间间隔设置）时，可选择"工具"→"选项"，系统打开"选项"对话框，选择"文件"选项卡，可将"自动保存文件位置"修改为欲存放的新位置，也可以不修改；选择"打开和保存"选项卡，在"文件安全措施"栏选项组的"自动保存"下输入保存间隔分钟数，默认为 10min，如图 1-1-11a、b 所示。

三、绘制直线

1）单击█按钮或选择"绘图"→"直线"，均可启动直线绘制命令。

2）命令启动后，在屏幕左下方的命令行会出现"指定第一个点"提示，此时可以移动光标到合适位置并单击指定屏幕上的点，也可以通过键盘输入起点坐标后按〈Enter〉键指定点。

3）第一点指定后，命令行会出现"指定下一点"提示，输入第二点后按〈Enter〉键或者按〈Esc〉键结束命令，完成直线绘制。否则，"直线"命令将继续有效，且下一直线将以前一直线的终点作为起点。

直线第二点位置决定了直线的长度和方向，快速输入其位置可极大提高绘图速度。第二点位置的输入方法有多种，需灵活掌握，具体有以下几种情况。

① 标向键取方式：在提示"指定下一点"时将光标沿即将绘制直线的方向移动，通过键盘输入直线长度，按〈Enter〉键。这种方法由光标指定直线方向，键盘输入长度，称为"标向键取"，常用于在"正交"模式下绘制水平线、竖直线，或在"极轴"模式下绘制一定方向的线段。

② 相对极坐标方式：在提示"指定下一点"时输入"@直线长度数值<直线与 X 轴正方向的夹角数值（默认单位为度）"，按〈Enter〉键。

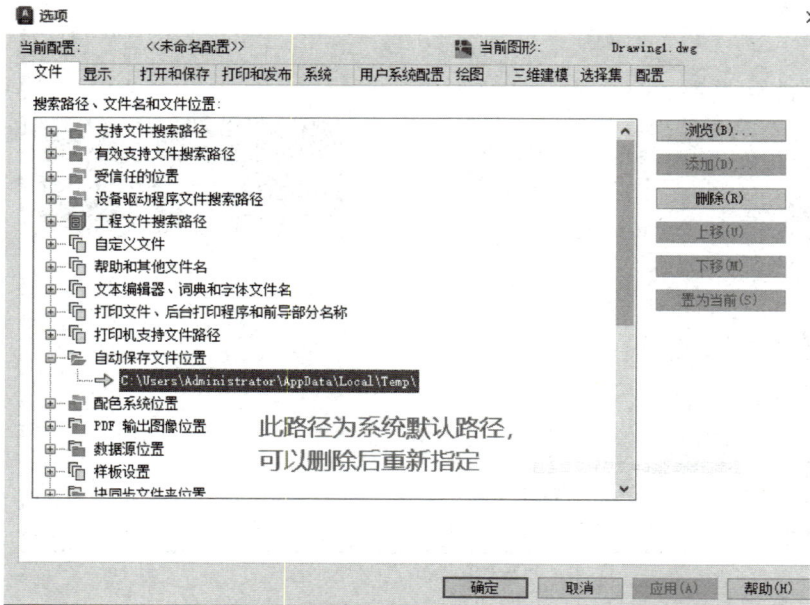

a)"文件"选项卡

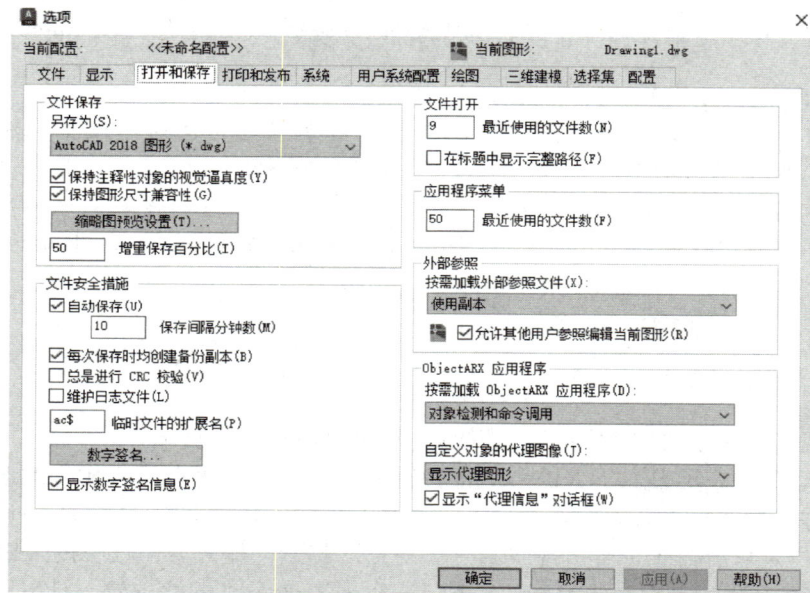

b)"打开和保存"选项卡

图 1-1-11　工具"选项"对话框

注意：AutoCAD 2024 默认的角度起始边为 X 轴正方向，角度终止边沿逆时针方向则角度为正值，反之则为负值。如"@ 100<-45"表示长度为 100mm，与 X 轴正方向夹角为 45°的第四象限角。

③ 相对直角坐标方式：在提示"指定下一点"时输入"@ 相对于前一点的 X、Y 轴坐标"，按〈Enter〉键，如"@ 100，200"。X、Y 轴坐标用英文输入状态下的"，"隔开。

④ 绝对坐标方式：选择第一点后，在命令行直接输入第二点相对于原点的坐标值或极坐标值（如"100，200"或"100<30"），按〈Enter〉键。此种方式应用较少。

> 注意：在绘制直线的过程中，要时刻关注光标附近立即窗口所显示的内容（一般为长度和角度），根据提示进行下一步操作，可按〈Tab〉键在各个立即窗口中移动。

四、图形缩放

将光标置于绘图区任意一点，滚动滚轮，整个屏幕将以当前光标位置为中心放大或缩小，可在绘图区右侧工具栏中单击"范围缩放"按钮，所绘图形自动居中放大，充满整个绘图区。缩放命令为透明命令，使用该命令不会影响前一命令的继续执行。图形缩放操作只改变图形显示的大小，其实际尺寸并不改变。

五、正交功能及设置

在工程制图中，绝大多数图线都是水平线或者竖直线，为了方便准确作图，系统提供了正交功能，并在状态栏设置了操作按钮。单击该按钮即打开正交功能，再次单击即关闭正交功能。单击"正交"按钮后，用户只能画水平线或竖直线。但当使用坐标法或用"对象捕捉追踪"模式绘制直线时，可画出倾斜的直线。

另外，使用 ORTHO 命令或按〈F8〉键也可打开或关闭正交功能。

六、窗口设置

系统默认绘图区底色为黑色，如果习惯使用白色或其他颜色，可以进行转换操作：选择"工具"→"选项"，打开"选项"对话框，单击"显示"选项卡，如图 1-1-12 所示，在"窗口元素"选项组中单击 颜色(C)… 按钮，弹出"图形窗口颜色"对话框，如图 1-1-13 所示，在

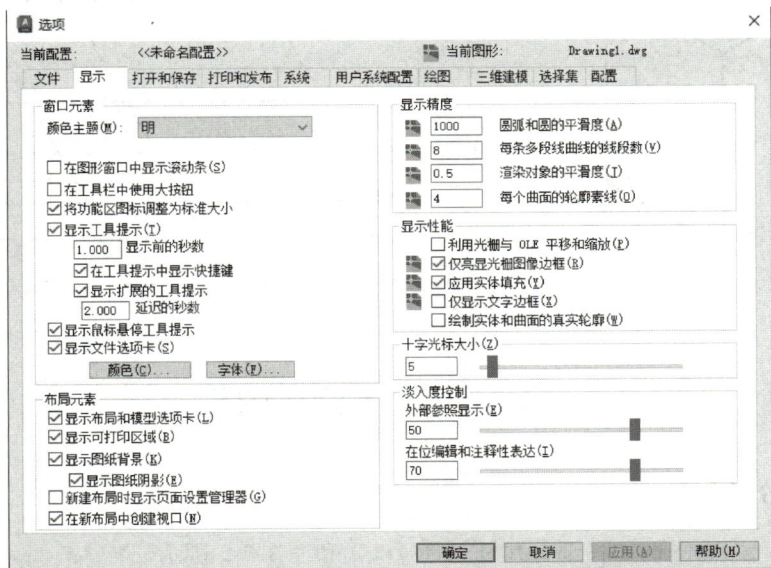

图 1-1-12 "显示"选项卡

"界面元素"下拉框中选择"统一背景"，在"颜色"下拉框中选择适当的颜色，单击"应用并关闭"按钮，完成绘图区背景的更改，系统自动返回到"显示"选项卡，在该选项卡的"十字光标大小"选项组中拖动滑块，即可调整十字光标的大小。

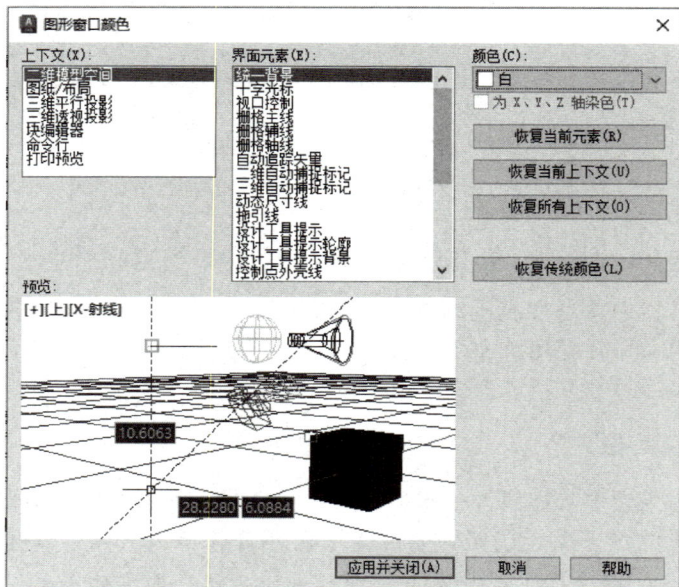

图 1-1-13 "图形窗口颜色"对话框

【强化练习】

绘制图 1-1-14 所示图形。

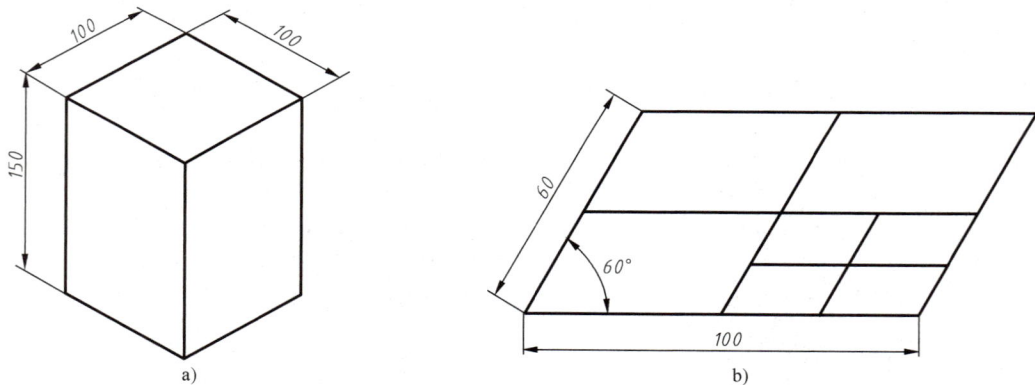

图 1-1-14 强化练习图

任务二 绘制标准图框

【工作任务及分析】

绘制 A3 图纸标准图框，各部分尺寸如图 1-2-1 和图 1-2-2 所示。

根据相关国家标准，A3 图纸幅面为 420mm×297mm，当有装订边时，装订边宽度为

25mm，其余三边距图幅边线为 5mm；无装订边 A3 图纸图框线各边距图幅边线均为 10mm。图框线用粗实线绘制，图幅边线用细实线绘制，其宽度为粗实线宽度的 1/2。

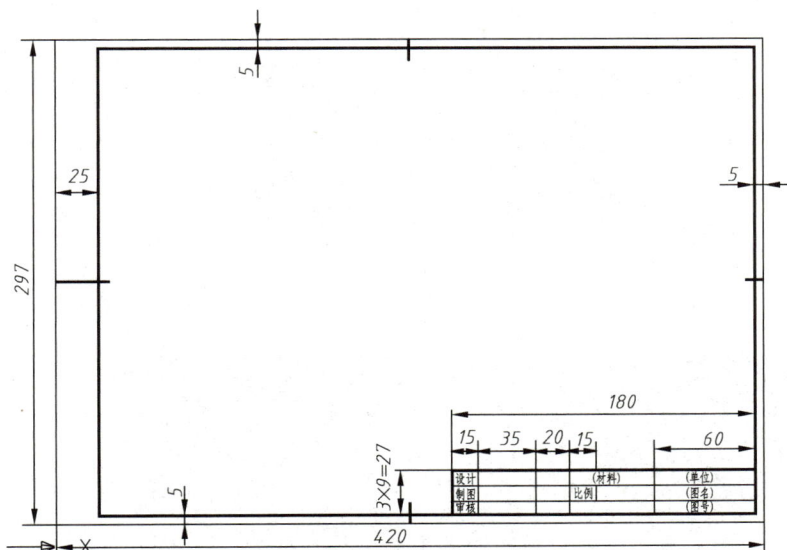

图 1-2-1　A3 图纸标准图框（有装订边）

绘制 A3 图纸标准图框（无装订边）

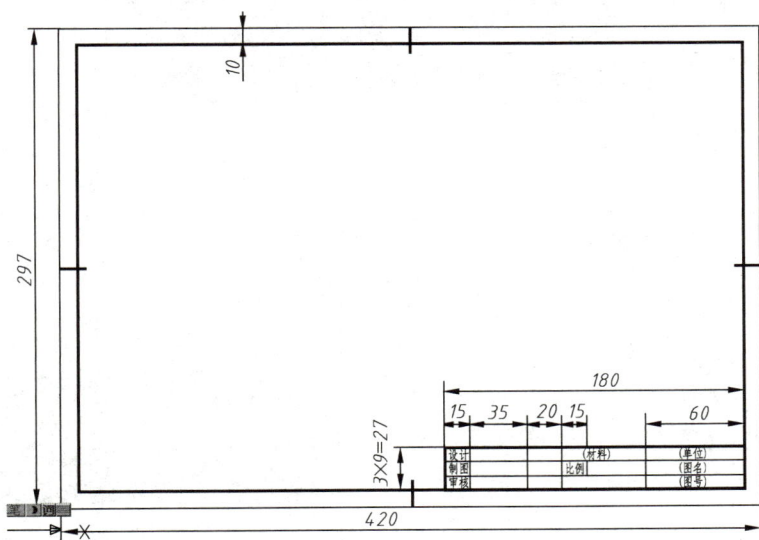

图 1-2-2　A3 图纸标准图框（无装订边）

绘制 A3 图纸标准图框（带装订边）

【任务操作步骤】

一、准备工作

1. 启动 AutoCAD 2024

双击桌面上的 AutoCAD 2024 图标 ，启动 AutoCAD 2024，并将输入法置于英文输入状态。

2. 设置图层、线型和线宽

1）单击"图层"工具栏中的 ![]按钮（图1-2-3），或者选择"格式"→"图层"，打开"图层特性管理器"对话框，如图1-2-4所示。

图1-2-3　图层特性管理器按钮

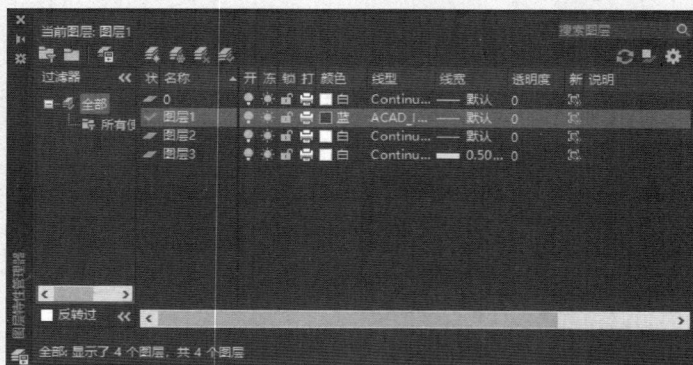

图1-2-4　"图层特性管理器"对话框

2）在该对话框中单击"新建图层"按钮 ![]创建一个新图层，将新建图层的名称命名为"中心线"；单击该图层的"颜色"栏，弹出"选择颜色"对话框，如图1-2-5所示，选择红色，单击"确定"按钮；单击"删除图层"按钮 ![]，可使光标所在的图层被删除。

3）单击该图层的"线型"栏，弹出"选择线型"对话框，如图1-2-6所示。

4）加载线型。

① 系统默认线型只有"Continuous"（连续线型）一种，其余线型需要用户通过"加载"来设置。单击 加载(L)... 按钮，弹出"加载或重载线型"对话框，如图1-2-7所示。

② 在"线型"列表中选择线型"CENTER"，单击"确定"按钮，返回到"选择线型"对话框。

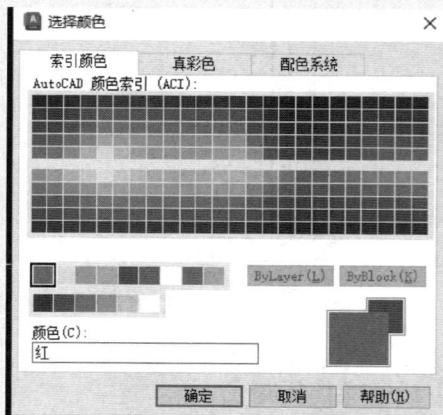

图1-2-5　"选择颜色"对话框

③ 在"选择线型"对话框中选择"CENTER"，再单击"确定"按钮。

5）线宽保持"默认"状态不变。

6）以同样的方法再新建"轮廓线""标注线"和"细实线"三个图层。

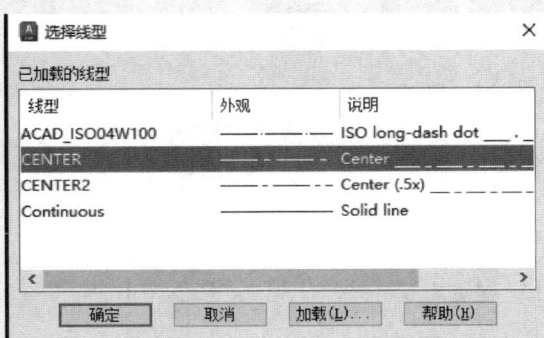

图 1-2-6 "选择线型"对话框

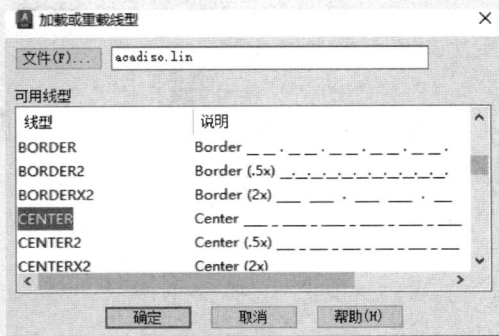

图 1-2-7 "加载或重载线型"对话框

① 设置线宽：将"轮廓线"图层的线宽设置为 0.50mm，方法为单击"轮廓线"图层的"线宽"栏，弹出"线宽"对话框，如图 1-2-8 所示，选择 0.50mm，再单击"确定"按钮；"标注线"及"细实线"图层的线宽保持"默认"状态不变。这样绘图时可以明显区别线型而无需打开"线宽"设置。

② 设置图层颜色：一般可将"轮廓线"图层设置为白色（背景为黑色时）；"标注线"图层可设置为品红色，"细实线"图层可设置为蓝色等。

7）在图层名"细实线"上双击，或者单击选择"细实线"图层，然后单击"图层特性管理器"对话框中的 ⬛ 按钮，将"细实线"图层设置为当前图层。此时图层名称左边的状态图标变成 ✅，如图 1-2-4 所示。单击"关闭"按钮退回到主窗口。

8）设置默认线宽及线宽显示比例。

① 右击状态栏中的"线宽"按钮 ⬛，再单击"线宽设置"，如图 1-2-9 所示，弹出"线宽设置"对话框，如图 1-2-10 所示。

图 1-2-8 "线宽"对话框

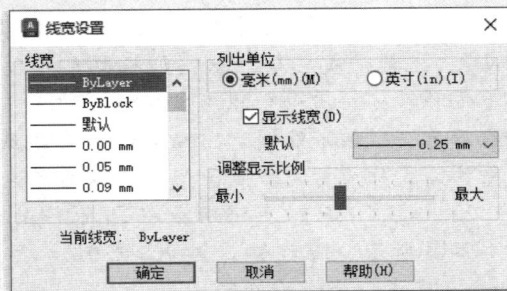

图 1-2-9 设置线宽

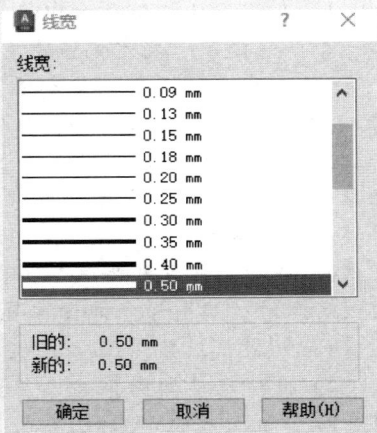

图 1-2-10 "线宽设置"对话框

② 在"线宽"列表框中选择"ByLayer"（随层，即图线宽度随图层改变而改变）；在"默认"下拉框中选择 0.25mm，将所有"默认"线宽设置为 0.25mm。

③拖动"调整显示比例"滚动条至合适位置，单击"确定"按钮，回到主窗口。改变显示比例不影响打印效果。

④单击"线宽"按钮▤，使其为"打开"状态，即可检查所绘线条的线宽。为方便绘图，绘图过程中一般将其设置为"打开"状态。显示线宽与否不影响打印效果。

二、绘制 A3 图纸标准图框（有装订边）

1. 绘制图幅边线

1）在"默认"选项卡中单击"矩形"按钮▭或在命令行输入字母"REC"，按〈Enter〉键，启动"矩形"命令。

2）在绘图区左下角附近单击，指定矩形的第一角点。

3）输入"@420，297"（指定矩形的第二角点），按〈Enter〉键，完成图幅边线的绘制。

2. 绘制图框线

1）在"默认"选项卡中单击"偏移"按钮▤或在命令行输入字母"O"，按〈Enter〉键，命令行提示"指定偏移距离"。

2）输入"5"，表示偏移量为5mm，按〈Enter〉键，光标变成"口"状（即拾取光标），提示行出现"选择要偏移的对象"。

3）移动光标到矩形线框的任意边上单击（即选取矩形），光标附近提示行（或命令行）出现"指定要偏移的那一侧上的点"。

4）移动光标到矩形线框内单击，画出 A3 图纸图框线。此时所绘图形为细实线图形，且未留出装订边，按〈Esc〉键，或按〈Enter〉键退出。

5）移动光标到图框线上单击，则图框线被选中，且在四个角上分别出现蓝色夹点。单击"图层"工具栏下拉菜单右端的黑色三角形，弹出图层列表，如图 1-2-11 所示，选择"轮廓线"图层，按〈Esc〉键退出，图框线即变成粗实线（即由"细实线"图层移动到"轮廓线"图层）。

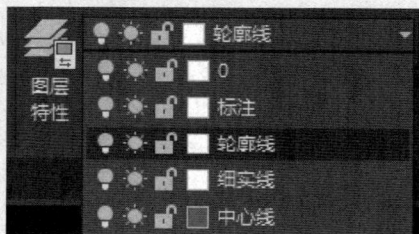

图 1-2-11 "图层"工具栏下拉菜单

3. 缩短图框线，留出装订边

1）在"默认"选项卡中单击"拉伸"按钮▣，启动"拉伸"命令，系统提示"选择对象"，光标变成"口"状（即拾取光标）。将光标移动到图框左边线的右上方单击，再向左下方移动，拉出一个矩形虚线框（称为"交叉选择窗口"），使这个窗口完全圈住图框左边线后单击，但不能圈到图幅边线的左边线，如图 1-2-12 所示，右击结束选择。这种选择对象的方式称为窗交方式，俗称"从右到左"方式。此时系统提示"指定基点"。

2）单击"正交"按钮，将光标移动到图框左边线上任意点单击后向右移动，如图 1-2-13 所示。通过键盘输入"20"，按〈Enter〉键结束命令，则将图框线向右缩回 20mm，完成图框线的绘制。

三、绘制标题栏

1. 将"轮廓线"图层设置为当前图层

2. 设置"对象捕捉追踪"

右击状态栏中的"对象捕捉追踪"按钮▟，选择"对象捕捉追踪设置"，弹出"草图设置"对话框,如图 1-2-14 所示,单击 [全部选择] 按钮,再单击 [确定] 按钮,退出对话框,单击"正交"和"对象捕捉"按钮

3. 绘制外框

1) 单击"直线"按钮，移动光标捕捉图框线右下角点。

2) 向上移动光标,输入"27",按〈Enter〉键。

3) 向左移动光标,输入"180",按〈Enter〉键。

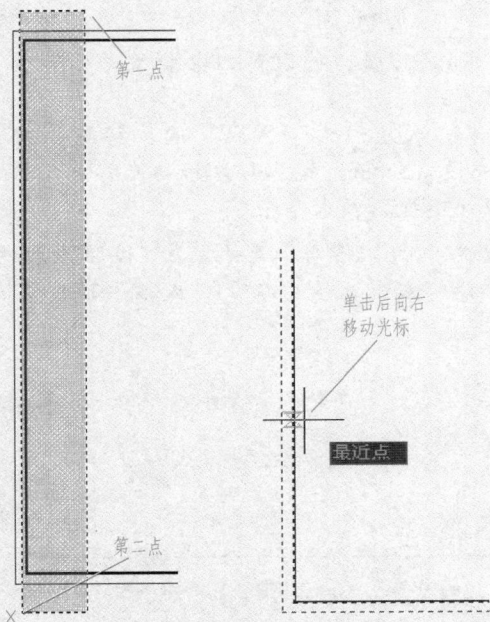

图 1-2-12　在"交叉选择窗口"选择图框线　　图 1-2-13　"拉伸"图框线

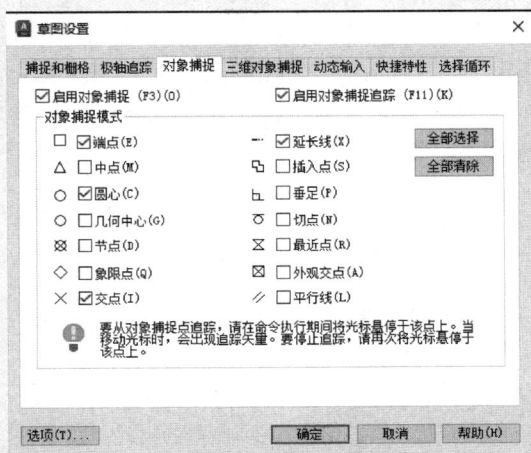

图 1-2-14　"草图设置—对象捕捉"对话框

4) 向下移动光标到图框下边线附近,在图框下边线出现"垂足"捕捉标记 时单击,输入"C",按〈Enter〉键,完成标题栏外框的绘制。

4. 绘制横向线条

1) 在"默认"选项卡中单击"修改"工具栏中的"偏移"按钮，输入"9",按〈Enter〉键；移动拾取光标,选择标题栏上边线,向下移动光标到任意处单击,指定偏移方向,如图 1-2-15a 所示,绘出标题栏第一行。

2) 选取第二条横线单击,向下移动光标,再次单击,画出第三条横线,如图 1-2-15b 所示。

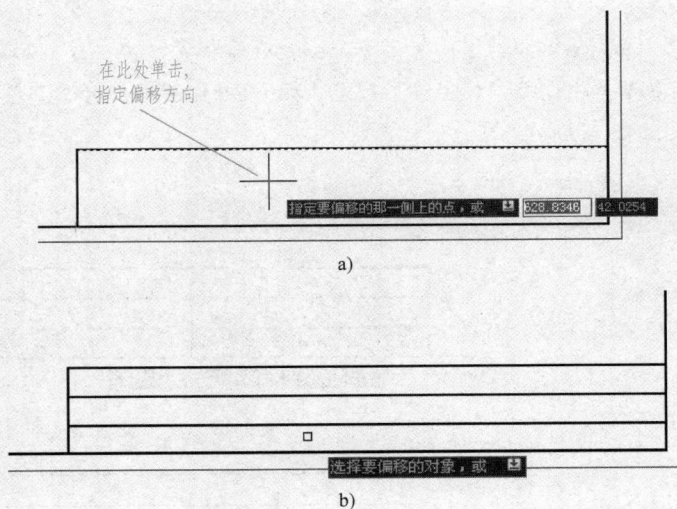

图 1-2-15　绘制横向线条

5. 绘制纵向线条

1）按〈Enter〉键两次，第一次按〈Enter〉键表示结束前一命令，第二次按〈Enter〉键表示重新启动前一命令；输入"15"并按〈Enter〉键，选取标题栏左边线，向右移动光标并单击，绘出第二条竖线。

2）按〈Enter〉键两次，输入"35"并按〈Enter〉键，选取第二条竖线并偏移绘出第三条竖线。

3）按〈Enter〉键两次，输入"20"并按〈Enter〉键，选取第三条竖线并偏移绘出第四条竖线。

4）按〈Enter〉键两次，输入"15"并按〈Enter〉键，选取第四条竖线并偏移绘出第五条竖线。

5）按〈Enter〉键一次，以窗口方式（俗称"从左到右"方式）选取标题栏右边线（图1-2-16），启动"偏移"命令，输入"60"并按〈Enter〉键，向左移动光标并单击，偏移绘出第六条竖线，再按〈Enter〉键（或按〈Esc〉键）结束命令。

6）在"默认"选项卡中单击"修改"工具栏中的"修剪"按钮 ，移动拾取光标，分别单击第五条竖线的两端，选择需要剪去的部分，右击选择"确认"或按〈Enter〉键结束选择，如图1-2-17所示。

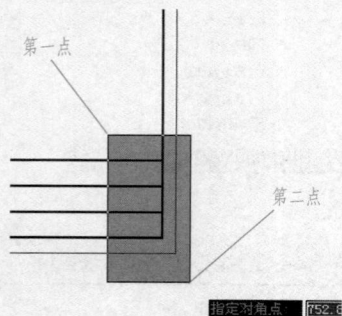

图 1-2-16　以窗口方式选取对象

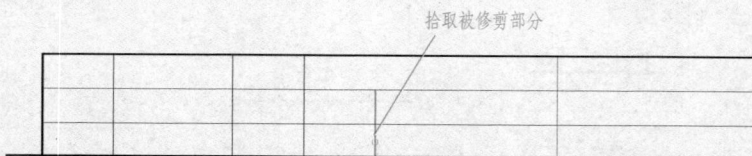

图 1-2-17　修剪对象

6. 修改标题栏内线型

将标题栏内线条改成细实线：用窗交方式选取对象（图1-2-18），再单击"图层"工具栏，在下拉菜单中选择"细实线"图层，按〈Esc〉键退出选择，完成标题栏的绘制，如图1-2-19所示。

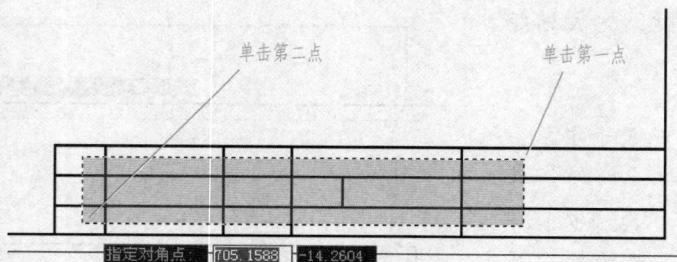

图 1-2-18　用窗交方式选取对象

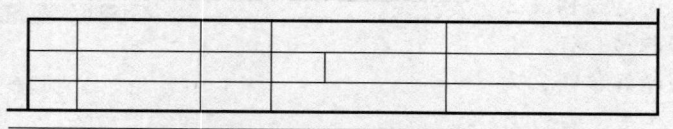

图 1-2-19　标题栏表格

7. 注写标题栏文字

1）设置文字样式。

① 单击"注释"选项卡→"文字"工具栏右下角的"斜箭头"按钮，弹出"文字样式"对话框，如图 1-2-20 所示。

② 单击"新建"按钮，弹出"新建文字样式"对话框，如图 1-2-21 所示。修改样式名为"汉字"，系统默认为"样式 1"，也可以不修改，单击"确定"按钮，返回"文字样式"对话框。

③ 在"样式"中，选择"汉字"。

④ 取消勾选"使用大字体"复选框。

⑤ 在"字体名"下拉框中选择 仿宋。

图 1-2-20 "文字样式"对话框 1

注意：不要选择 @仿宋。

⑥ 在"字体样式"下拉框中选择"常规"。

⑦ 在"高度"框保留 0.0000 不变，如设置为非 0 值，则在以后应用时，文字高度将被固定而无法修改。

⑧ 在"宽度因子"框输入"0.7070"，如图 1-2-22 所示。单击"应用"→"关闭"按钮，退回绘图界面。

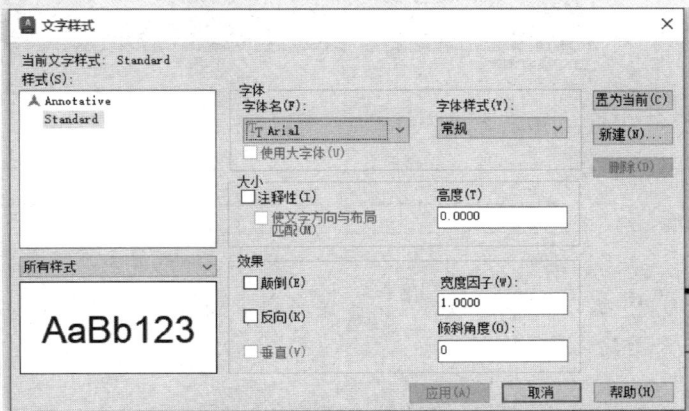

图 1-2-21 "新建文字样式"对话框

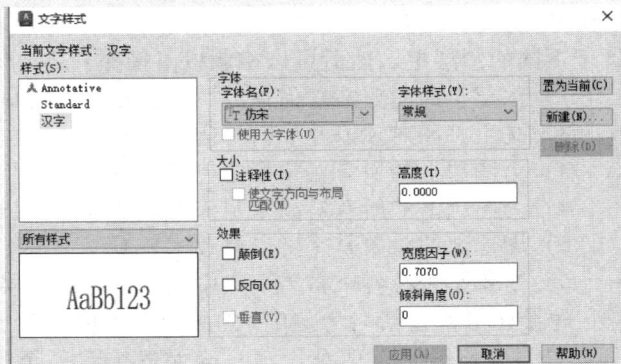

图 1-2-22 "文字样式"对话框 2

2）设置文字图层。

单击"图层"工具栏，在下拉菜单中单击"细实线"图层，将其置为当前图层。

3）书写文字。

① 在"默认"选项卡中单击"注释"工具栏中的"多行文字"按钮 A，或选择"绘图"→"文字"→"多行文字"菜单，启动"多行文字"命令。在欲填充文字的框格上选择两

个对角点分别单击，系统将弹出在位文字编辑器，单击选择"居中"按钮，如图1-2-23所示。

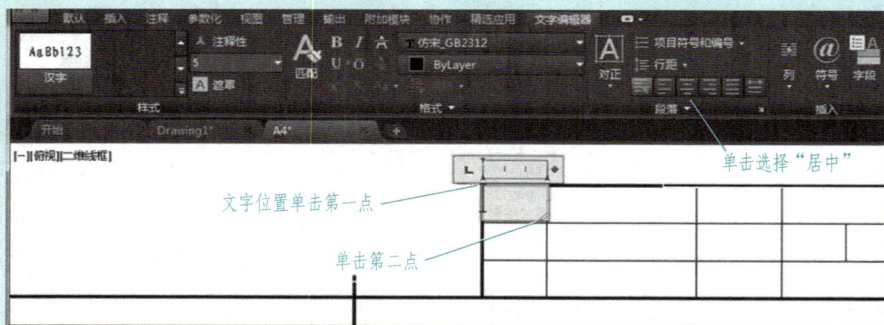

图1-2-23　在位文字编辑器

② 输入文字"设计"。如嫌两字太近，可将光标移到两字之间，按〈Ctrl+Shift+空格〉组合键输入空格。

> **注意**：直接按空格键不能输入空格。

③ 依次填写其余文字，完成标题栏的绘制，完成后的标题栏如图1-2-1所示。

图1-2-2所示标准图框的绘制方法基本与此相同，不再赘述。

【知识链接】

一、图层

1. 图层的概念

图层相当于透明图纸，绘图中可使用多张重叠图纸，按其功能在图形中组织信息以及执行线型、颜色及其他标准，如图1-2-24所示。

通过创建图层，可以将类型相似的对象指定给同一个图层使其相关联。例如，可以将构造线、文字、标注和标题栏置于不同的图层上，然后可以控制以下操作：

1）图层上的对象在任何视口中是可见还是暗显。

2）是否打印对象以及如何打印对象。

3）为图层上的所有对象指定何种颜色。

4）为图层上的所有对象指定何种默认线型和线宽。

5）图层上的对象是否可以修改。

6）对象是否在各个布局视口中显示不同的图层特性。

每个图形都包括名为"0"的图层，不能删除或重命名图层"0"。该图层有两个用途：确保每个图形至少包括一个图层；提供与块中的控制颜色相关的特殊图层。

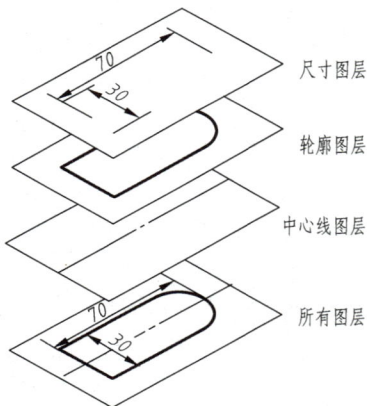

图1-2-24　图层的概念

> **素养园地：井然有序、效率提升**
>
> 一套工程图样由大量的线段、文字、标注等元素组成，绘图员必须对图形上的每一元素进行精准控制，使图形元素井然有序地呈现在绘图区。通过图层，可以对图形元素的颜色、线型、线宽、可见性、冻结、是否打印等进行设置。要养成用图层来组织图形元素的习惯，建议创建几个新图层来组织图形，可大大提升绘图效率，不要将整个图形均创建在图层"0"上。

2. 创建、删除和清理图层

创建、删除图层在图层特性管理器（图1-2-4）中进行，创建图层后在亮显的图层名称上输入新图层名称。要修改颜色、线型、线宽等特性，需单击相应图标，在相应的对话框中修改；删除图层时，已绘制对象的图层不能删除，除非那些对象被重新指定给其他图层或者被删除。不能删除图层0、Defpoints以及当前图层。修改时，单击"应用"按钮保存修改，或单击"确定"按钮保存修改并关闭操作。

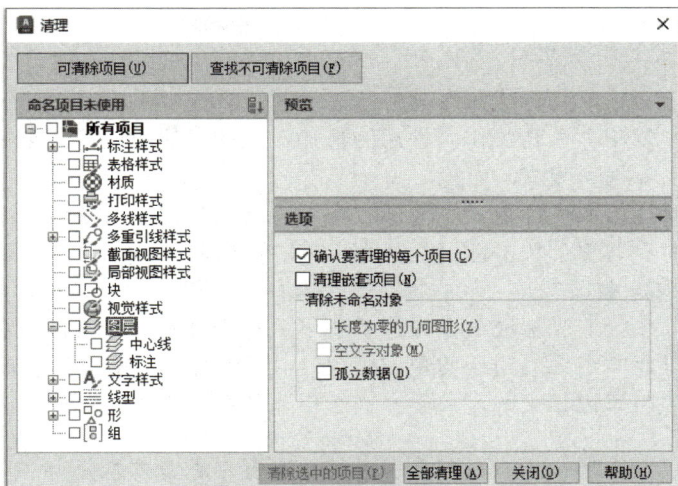

图 1-2-25　"清理"对话框

清理所有不使用的图层的步骤如下：

1）依次单击"文件"→"图形实用工具"→"清理"，或在命令行输入"purge"，弹出"清理"对话框，如图1-2-25所示。

2）"清理"对话框显示包含可清除项目（即可从图形中删除）的对象类型的树状图。

3）要清理未参照的图层，可使用以下方法之一：要清理所有未参照的图层，选择"图层"；要清理特定图层，双击"图层"展开树状图，选择要清理的图层。

4）如果要清理的项没有列出，单击"查找不可清除"项目，选择"图层"并阅读说明。

5）系统将提示用户确认列表中的每个项目。如果不想确认每个清理项目，可取消勾选"确认要清理的每个项目"。

6）单击"清除选中的项目"按钮。

7）单击"关闭"按钮。

3. 图层的关闭、锁定和冻结

通过控制如何显示或打印对象，可以降低图形视觉上的复杂程度并提高显示性能。例如，可以使用图层来控制相似对象（例如标注）的特性和可见性。也可以锁定图层，以防止意外选定和修改该图层上的对象。通过关闭或冻结图层可以使其不可见。如果在处理特定图层或图层集的细节时需要无遮挡的视图，或者在不需要打印细节（例如构造线）时，关闭或冻结图层会很有用。是否选择冻结或关闭图层取决于用户的工作方式和图形的大小。

如图1-2-26所示，单击相应图标可在图层的相应特性中切换："0"为初始状态；"图层1"为关闭状态，对象不显示；"图层2"为锁定状态，对象暗显示也不会被修改；"图层3"为冻结状态，对象不显示且不能修改。打开和关闭图层时，不会重新生成图形。在大型图形中，冻结不需要的图层可加快显示和重新生成图形的操作速度。解冻一个或多个图层将导致重新生成图形。冻结和解冻图层比打开和关闭图层需要更多的时间。

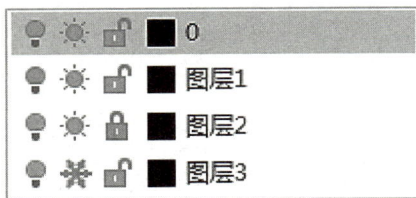

图 1-2-26　图层的关闭、锁定和冻结

注意： 可以通过锁定将图层暗显，而无须关闭或冻结图层。在命令行输入"LAYLOCKFADECTL"，按〈Enter〉键，输入数值0~90后按〈Enter〉键，可控制锁定图层上的对象的褪色。暗显的锁定图层可正常打印。

二、选取对象

在拾取光标或命令光标状态下，可以选择一个或多个图形对象，以便进一步进行删除、偏移、复制等编辑操作。常用的选择对象的方法有三种，如图 1-2-27 所示。

1. 逐个选取

在拾取光标或命令光标状态下，将光标的小方块置于对象上单击，对象即被选中，选取多个对象时逐个单击即可，如图 1-2-27a 所示。

2. 窗口方式

在拾取光标或命令光标状态下，将光标置于绘图区空白处从左向右依次单击两点即拉开一个以此两点为对角点的矩形窗口（实线矩形），完全位于矩形窗口内部的对象会被选中，而与矩形窗口边相交的对象不会被选中，如图 1-2-27b 所示。

> **注意：** 从左向右拖动光标则以窗口套索方式选择对象，完全在套索内的对象被选中，如图 1-2-27c 所示不会选中任何图形。

3. 窗交方式

在拾取光标或命令光标状态下，将光标置于绘图区空白处从右向左依次单击两点即拉开一个以此两点为对角点的矩形窗口（虚线矩形），完全位于矩形窗口内部的对象会被选中，与窗口方式不同的是与矩形窗口边相交的对象也会被选中，如图 1-2-27d 所示。

> **注意：** 从右向左拖动光标则以窗交套索方式选择对象，完全在套索内的对象和与套索相交的对象都会被选中，如图 1-2-27e 所示会选中所有图形。

当已选择的对象为不应被选中的对象时（即错选了某个对象），可按住〈Shift〉键不放，再单击错选的对象，即可使该对象退出选择集。

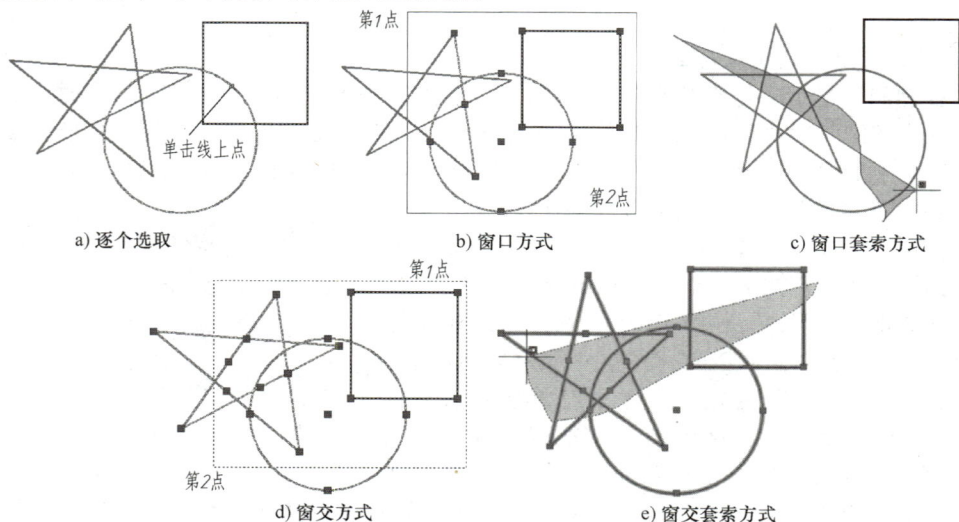

图 1-2-27　选择对象的方法

三、相关编辑命令

1. 删除

以下三种方式可删除已有对象。

1）先选后删方式：在命令光标状态下选择要删除的对象，再单击"删除"按钮 即可删除对象。

2）先删后选方式：在命令光标状态下单击"删除"按钮 ，光标变为拾取光标时选择要删除的对象，可选多个，右击即可完成删除。

3）快捷方式：在命令光标状态下选择要删除的对象，右击，在快捷菜单中单击"删除"。

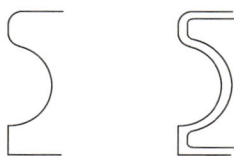

2. 偏移

偏移命令用于创建造型与选定对象造型平行的新对象。偏移圆或圆弧可以创建更大或更小的圆或圆弧，大小取决于向哪一侧偏移，如图 1-2-28 所示。可以偏移的对象有直线、圆弧、圆、椭圆和二维多段线等。

图 1-2-28　多段线的偏移

> **注意：** 偏移对象然后修剪或延伸其端点是一种高效的绘图技巧，如图 1-2-29 所示。

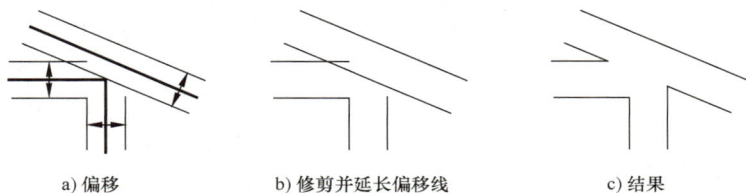

a) 偏移　　　　　b) 修剪并延长偏移线　　　　　c) 结果

图 1-2-29　偏移技巧

可以指定距离和通过点两种方式进行偏移，其步骤如下：

1）以指定距离偏移对象的步骤：单击"修改"工具栏中的"偏移"按钮 ，指定偏移距离（输入数值然后按〈Enter〉键），选择要偏移的对象（单击对象），指定要放置新对象的一侧上的一点（单击位置点），选择另一个要偏移的对象，按〈Enter〉键结束命令。具体操作参见本任务中相关内容。

2）通过点进行偏移的步骤：单击"修改"工具栏中的"偏移"按钮 ，输入"t"（通过点然后按〈Enter〉键），选择要偏移的对象（单击对象），指定通过点（单击一点），选择另一个要偏移的对象，按〈Enter〉键结束命令。

3. 拉伸

拉伸命令可以调整对象的大小，使其在一个方向上按比例增大或缩小，还可以通过移动端点、顶点或控制点来拉伸某些对象。具体步骤如图 1-2-30 所示：单击 按钮，选择拉伸对象（单击点 1 和点 2，再右击），指定基点（单击点 3），指定位移的第二个点（单击点 4）。

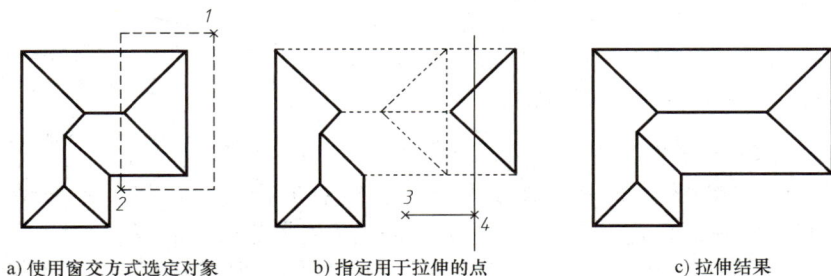

a) 使用窗交方式选定对象　　　　b) 指定用于拉伸的点　　　　c) 拉伸结果

图 1-2-30　拉伸命令

4. 修剪

修剪命令可以使被修剪的对象精确地终止于由其他对象定义的边界。选择"修剪"命令后应用"剪切边（T）"进行修剪，如图 1-2-31 所示。

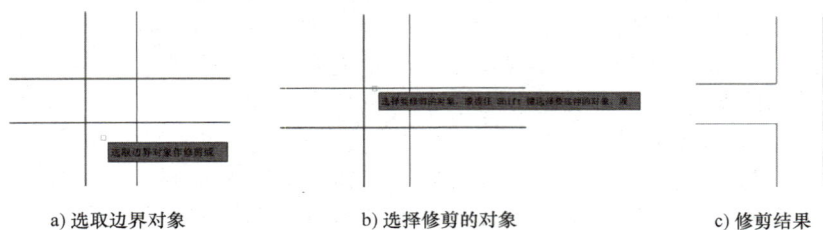

| a) 选取边界对象 | b) 选择修剪的对象 | c) 修剪结果 |

图 1-2-31　边界修剪命令

在实际应用中常使用快速修剪方式进行修剪：单击 ✂ 按钮，选定修剪对象后单击，右击，单击"确认"按钮。这种方式可以将对象修剪到与其他对象最近的交点处，如图 1-2-32 所示。

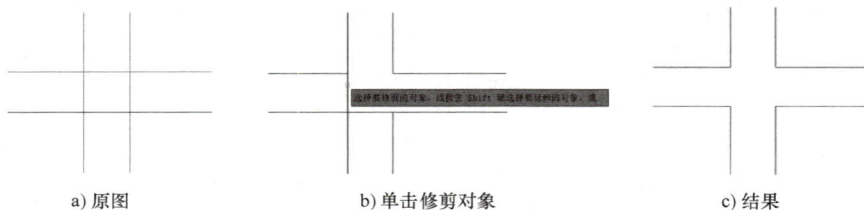

| a) 原图 | b) 单击修剪对象 | c) 结果 |

图 1-2-32　快速修剪方式

四、对象捕捉和对象捕捉追踪模式

"对象捕捉"模式的设置步骤：右击状态栏中的"对象捕捉"按钮，选择"对象捕捉设置"，弹出"草图设置—对象捕捉"对话框，如图 1-2-14 所示，一般绘图时应单击 全部选择 按钮，再单击 确定 按钮退出，绘图时要注意一定要单击"对象捕捉"按钮。

特殊情况下，可使用临时捕捉点，如图 1-2-33 所示，绘制两圆的公切线的步骤为：绘制两圆，单击"直线"按钮 ✎ ，按住〈Shift〉键右击，在快捷菜单中选择"切点"，单击圆上点 1 附近（此时应显示 ⬡ ，并提示"递延切点"），按住〈Shift〉键右击，在快捷菜单中选择"切点"，单击圆上点 2 附近（显示同前），右击，再单击"确认"按钮。也可在"草图设置—对象捕捉"对话框中只勾选"切点"一项，再绘图。

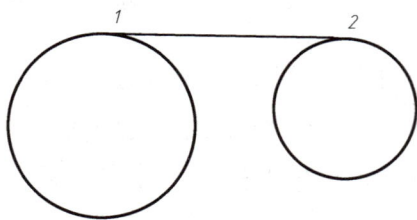

图 1-2-33　使用临时捕捉
点绘制圆公切线

素养园地：精准绘图，精益求精

作为一名合格的绘图员必须养成精准绘图、精益求精的好习惯。精准绘图必须使用"对象捕捉"和"对象捕捉追踪"模式找到所需的点，严禁初学者在非"对象捕捉"模式下使用光标找点，这样所画的图形即使看上去没多大区别，但当放大到一定范围时，就会出现连接不上的问题，使图案填充或面域等命令不能进行。

五、文字输入和文字编辑

一般使用多行文字命令输入文字，创建多行文字的步骤如下：

1）在"默认"选项卡中单击"注释"工具栏中的"多行文字"按钮 **A**；或依次单击"绘图"→"文字"→"多行文字"。

2）指定边框的对角点以定义多行文字对象的宽度，将显示在位文字编辑器，如图 1-2-34 所示。

3）要对每个段落的首行进行缩进，可拖动标尺上的第一行缩进滑块。要对每个段落的其他行进行缩进，可拖动段落滑块。

4）要设置制表符，可单击标尺设置制表位。

5）如果需要使用其他文字样式而不是默认值，可单击工具栏中"样式"控件旁边的箭头，然后选择一个样式。

6）输入文字。

> **注意：**以适当的大小在水平方向显示文字，以便可以轻松地阅读和编辑文字；否则，文字将难以阅读（如果文字很小、很大或被旋转）。

7）要替代当前文字样式，可按以下方式选择文字：要选择一个或多个字母，可在字符上单击并拖动光标；要选择词语，可双击该词语；要选择段落，可单击三次该段落。

图 1-2-34　在位文字编辑器

8）在工具栏中，可按以下方式修改格式：要修改选定文字的字体，可从"字体"列表框中选择一种字体；要修改选定文字的高度，可在"文字高度"框中输入新值；要使用粗体或斜体设置字体的文字格式，或者创建任意字体的下划线文字或上划线文字，可单击工具栏中的相应按钮（SHX 字体不支持粗体或斜体）；要对选定文字应用颜色，可从"颜色"列表框中选择一种颜色，单击"更多颜色"选项，可显示"选择颜色"对话框；要保存修改并退出编辑器，可单击编辑器右边的图形或按〈Ctrl+Enter〉组合键。

当输入的文字需要进行修改时，可选中文字，右击，在打开的快捷菜单中选择"编辑多行文字"，如图 1-2-35 所示，打开图 1-2-34 所示的在位文字编辑器，重新输入文字，完成编辑后关闭。双击需要修改的文字也可对该文字进行修改。

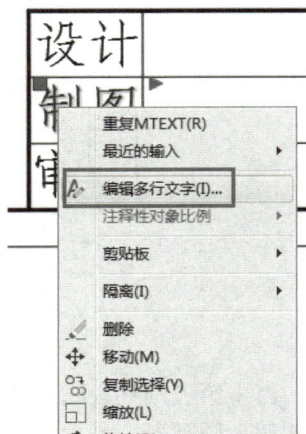

图 1-2-35　文字快捷菜单

【强化练习】

画出图 1-2-36 所示 A4 图纸标准图框。

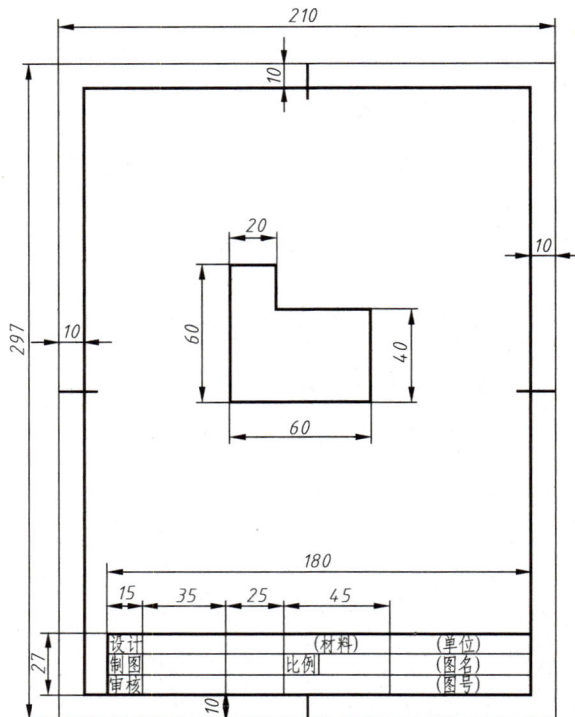

图 1-2-36　A4 图纸标准图框

任务三　绘制阶梯轴

【工作任务及分析】

图 1-3-1 所示轴可以看成是由六个矩形线框（圆柱段）加上一个梯形线框（圆锥段）构成的图形（倒角形成的圆锥可不计）。参照前面的绘制方法，先绘制线框，然后通过移动归位的方法来绘制基本形状，最后进行两端倒角等操作，完成全图。

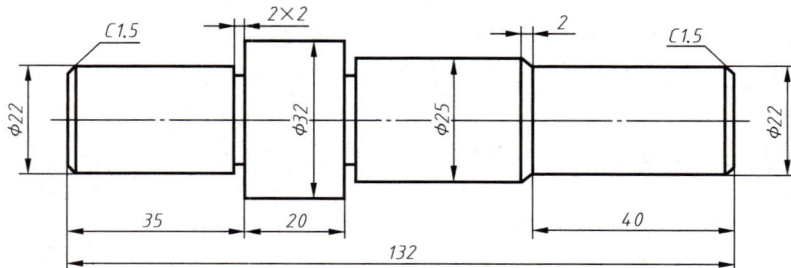

绘制阶梯轴

图 1-3-1　轴

由于第五圆柱段（从左到右）未标注长度尺寸，为避免计算的麻烦，可以采取先画出左端的四个圆柱段，然后画出与轴等长的中心线，利用中心线右端点绘出第六圆柱段，再绘出第五圆柱段及圆锥段的方法来绘制各段线框。

【任务操作步骤】

一、设置绘图环境

1）双击桌面上的图标 ，启动 AutoCAD 2024，并将输入法置于英文输入状态。

2）打开图层特性管理器，设置好图层、线宽、线型等绘图环境，并将"轮廓线"图层设置为当前图层，打开"正交"及"对象捕捉"模式。

二、绘制图形

1. 绘制第一圆柱段

1）单击"矩形"按钮 ，或单击菜单栏中的"绘图"→"矩形"，启动"矩形"命令。

2）在绘图区左边中间某处单击，指定矩形的第一角点。

3）输入"@33，22"，指定矩形的第二角点，注意在英文输入状态下输入，按〈Enter〉键完成第一圆柱段的绘制。

2. 绘制第二圆柱段

1）再按〈Enter〉键，重启"矩形"命令（熟练后可以在指定前一矩形的第二角点后按〈Enter〉键两次）。捕捉前一矩形右上角点单击，指定矩形的第一角点，然后输入"@2，18"，指定矩形的第二角点，按〈Enter〉键完成第二圆柱段的绘制。

2）在"修改"工具栏中单击"移动"按钮 ，启动"移动"命令，移动光标，在第二矩形上任意点单击，选择该矩形，右击结束选择。或用窗口方式选择矩形：依次单击左上方点和右下方点，右击完成选择，如图1-3-2a所示；捕捉矩形左边线中点并单击（指定基点）；向下移动光标到第一圆柱

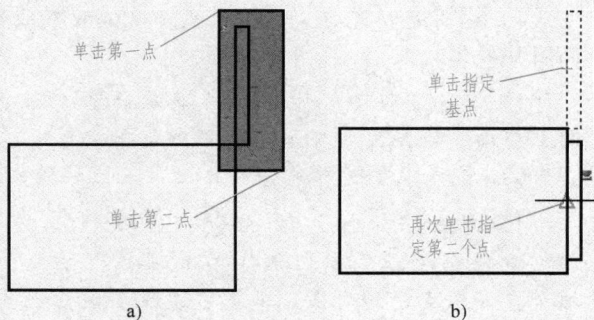

图 1-3-2 移动矩形

段矩形右边线中点附近，在出现中点标记后单击（指定第二个点），将第二矩形归位，如图1-3-2b所示。

3. 完成第三圆柱段的绘制并归位

操作方式同上述第二圆柱段的绘制。

4. 绘制第四圆柱段

该矩形与第二个矩形相同，可复制而成。

单击"复制"按钮 ，选择第二个矩形，为避免选取无关线段，可配合鼠标滚动放大局部图形，然后单击该矩形上边线或下边线，右击结束选择；捕捉矩形左边线中点并单击（指定基点），向右移动光标到第三圆柱段矩形右边线中点附近，出现标记后单击（指定第二个点），按〈Enter〉键或按〈Esc〉键结束命令。将第二个矩形的四条直线复制到第三圆柱段矩形右侧，成为第四圆柱段，如图1-3-3所示。

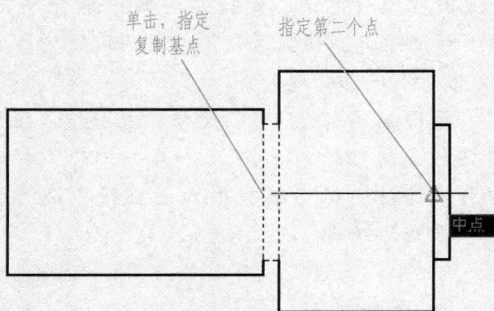

图 1-3-3 复制矩形

5. 绘制中心线

将"中心线"图层设置为当前图层，单击"绘图"工具栏中的"直线"按钮▨，启动"直线"命令，捕捉第一圆柱段左边线中点并单击，向右移动光标，输入"132"，按〈Enter〉键两次，完成中心线的绘制（与轴等长）。

6. 绘制第六圆柱段

1）将"轮廓线"图层设置为当前图层，再次启动"矩形"命令。

2）捕捉中心线右端点单击，向左上方移动光标，输入"@-40，22"，按〈Enter〉键，绘出第六圆柱段。

3）选择刚绘制的第六圆柱段，单击"移动"按钮，启动"移动"命令。捕捉矩形右边线中点并单击，向下移动光标，捕捉中心线右端点并单击，将第六圆柱段归位。

7. 绘制第五圆柱段

1）单击"直线"按钮，启动"直线"命令。捕捉第四圆柱段右上角点并单击，向右移动光标到第六圆柱段左边线，捕捉到垂足并单击，绘出第五圆柱段下边线。

2）向上移动光标，输入"25"，按〈Enter〉键两次。

3）单击"复制"按钮▨，启动"复制"命令，选择第五圆柱段下边线后右击，捕捉其右端点并单击。

4）向上移动光标，捕捉长度为25mm直线的上端点并单击，按〈Enter〉键，复制出第五圆柱段上边线。

5）单击"移动"按钮✛，再次启动"移动"命令，选择第五圆柱段的三条线，将其向上移动一段距离（不与其他图线接触）。

6）启动"直线"命令，画出第五圆柱段左边线。

7）单击"拉伸"按钮▨，启动"拉伸"命令。以窗交方式选择第五圆柱段右端，在任意空白处右击后单击右边线上任意一点，向左移动光标，输入"2"，按〈Enter〉键或〈Esc〉键，将第五圆柱段缩短至正确尺寸，如图1-3-4所示。进行此操作时应注意"正交"功能应处于打开状态。

8）在"修改"工具栏中单击"移动"按钮✛，启动"移动"命令。以窗口方式选择第五圆柱段后右击；捕捉左边线中点并单击；向下移动光标，捕捉第四圆柱段右边线中点（或与中心线交点）并单击，将第五圆柱段归位。

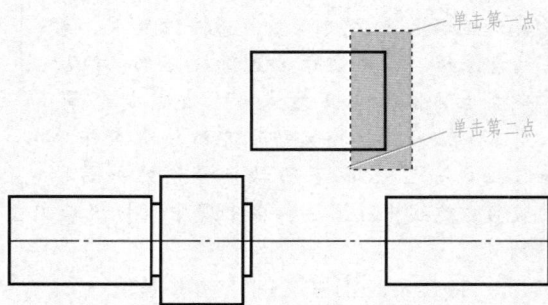

图1-3-4　拉伸图形

8. 绘制圆锥段

再次启动"直线"命令，捕捉第六圆柱段上边线左端点并单击；向左上方移动光标，捕捉第五圆柱段右上角点并单击；向下移动光标，捕捉第五圆柱段右边线下端点并单击；向右上方移动光标，捕捉第六圆柱段下边线左端点并单击，按〈Enter〉键或〈Esc〉键，完成圆锥段图形绘制。

9. 绘制倒角

1）单击"修改"工具栏中的"倒角"按钮▨，启动"倒角"命令。根据命令行提示，输入"D"，按〈Enter〉键；再输入"1.5"，按〈Enter〉键两次，此时光标变成"口"字形，称为拾取光标。

2）用拾取光标依次单击被倒角的两条边接近顶点处，即完成一次倒角。参照上述方法进行另一处倒角，并补全倒角后的直线。图1-3-5所示为绘制倒角形成的轮廓线。

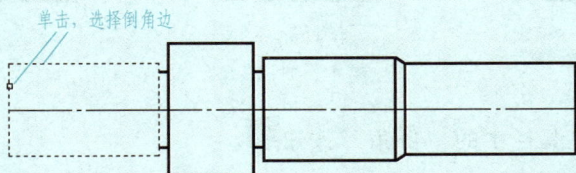

单击，选择倒角边

图1-3-5　倒角

10. 编辑中心线

按〈Esc〉键，退出当前使用的命令，单击选择中心线，中心线两端及中点将各出现一个蓝色小方框，称为夹点（蓝色夹点又称为冷夹点）。移动光标到左端夹点上单击，此时该夹点的颜色由蓝变红（称为热夹点），向左移动光标，输入"5"，按〈Enter〉键或〈Esc〉键，将中心线向左拉伸5mm。参照此方法将中心线右端向右拉伸5mm，完成全图。

【知识链接】

一、复制与移动

复制是将原对象以指定的角度和方向创建该对象的副本，可同时创建多个相同的对象。使用坐标、栅格捕捉、对象捕捉和其他工具可以精确复制对象。复制有以下两种方式。

1. 使用两点指定距离

使用由基点及第二点指定的距离和方向复制对象。单击 按钮，然后选择要复制的原始对象，右击结束选择；指定移动基点1，然后指定第二个点2，将按照点1到点2的距离和方向复制对象，如图1-3-6所示。

2. 使用相对坐标指定距离

指定基点时，输入第一点的坐标值，按〈Enter〉键，再输入第二点的坐标值，将按照两点相对距离复制对象。注意：在输入相对坐标时，无须像通常情况下那样包含"@"标记，因为相对坐标是假设的。

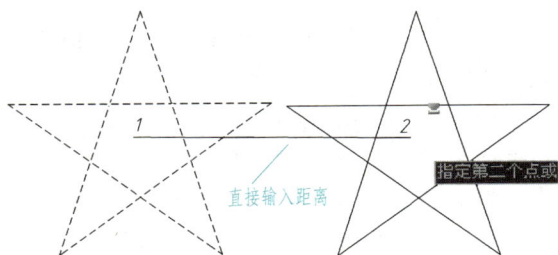

直接输入距离

指定第二个点或

图1-3-6　复制

默认情况下，系统会自动重复复制命令，即一次可得到多个对象，直到右击以"确认"结束复制。

"移动"命令的使用方法与复制命令完全相同，只是移动后将删除原对象。

二、倒角

倒角用于连接两个对象，使它们以平角或倒角相接，如图1-3-7所示。可以倒角的对象有直线、多段线、射线、构造线、三维实体等。

通过指定距离进行倒角，倒角距离是每个对象与倒角线相接或与其他对象相交而进行修剪或延伸的长度。倒角的一般步骤如下：

| 选定的第一条直线 | 选定的第二条直线 | 结果 |

图 1-3-7　倒角

1）单击"修改"工具栏中的"倒角"按钮。
2）输入"D"（距离）。
3）输入第一个倒角距离。
4）输入第二个倒角距离。
5）选择倒角直线。

如果两个倒角距离都为 0，则倒角操作将修剪或延伸这两个对象直至它们相交，但不创建倒角线，如图 1-3-8 所示。选择对象时可以按住〈Shift〉键，用 0 值替代当前的倒角距离。默认情况下，对象在倒角时被修剪，但可以右击选择"修剪"选项指定是否修剪。可以通过指定第一个选定对象的倒角线起点及倒角线与该对象形成的角度来为两个对象倒角，但这种情况在机械制图中应用较少。

| 原对象 | 倒角距离为0 | 倒角距离不为0 |

图 1-3-8　倒角距离

三、正多边形

"正多边形"命令用于创建闭合的等边多段线。在"绘图"工具栏中单击"多边形"按钮，提示如下：

polygon 输入侧面数〈4〉： 　　　　　　　　　（输入 3~1024 之间的值或按〈Enter〉键）
指定多边形的中心点或 [边 (E)]： 　　　　　　　　　　　　　（指定点 1 或输入"E"）

1. 定义正多边形中心点

输入选项 [内接于圆 (I)/外切于圆 (C)]〈当前〉：
　　　　　　　　　　　　　　　　　　　　　　（输入"I"或者"C"，或按〈Enter〉键）

输入 I，表示内接于圆：指定外接圆的半径，正多边形的所有顶点都在此圆周上；

指定圆的半径： 　　　　　　　　　　　　　　（指定点 2 或输入值，如图 1-3-9a 所示）

输入 C，表示外切于圆：指定从正多边形中心点到各边中点的距离。

指定圆的半径： 　　　　　　　　　　　　　　　　（指定距离，如图 1-3-9b 所示）

用光标指定半径，决定正多边形的旋转角度和尺寸。指定半径值将以当前捕捉旋转角度绘制正多边形的底边。

2. 边

通过指定第一条边的端点来定义正多边形。

指定边的第一个端点： 　　　　　　　　　　　　　　　　　　　　　　（指定点 1）
指定边的第二个端点： 　　　　　　　　　　　　　　　　（指定点 2，如图 1-3-10 所示）

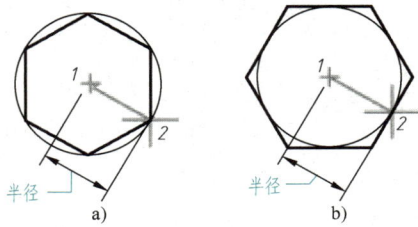

图 1-3-9　内接于圆和外切于圆

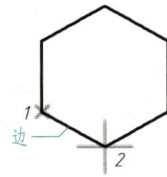

图 1-3-10　采用"边"方式绘制正多边形

【强化练习】

绘制图 1-3-11 所示的阶梯轴。

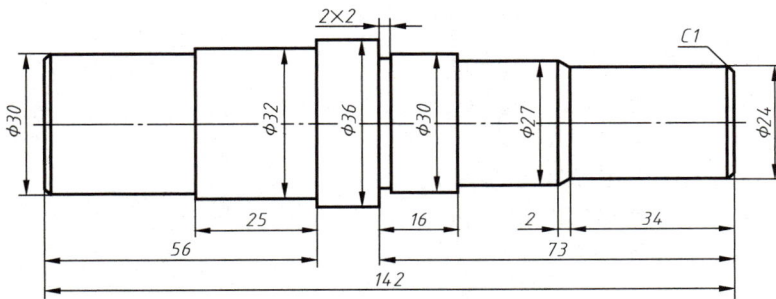

图 1-3-11　阶梯轴

圆弧连接

学习目标

1. 掌握圆及圆弧工具的使用方法。
2. 掌握圆及圆弧连接类图形的画法。
3. 进一步掌握图层等绘图环境的设置方法。
4. 理解并掌握状态栏功能及使用方法。
5. 会用各种方法绘制圆。
6. 掌握镜像命令。
7. 能利用外部参照命令实现资源共享。
8. 进一步熟悉绘图环境，有效控制当前的图形控制项。

任务一 绘制手柄

【工作任务及分析】

图 2-1-1 所示为手柄图形，一部分图线既有定形尺寸又有定位尺寸，可以直接画出；一部分图线只有定形尺寸和一个方向上的定位尺寸，要在相邻线段画出后，再根据连接关系（如相切），通过几何作图的方法找出另一方向上的定位尺寸才能画出（如圆弧 $R50mm$）；还有一部分图线只有定形尺寸而没有定位尺寸（如圆弧 $R12mm$），要在相邻线段全部画出后才能画出。

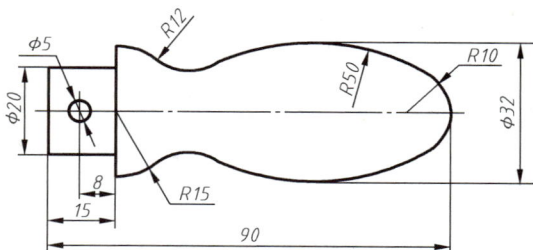

图 2-1-1 手柄

绘制手柄

【任务操作步骤】

1. 启动 AutoCAD 2024，设置图层等绘图环境

1）双击桌面上的图标 ，启动 AutoCAD 2024，并将输入法置于英文输入状态。

2）打开图层特性管理器，设置好图层、线宽、线型等绘图环境，并将"轮廓线"图层设置为当前图层，打开"正交"及"对象捕捉"模式。

2. 绘制图形

1）将"轮廓线"图层设置为当前图层，单击"矩形"按钮 ⬜，或选择"绘图"→"矩形"，启动"矩形"命令。在绘图窗口适当处单击，向右上方移动光标，输入"@15，20"，按〈Enter〉键，绘出左端矩形。

2）将"中心线"图层设置为当前图层，单击"绘图"工具栏中的"直线"按钮 ⬜，启动"直线"命令。捕捉矩形左边线中点并单击，向右移动光标，输入"90"，按〈Enter〉键两次，完成中心线的绘制（与手柄等长）。

3）将"轮廓线"图层设置为当前图层，单击"绘图"工具栏中的"圆"按钮 ⬜，启动"圆"命令。捕捉矩形右边线与中心线的交点并单击，输入"15"，按〈Enter〉键，画出一个φ30mm的圆。

4）启动"直线"命令，捕捉φ30mm圆的下象限点并单击，向上移动光标，捕捉φ30mm圆的上象限点并单击，按〈Enter〉键或〈Esc〉键，如图2-1-2所示。

5）再次启动"直线"命令，捕捉中心线右端点并单击，向左移动光标，输入"10"，按〈Enter〉键两次，画出一条辅助线。

6）再次启动"圆"命令，捕捉长10mm辅助线的右端点并单击，指定圆心，单击辅助线右端点指定半径，或输入"10"，按〈Enter〉键，画出尾部圆形，如图2-1-3所示。

7）单击"修改"工具栏中的"删除"按钮 🔪，以窗口方式选取辅助线后右击，将其删除，如图2-1-4所示。

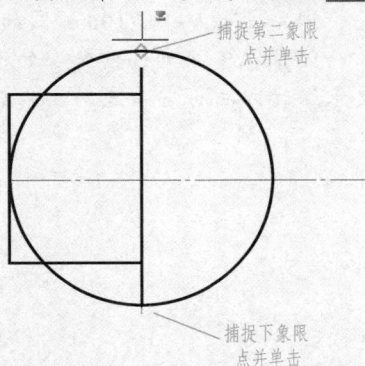

捕捉第二象限点并单击

捕捉下象限点并单击

图 2-1-2　分步图 1

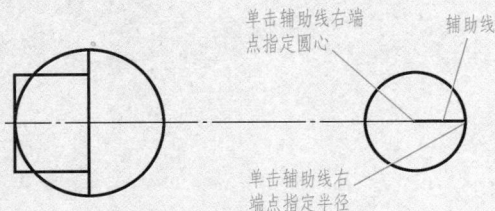

单击辅助线右端点指定圆心　　辅助线

单击辅助线右端点指定半径

图 2-1-3　分步图 2

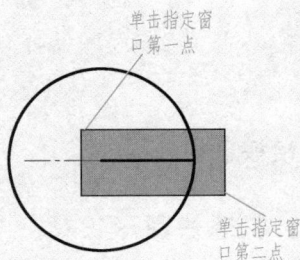

单击指定窗口第一点

单击指定窗口第二点

图 2-1-4　分步图 3

8）单击"修改"工具栏中的"偏移"按钮 ⬜，输入"16"并按〈Enter〉键，单击选择中心线，移动光标到中心线上方并单击，按〈Enter〉键结束命令。

9）依次单击"默认"→"圆"→"相切，相切，半径"，如图2-1-5所示，分别在尾部的R10mm圆及偏移中心线与R50mm圆的切点附近单击，如图2-1-6所示，输入"50"，按〈Enter〉键，画出R50mm圆弧。

10）删除偏移的中心线。

11）参照上述方法绘制R12mm圆弧，分别与R50mm及R15mm圆弧相切。

12）在"修改"工具栏中单击"修剪"按钮 ✂，启动"修剪"命令，依照一定顺序直接单击选择需要剪去的部分，按〈Enter〉键结束命令。若不按顺序选择，修剪后可能形成弧立线段无法修剪，只能删除，完成后的图形如图 2-1-7 所示。

13）在"修改"工具栏中单击"镜像"按钮 ◮，以窗交方式选取全部圆弧线段，右击结束选择；移动光标，在中心线上任意两处单击，确定镜像线；按〈Enter〉键或单击"确认"按钮，完成柄部图形绘制。

14）参照尾部 R10mm 圆的绘制方法画出横孔 ϕ5mm。

15）在不启动任何命令的情况下（若不确定，可按两次〈Esc〉键）单击中心线，利用夹点编辑方法将中心线两端分别延长 3mm，完成整个图形的绘制。

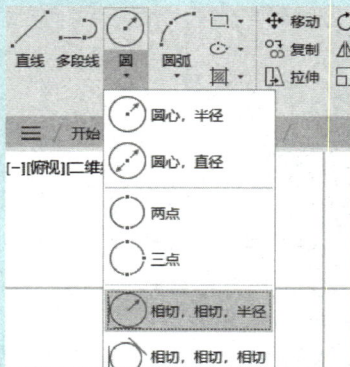

图 2-1-6　分步图 5

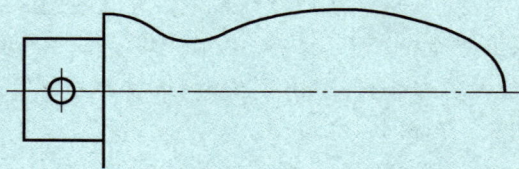

图 2-1-5　分步图 4

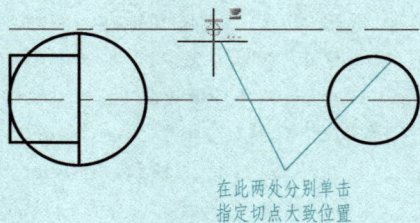

图 2-1-7　分步图 6

【知识链接】

一、状态栏图形工具

状态栏图形工具栏中，当某个按钮被按下时即将其打开，该模式有效，单击某个按钮可以使其在打开与关闭功能间切换，从而控制该模式是否有效；右击按钮可以对其进行设置（"正交"模式除外）。其使用和设置方法如下：

1. 捕捉与栅格

栅格是点或线的矩阵，遍布指定为栅格界限的整个区域。使用栅格类似于在图形下放置一张坐标纸，如图 2-1-8 所示。利用栅格可以对齐对象并直观显示对象之间的距离。打印不显示栅格。

"捕捉"与"对象捕捉"完全不同，在"捕捉"模式下只能捕捉矩形栅格。即"捕捉"模式用于限制十字光标，使其按照用户定义的间距移动。当"捕捉"模式打开时，光标似乎附着或捕捉到不可见的栅格。"捕捉"模式有助于使用箭头键或定点设备来精确地定位点。

右击"栅格"或者"捕捉"按钮，单击"网格设置"或"捕捉设置"，在弹出的"草图设置—捕捉和栅格"对话框中可以对其进行设置，如图 2-1-9 所示。"栅格"模式和"捕捉"

模式各自独立，但经常同时打开或关闭。本书未经特别说明，这两个模式均处于关闭状态。

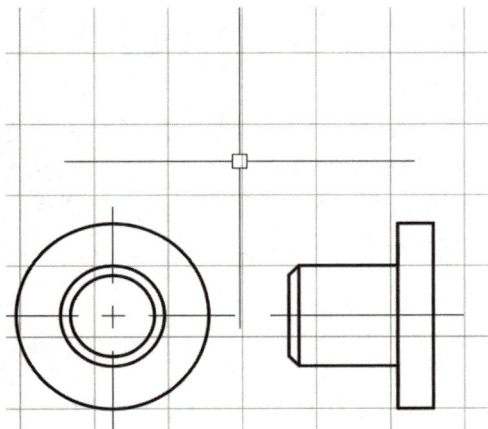

图 2-1-8　栅格

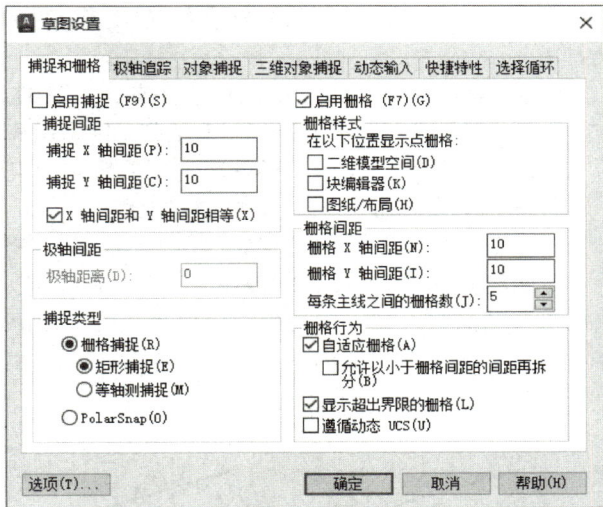

图 2-1-9　"草图设置—捕捉和栅格"对话框

2. 正交与极轴追踪

使用"正交"模式，光标将在水平和竖直方向上移动。使用"极轴追踪"功能，光标将按指定增量角度进行移动。例如，图 2-1-10 中角度增量设置为 30°，当光标在 30°、60°、90°等 30°及其倍数角附近移动时，将显示对齐路径和工具栏提示。当光标从该角度移开时，对齐路径和工具栏提示消失。

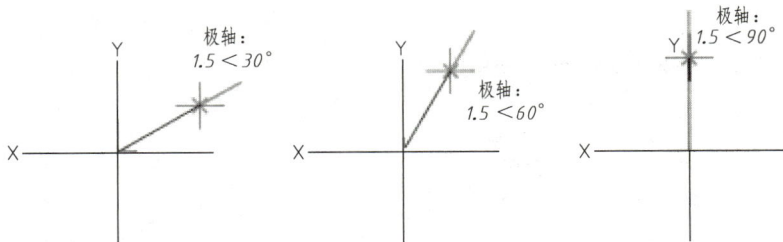

图 2-1-10　极轴追踪 30°

与"交点"或"外观交点"对象捕捉一起使用"极轴追踪"，可以找出极轴对齐路径与其他对象的交点。注意"正交"模式和"极轴追踪"模式不能同时打开。

右击"极轴追踪"按钮，单击"正在追踪设置"，弹出"草图设置—极轴追踪"对话框，如图 2-1-11 所示，单击"增量角"下拉框，有 90°、45°、30°、22.5°、18°、15°、10° 和 5° 等角度，可直接选择，也可以输入其他角度；单击"新建"按钮可以设置一个或多个附加角，这些角度在"极轴追踪"模式下同样可以追踪到。

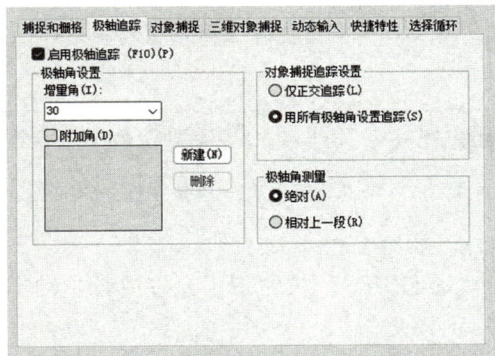

图 2-1-11　"草图设置—极轴追踪"对话框

3. 对象捕捉与对象捕捉追踪

在"对象捕捉"与"对象捕捉追踪"模式下，可以快速准确地在图形上找到特定的点，如线的端点、圆的圆心等。初学者一定要注意：绘图时严禁在"对象捕捉"或"对象捕捉追踪"没有打开的情况下，用光标直接选取特定的点，否则当图形放大到一定程度时就会出现误差。

"对象捕捉追踪"用于追踪与捕捉点相关联的点，如图 2-1-12 所示，启用了"端点"对象捕捉。单击直线的起点 1 开始绘制直线，将光标移动到另一条直线的端点 2 处获取该点，然后沿水平对齐路径移动光标，可追踪定位要绘制的直线的端点 3。

右击"对象捕捉"或"对象捕捉追踪"按钮，可在打开的图 2-1-13 所示的对话框中进行设置。一般情况下，绘图时需要"全部选择"。各捕捉模式的意义如图 2-1-14 所示，其中直线的节点是将直线四等分后的节点；最近点在大多数情况下就是线上的点；通过移动文字的插入点可以移动文字，文字的另外三个边界点为文字节点。光标在捕捉到的点上停留一会儿，就会在附近显示捕捉点的名称。

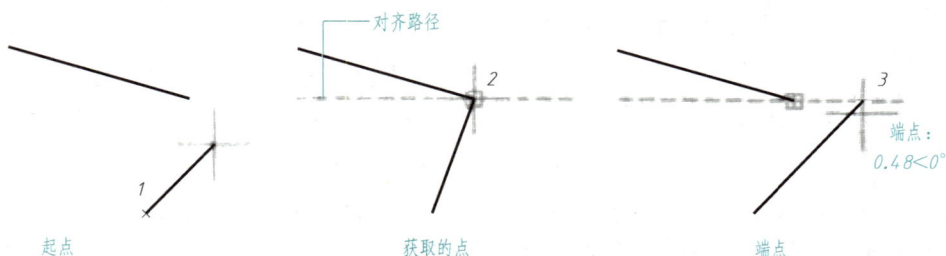

图 2-1-12 "端点"对象捕捉追踪

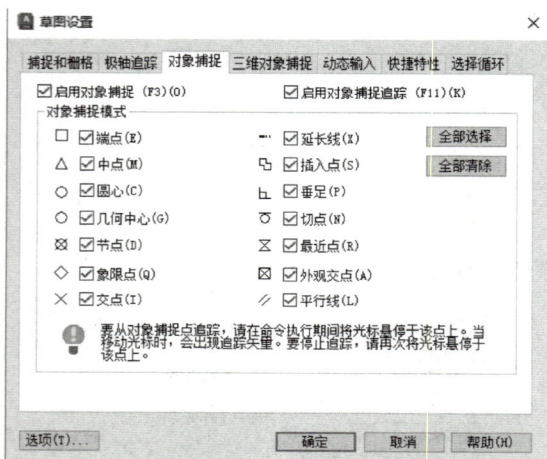

图 2-1-13 "草图设置—对象捕捉"对话框

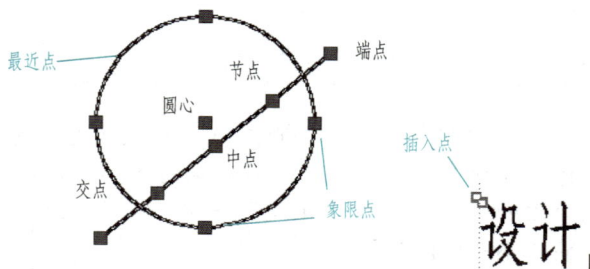

图 2-1-14 对象捕捉模式的意义

4. 动态 UCS（动态坐标系）

"动态 UCS"按钮用于允许或禁止动态 UCS，该按钮在绘制三维模型时使用。

5. 动态输入

单击状态栏中的"动态输入"按钮，可打开和关闭"动态输入"模式。按住〈F12〉键可以临时将其关闭。"动态输入"功能在光标附近提供了一个命令界面，以帮助用户专注于绘图区。启用"动态输入"功能时，将在光标附近显示信息，该信息会随着光标移动而动态更新。当某条命令为活动时，文本框将为用户提供输入的位置。

在输入字段中输入值并按〈Tab〉键后，该字段将显示一个锁定图标，并且光标会受用户输入的值约束。随后可以在第二个输入字段中输入值。另外，如果用户输入值，然后按〈Enter〉键，则第二个输入字段将被忽略，且该值将被视为直接距离输入。

完成命令或使用夹点所需的动作与命令提示中的动作类似，区别是用户的注意力可以保持在光标附近。动态输入不会取代命令窗口。可以通过隐藏命令窗口来增大绘图区，但是在有些操作中还是需要显示命令窗口。按〈F2〉键可根据需要隐藏和显示命令提示和错误消息。另外，也可以浮动命令窗口，并使用"自动隐藏"功能来展开或卷起该窗口。

右击"动态输入"按钮，打开"草图设置—动态输入"对话框，如图 2-1-15 所示，可以设置"动态输入"的三个组件：指针输入、标注输入和动态提示。

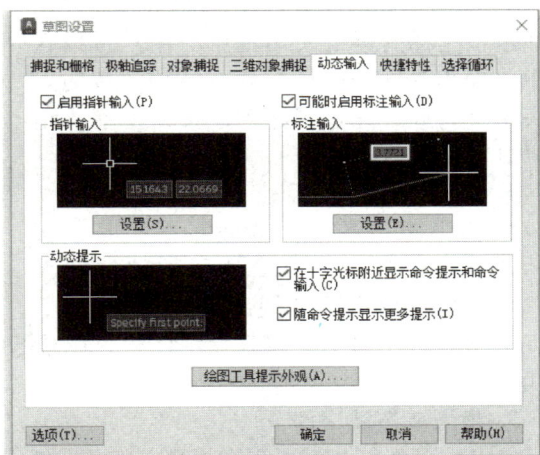

图 2-1-15　"草图设置—动态输入"对话框

（1）指针输入　当启用指针输入且有命令在执行时，十字光标的位置将在光标附近的命令提示中显示为坐标，如图 2-1-16a 所示。可以在文本框中输入坐标值，而不用在命令行中输入。第二个点和后续点的默认设置为相对坐标，不需要输入"@"符号。如果需要使用绝对坐标，应使用"#"前缀。例如，要将对象移动到原点，在提示指定下一点时，输入"#0，0"。

使用指针输入可修改坐标的默认格式，以及控制何时显示指针输入提示。

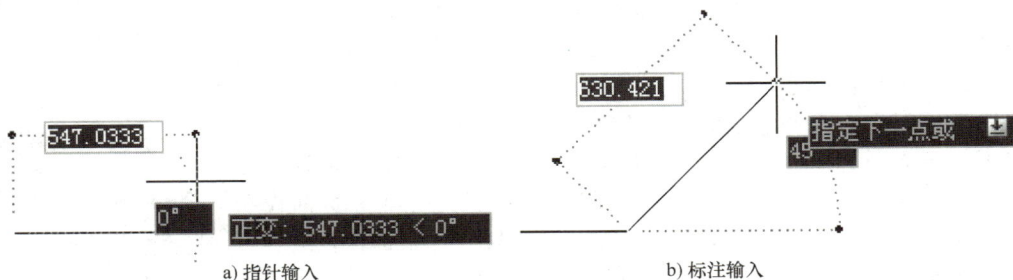

a) 指针输入　　　　b) 标注输入

图 2-1-16　动态输入

（2）标注输入　启用标注输入时，当命令行提示指定下一点时，文本框将显示距离和角度值，如图 2-1-16b 所示，文本框中的值将随着光标移动而改变。按〈Tab〉键可以移动到要更改的值处。标注输入可用于"圆弧""圆""椭圆""直线"和"多段线"命令。

使用夹点编辑对象（详见项目三任务三）时，使用标注输入设置，文本框可能会显示旧的长度、移动夹点时更新的长度、长度的改变、角度、移动夹点时角度的变化、圆弧的半径信息，如图 2-1-17 所示。

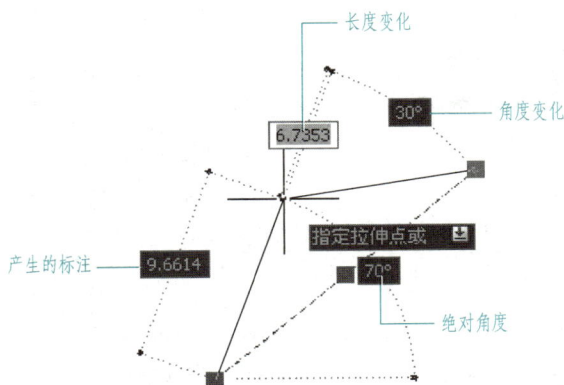

图 2-1-17　夹点编辑提示

在使用夹点来拉伸对象或创建新对象时，标注输入设置仅显示锐角或钝角，即所有角度都显示为小于或等于180°。因此，无论系统变量如何设置，270°的角度都将显示为90°。创建新对象时，指定的角度需要根据光标位置来决定角度的正方向。

（3）动态提示　启用动态提示时，提示会显示在光标附近的文本框中。用户可以在其中（而不是在命令行）输入响应。按向下箭头键可以查看和选择选项，按向上箭头键可以显示最近的输入。

6. 线宽

"线宽"模式将图形设置的线宽按比例显示出来，通过图 2-1-18 所示的"线宽设置"对话框可以设置"列出单位""默认"和"调整显示比例"。"调整显示比例"调整的线宽不影响图形的实际线宽。

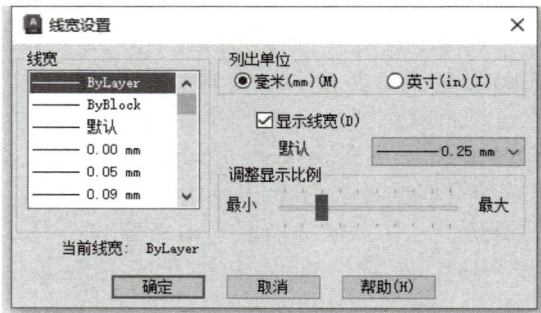

图 2-1-18　"线宽设置"对话框

7. 模型或图纸空间

单击"模型"按钮可以在模型空间和图纸空间之间切换，这种切换在执行某些任务时具有多种优点。"模型"选项卡提供了一个无限的绘图区域，称为模型空间，在模型空间中，可以绘制、查看和编辑模型；"布局"选项卡提供了一个称为图纸空间的区域，在图纸空间中可以构造图纸、放置标题栏、创建用于显示视图的布局窗口、标注图形以及添加注释。在对某个项目绘制多张图时，往往在模型空间中绘制机械图样，在图纸空间中绘制图框，这样可以方便地将图形和图纸分别保存，分别调用，实现图形和图纸的共享。在图纸空间作图与在模型空间作图完全相同。

在图纸空间中右击相应的布局，（如"布局 1"），在快捷菜单中选择"页面设置管理器"，如图 2-1-19 所示，打开"页面设置管理器"对话框，如图 2-1-20 所示，单击"修改"按钮，打开"页面设置-布局 1"对话框，如图 2-1-21 所示，在"图纸尺寸"中选择合适的图纸，再选择"图形方向"，单击"确定"按钮，即完成布局设置。

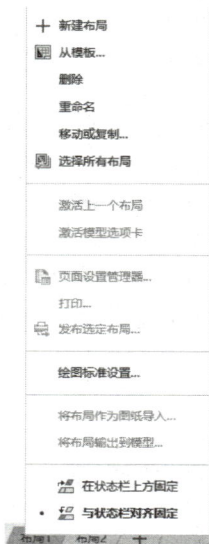

图 2-1-19　布局右击快捷菜单

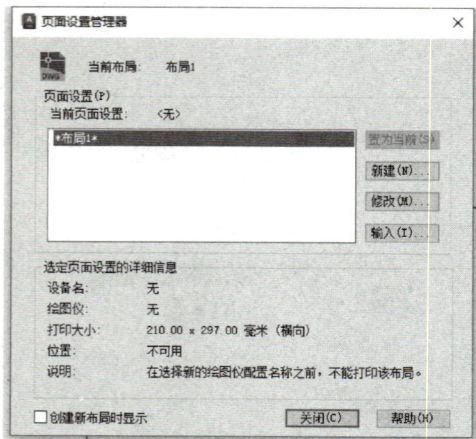

图 2-1-20　"页面设置管理器"对话框

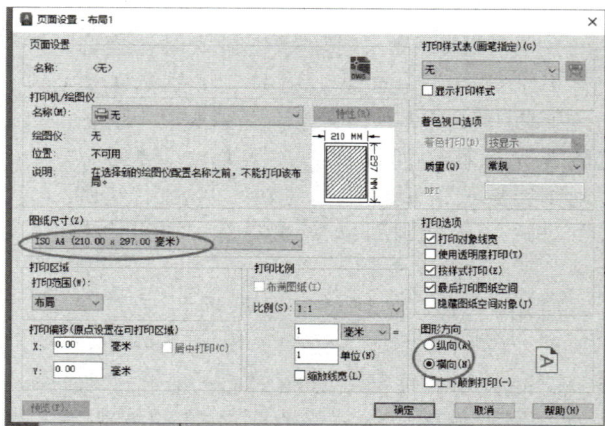

图 2-1-21　"页面设置-布局 1"对话框

注意：在图纸空间中绘制的图形在模型空间中不显示，而在模型空间中绘制的图形在图纸空间中显示。在"布局"选项卡中，切换到模型空间，可调整模型空间图形在图纸空间中的位置，方便输出图形。

二、创建圆

要创建圆可以使用指定圆心、半径、直径、圆周上的点和其他对象上的点的不同组合的创建方式，如图 2-1-22 所示，默认方式是指定圆心和半径，其他几种方式可以按照命令行提示进行操作。

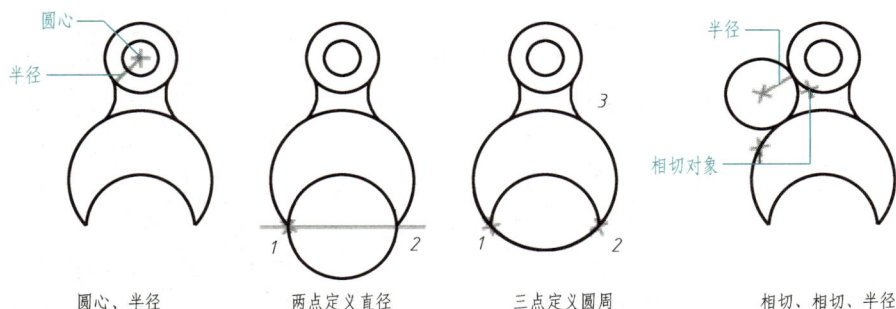

图 2-1-22　绘制圆的四种方式

1）绘制与其他对象相切的圆：切点是一个对象与另一个对象接触而不相交的点。要创建与其他对象相切的圆，先选定与之相切的对象，然后指定圆的半径。如图 2-1-23 所示，图中加粗的圆是正在绘制的圆，点 1 和点 2 用来选择相切的对象。

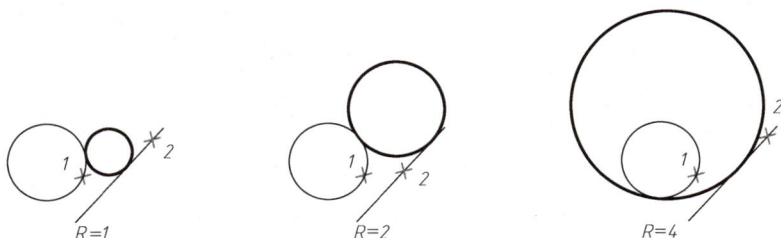

图 2-1-23　相切圆的绘制

2）创建三点相切的圆：将"对象捕捉"只设置为"切点"，并使用三点方式创建该圆。

三、镜像

绕指定轴翻转对象，创建与源对象关于轴对称的对象称为镜像。镜像对创建对称的对象非常有用，因为可以快速地绘制半个对象，然后将其镜像，而不必绘制整个对象。

图 2-1-24 所示为镜像过程：单击按钮，先选取需要镜像的对象，右击，然后输入两点指定镜像线，最后

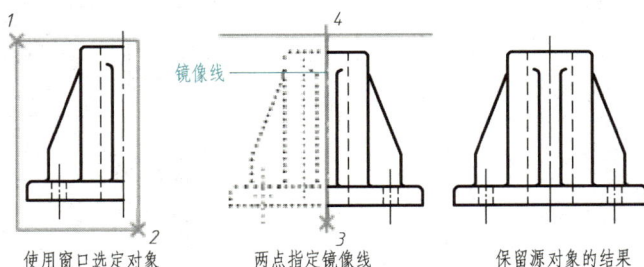

图 2-1-24　镜像过程

在"要删除源对象吗?"选择"是"或"否"。需要指出的是，镜像的对象可以是二维图形，也可以是三维图形。当对象为三维图形时，镜像线（对称轴）必须在 XY 平面内，或与 XY 平面平行。

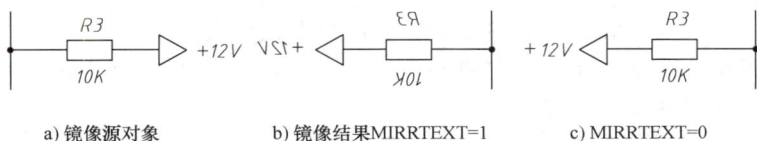

a) 镜像源对象　　b) 镜像结果MIRRTEXT=1　　c) MIRRTEXT=0

图 2-1-25　MIRRTEXT 系统变量对镜像的影响

默认情况下，镜像文字、属性和属性定义，它们在镜像图像中不会反转或倒置。文字的对齐和对正方式在镜像对象前后相同。如果确实要反转文字，需将 MIRRTEXT 系统变量设置为"1"，如图 2-1-25 所示。

【强化练习】

1. 绘制图 2-1-26 所示的轴承座。

提示：

1）画出 80mm×10mm 的矩形，再根据定位尺寸 50mm、70mm 画出两条垂直的中心线，确定上部图形的圆心。

2）画出 $\phi15$mm、$\phi30$mm 及 R18mm 的三个圆。

3）确定 R50mm 圆弧的圆心：先以 $\phi15$mm 圆的圆心为圆心，画出一个 R32mm（50mm−18mm = 32mm）的圆；再从下部矩形左端向上引出一条竖直线，该线与 R32mm 圆的交点即为 R50mm 圆弧的圆心。

4）确定左侧 R30mm 圆弧的圆心：先以 $\phi15$mm 圆的圆心为圆心，画出一个 R48mm（30mm + 18mm = 48mm）的圆；再以下部矩形左上角点为圆心，画出一个 R30mm 的圆，两圆左侧交点即为圆心。

5）右侧 R30mm 圆弧可用"相切，相切，半径"命令绘制。

2. 绘制图 2-1-27 所示练习图图样。

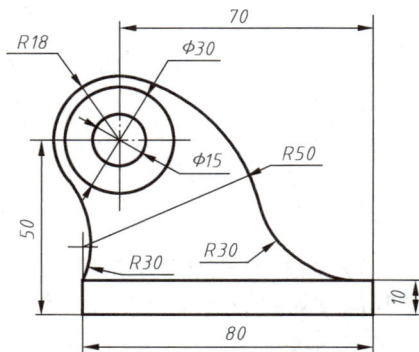

图 2-1-26　轴承座

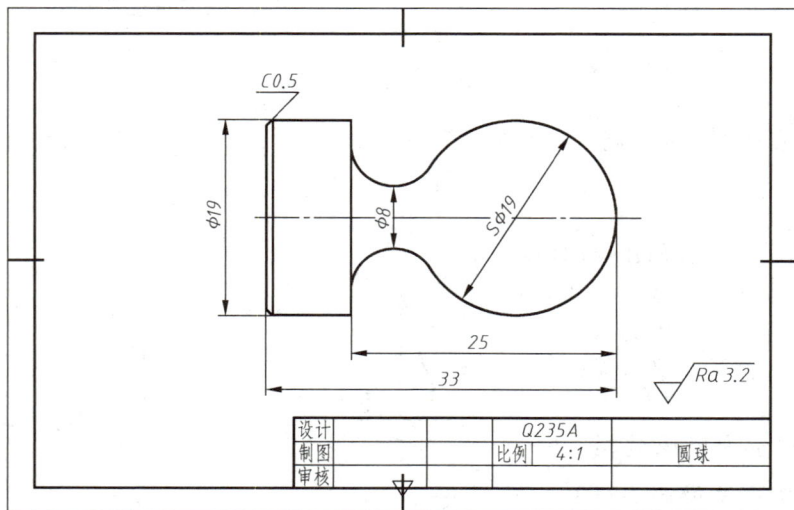

图 2-1-27　练习图图样

任务二　绘制操纵杆

【工作任务及分析】

　　绘制图 2-2-1 所示操纵杆图形，先插入包含 A4 图纸图框线、标题栏的 A4 图纸文件，或者将其"复制"后"粘贴"到当前窗口，两种方法的区别读者可以自己体会；绘制操纵杆左视图（位于右侧的视图），并利用"移动"命令调整好图形位置；然后选择水平中心线、竖直中心线及柄部图形，在"正交"状态下向左复制到适当位置，画出其余图线，完成主视图；最后调整视图位置，填写好标题栏，完成全图。

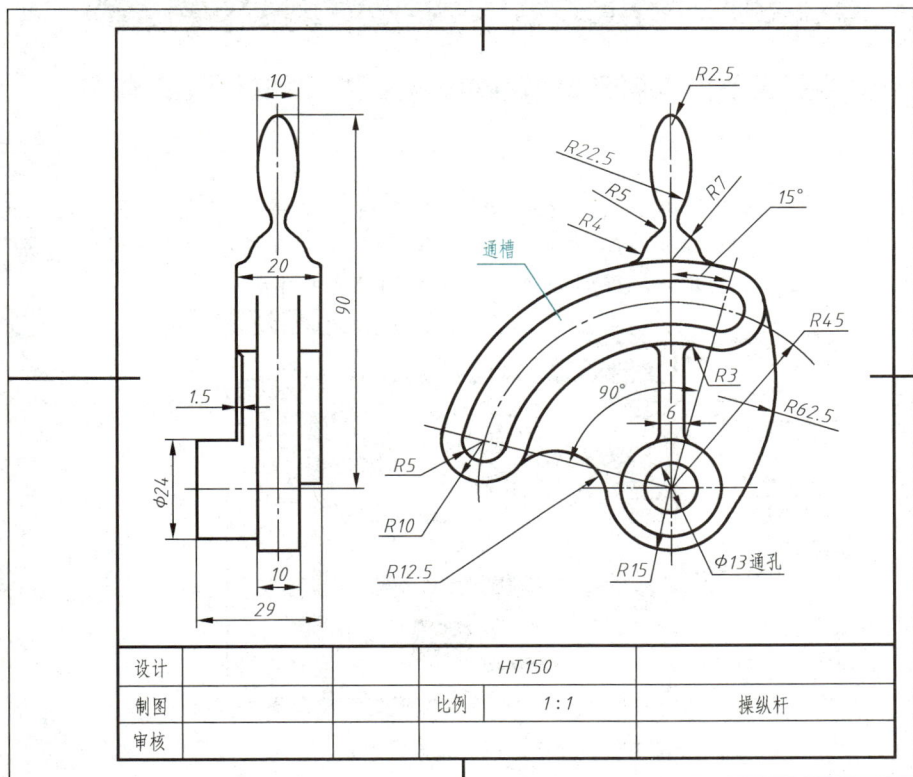

绘制操纵杆左视图

绘制操纵杆主视图

图 2-2-1　操纵杆

【任务操作步骤】

一、创建工作空间和文档

1. 启动 AutoCAD 2024

　　双击桌面上的快捷图标 [A]，或依次单击"开始"→"程序"→"Autodesk"→"AutoCAD 2024-简体中文"→"AutoCAD 2024"，启动 AutoCAD 2024，进入"草图与注释"工作空间。

2. 创建工作空间

　　采用定制经典工作空间的方法，创建"我的二维空间"，如图 2-2-2 所示。

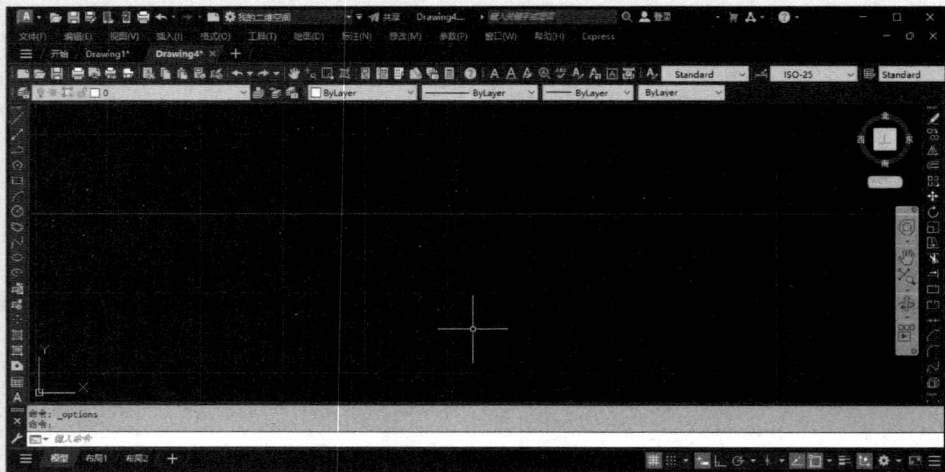

图 2-2-2　我的二维空间

　　在绘图区右击，打开"选项"对话框，在"显示"选项卡中将"颜色主题"设置为"明"；单击 颜色(C) 按钮，打开"图形窗口颜色"对话框，将"二维模型空间-统一背景"的颜色设置为"白"，如图 2-2-3 所示，得到的工作界面如图 2-2-4 所示。

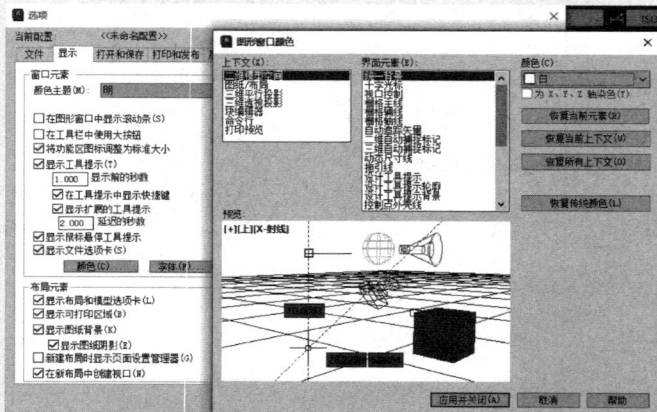

图 2-2-3　"选项"和"图形窗口颜色"对话框

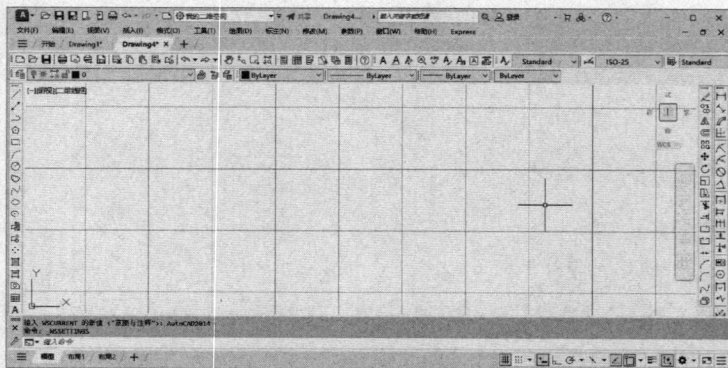

图 2-2-4　明亮白底的工作空间

3. 创建文档

单击"保存"按钮 🖫，弹出"图形另存为"对话框，如图 2-2-5 所示。在"保存于"下拉框中选择保存位置，在"文件名"框内输入名称，再单击"保存"按钮，此时文件标题栏将变成如图 2-2-6 所示。

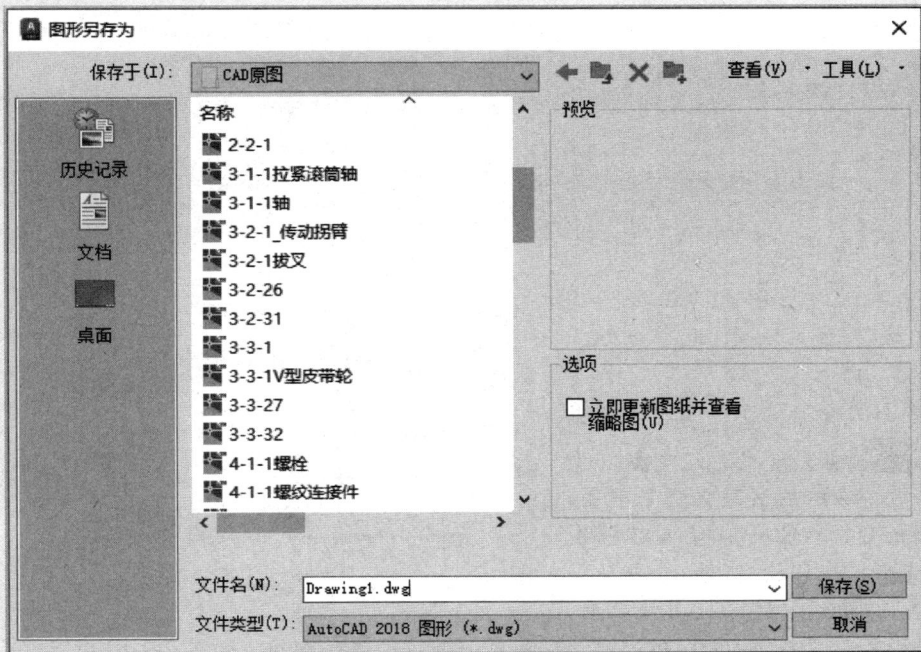

图 2-2-5 "图形另存为"对话框

图 2-2-6 文件"操纵杆"标题栏

二、布图

1. 插入 A4 图纸文件，并新建图层

1）单击菜单栏中的"文件"→"附着…"，弹出"选择参照文件"对话框，找到 A4 图纸文件，如图 2-2-7 所示，单击"打开"按钮后弹出"附着外部参照"对话框，按图 2-2-8 所示进行设置，确定后在绘图区选择合适的位置单击，放置该文件。

2）单击"图层特性"按钮 🖫，弹出"图层特性管理器"对话框，在该对话框中单击"新建图层"按钮 🖫，参照前述方法设置好图层（包括名称、线型、线宽、颜色等），并打开"线宽"模式与"对象捕捉"模式。

2. 绘制图形中心线

1）单击选择图层按钮 🔘🔘🔒 0 ▾，在下拉列表中选取"中心线"图层，如图 2-2-9 所示。注意："颜色控制""线型控制"和"线宽控制"应显示为"Bylayer"（随层）。

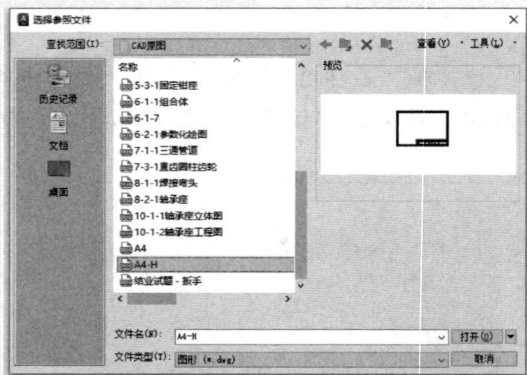

图 2-2-7 "选择参照文件"对话框

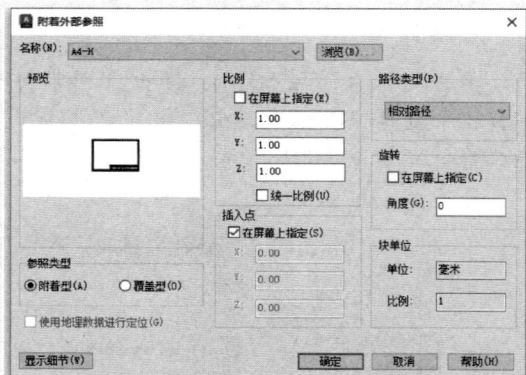

图 2-2-8 "附着外部参照"对话框

2）单击状态栏中的"正交"及"对象捕捉"按钮，打开"正交""对象捕捉"模式。

3）单击"绘图"工具栏中的"直线"按钮，当光标变为点光标（十字光标）时，在绘图区适当位置单击，向下移动光标，拉出一条竖直"橡皮线"，命令行提示"指定下一点或［放弃（U）]:"，输入"115"（直线长度，

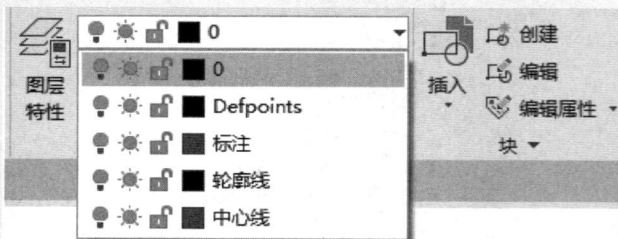

图 2-2-9 图层选择

也可适当加长），按〈Enter〉键一次，完成第一条中心线的绘制，如图 2-2-10 所示；向右移动光标，输入"45"，按〈Enter〉键两次，完成第二条中心线的绘制（第一次按〈Enter〉键表示结束输入，第二次按〈Enter〉键表示结束"直线"命令）。

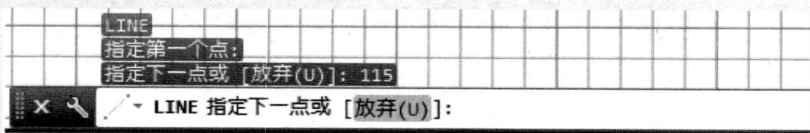

图 2-2-10 绘制 115mm 竖直中心线

4）移动光标至第二条中心线上并单击，该中心线被选中，并在其两个端点及中点处各出现一个蓝色小方框（小方框称为夹点。蓝色表示该点尚未被选择，称为冷夹点，在未启动任何命令时选择对象均会出现冷夹点）；将光标移动到中间的夹点上单击，该夹点变成红色（称为热夹点）；向左移动光标到第一条中心线下端点处单击，将第二条中心线左移；光标保持原位再次单击并向上移动，输入"20"并按〈Enter〉键，按〈Esc〉键退出，夹点消除，完成交叉垂直的中心线的绘制，如图 2-2-11 所示。

5）单击"绘图"工具栏中的"圆"按钮，在捕捉模式下将光标置于中心线交点附近，出现图 2-2-12 所示状态时，单击确定圆心，在文本框中输入半径值"45"，按〈Enter〉键完成中心圆的绘制。

6）再次启动"直线"命令，移动光标，捕捉中心线交点并单击，输入"@60<75"，按〈Enter〉键两次，绘制弧形导槽的一条辐射中心线。再次按〈Enter〉键，重启"直线"命令，

捕捉中心线交点并单击，输入"@60<165"并按〈Enter〉键两次，绘制弧形导槽的另一条辐射中心线，如图2-2-13所示。

三、绘制手柄部分

1）启动"偏移"命令，将水平中心线向上偏移87.5mm（90mm−2.5mm），绘制水平辅助中心线。

2）将"轮廓线"图层设置为当前图层，启动"圆"命令，以水平辅助中心线与竖直中心线的交点为圆心绘制半径为2.5mm的圆，完成后删除水平辅助中心线。

3）将竖直中心线向左偏移5mm，形成竖直辅助中心线。

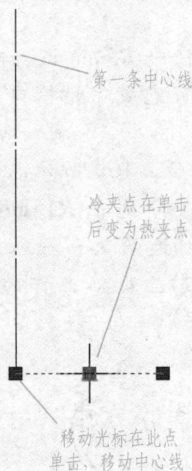

图2-2-11　利用夹点移动直线　　　图2-2-12　捕捉交点　　　图2-2-13　辐射中心线的绘制

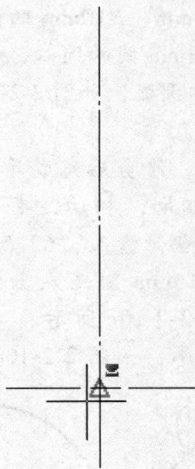

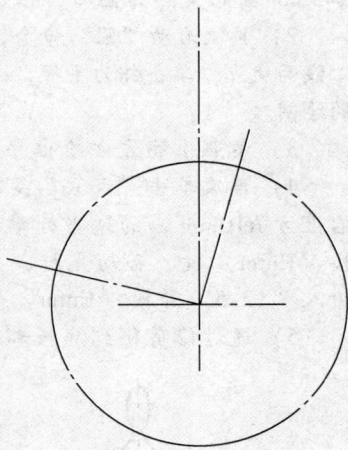

4）依次单击"绘图"→"圆"→"相切，相切，半径"，移动光标，分别在R2.5mm圆及竖直辅助中心线适当处单击，输入"22.5"并按〈Enter〉键。

5）删除竖直辅助中心线。

6）再次启动"圆"命令，以水平中心线与竖直中心线的交点为圆心，绘制半径为55mm（45mm+10mm）的圆。

7）以R55mm圆与竖直中心线上方交点为圆心，绘制半径为7mm的圆。

8）再次单击"绘图"→"圆"→"相切，相切，半径"，移动光标，分别在R7mm圆及R22.5mm圆的适当处单击，输入"5"并按〈Enter〉键。

9）以相同的方法绘制半径为4mm的圆。

10）通过修剪、镜像操作，完成手柄部分的绘制，如图2-2-14所示。

四、绘制圆柱部分

单击"绘图"工具栏中的"圆"按钮，启动"圆"命令，捕捉水平中心线与竖直中心线交点为圆心，依次绘制ϕ13mm、ϕ24mm和R15mm的圆，如图2-2-15所示。

五、绘制导槽部分及底板外形轮廓

1）单击"绘图"工具栏中的"圆"按钮，启动"圆"命令，捕捉两条辐射中心线与

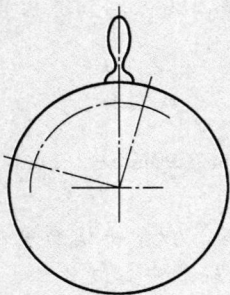

图 2-2-14　手柄部分的绘制　　　　图 2-2-15　圆柱部分的绘制

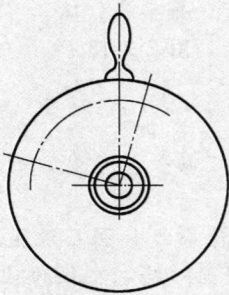

R45mm 圆的交点为圆心，依次绘制 R5mm、R10mm 的圆。

2）再次启动"圆"命令，单击 ϕ13mm 圆的圆心，移动光标，捕捉任一 R5mm 圆与辐射中心线两交点，单击作为半径，画出导槽内圆弧，如图 2-2-16a 所示。经修剪完成导槽槽口内圆弧的绘制。

3）参照上述方法绘出导槽外圆弧，修剪后完成导槽的绘制，如图 2-2-16b 所示。

4）再次单击"绘图"→"圆"→"相切，相切，半径"，移动光标，分别在 R15mm 圆及右上方 R10mm 圆的适当处单击作为切点，输入"62.5"并按〈Enter〉键两次；输入"T"，按〈Enter〉键，移动光标，分别在 R15mm 圆及左上方 R10mm 圆的适当处单击作为切点，输入"12.5"并按〈Enter〉键，如图 2-2-16c 所示。

5）通过修剪得到底板部分外形轮廓，如图 2-2-16d 所示。

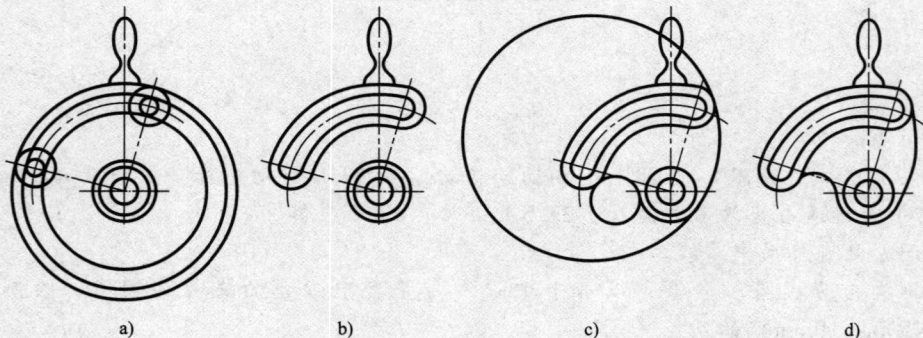

a)　　　　　b)　　　　　c)　　　　　d)

图 2-2-16　导槽与底板外形轮廓的绘制

六、绘制加强肋

1）单击"修改"工具栏中的"偏移"按钮，启动"偏移"命令，输入"3"，按〈Enter〉键，将竖直中心线向左、右分别偏移 3mm，各绘制一条辅助线。

2）单击"绘图"工具栏中的"直线"按钮，移动光标，分别捕捉左（右）辅助线与 ϕ24mm 圆及 R35mm 导槽圆弧交点并单击，画出加强肋直线部分，如图 2-2-17a 所示。

3）依次单击"绘图"→"圆"→"相切，相切，半径"，移动光标，分别在 R35mm 圆弧及加强肋直线的适当处单击作为切点，输入"3"并按〈Enter〉键，画出一个过渡圆。参照上述方法画出其余三个过渡圆，如图 2-2-17b 所示。修剪多余线段，删除辅助线，完成加强肋的绘制。检查图形，如图 2-2-17c 所示。

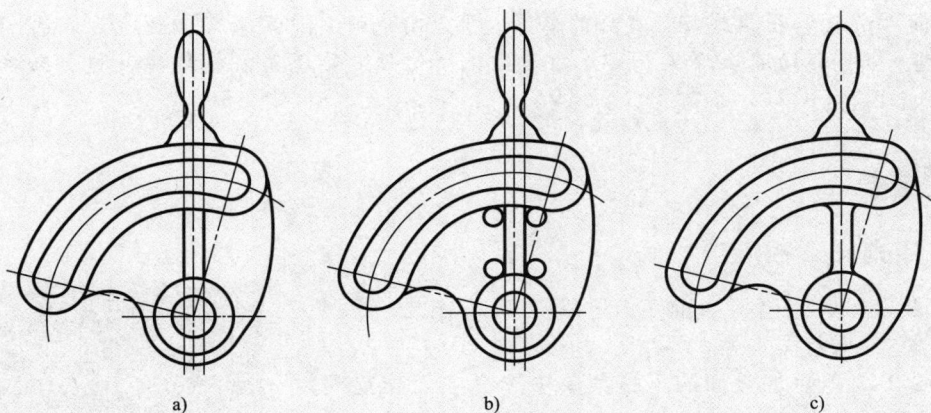

a)   b)   c)

图 2-2-17 加强肋的绘制

七、完成主视图

1）打开"正交"模式，单击"修改"工具栏中的"复制"按钮，以窗交方式选择手柄部分、竖直中心线（先在手柄右上方单击，后在左侧单击），再移动光标，拾取水平中心线，右击结束选择；移动光标，在空白处单击并向左移动光标至合适位置再次单击，将所选图形向左复制到主视图位置，如图 2-2-18 所示。

2）将"细实线"图层设置为当前图层，单击"绘图"工具栏中的"构造线"按钮，输入"H"，绘制水平构造线，移动光标，按投影规律选择左视图上相关点并单击，在1、2、5点处捕捉"端点"，其余各处捕捉"象限点"。绘出全部水平辅助线，并绘制竖直辅助线，如图 2-2-19 所示。

3）将"轮廓线"图层设置为当前图层，启动"直线"命令，绘出全部图线（图 2-2-20）。再删除辅助线，完成主视图的绘制。

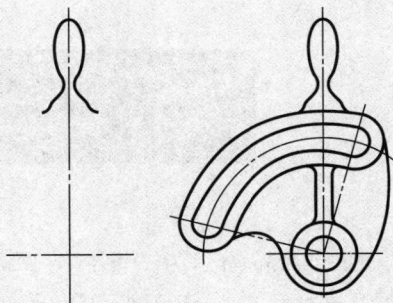

图 2-2-18 复制图形

图 2-2-19 绘制辅助线

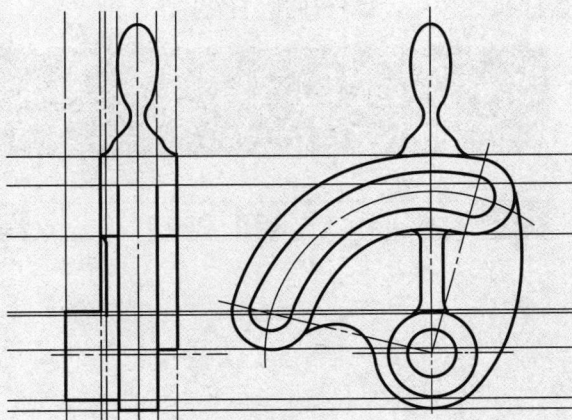

图 2-2-20 绘出全部图线

4）调整视图与图框线及标题栏的位置。调整前最好打开"正交"模式，关闭"对象捕捉"模式，以免移动图形时造成主视图与左视图错位。再填写好标题栏，对全图做最后检查，完成全图。

【知识链接】

一、当前图形控制项

当前图形控制项包括当前工作空间、当前图层（颜色、线型、线宽）、当前样式等。

在图 2-2-21 所示的界面的下拉菜单中选择"工作空间设置"，可以看到当前工作空间。图 2-2-21 所示为保存的"我的二维空间"，也可以切换不同的工作空间，一般一个图形只使用单一的工作空间。

图 2-2-22 所示的"图层"工具栏显示的"轮廓线"图层为当前图层，当前绘制的对象均位于当前图层内。单击当前"轮廓线"图层，在下拉列表中可方便地切换其他图层为当前图层。图 2-2-22 所示"特性"工具栏显示当前对象的颜色、线型和线宽，图中均为"ByLayer"（随层），也可以在下拉列表中设置特定的颜色、线型和线宽，改变图层不会对其产生影响。一般情况下，三个特性均应设置为"ByLayer"，使一个图层上所有对象的颜色、线型和线宽保持一致。

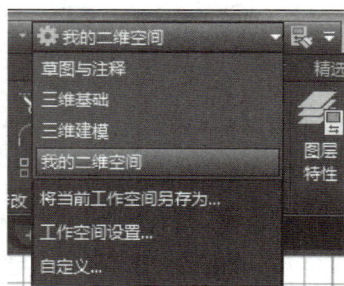

图 2-2-21　当前工作空间

图 2-2-22　当前图层

图 2-2-23a 所示为"注释"选项卡中有关样式工具，图 2-2-23b 所示为"样式"工具栏，包括文字样式、标注样式、表格样式和多重引线样式，默认状态时一般为"Standard"（标准），单击某个样式可以对其进行切换。可以在"格式"下拉菜单中单击各个样式，打开相应对话框，对各样式进行新建、修改等。

a）"注释"选项卡中有关样式工具

b）"样式"工具栏

图 2-2-23　当前样式

二、外部参照

使用外部参照可以实现各文件之间的数据交换和共享。将 AutoCAD 2024 图形文件作为外部参照附着到当前图形时，会将该参照图形链接到当前图形，打开或重载外部参照时，对参照图形所做的任何修改都会显示在当前图形中。一个图形可以作为外部参照同时附着到多个图形中；反之，也可以将多个图形作为参照图形附着到单个图形中。

　　在菜单栏依次单击"插入"→"DWG 参照"，或在命令行提示下输入"xattach"，可打开"选择参照文件"对话框，如图 2-2-7 所示。也可以通过从"设计中心"拖动外部参照，或通过单击快捷菜单中的"附着为外部参照"来附着外部参照。用于定位外部参照的已保存路径类型可以是完整路径，也可以是相对（部分指定）路径，或者无路径。

　　如果外部参照包含任何可变块属性，它们将被忽略。

> **注意：** 使用"外部参照"选项卡时，建议打开自动隐藏功能或锚定选项卡。在指定外部参照的插入点时，此选项卡将自动隐藏。外部参照附着到图形时，应用程序窗口的右下角（状态栏托盘）将显示一个"管理外部参照"图标，如图 2-2-24 所示。如果未找到一个或多个外部参照或需要重载任何外部参照，"管理外部参照"图标中将出现一个叹号。单击"管理外部参照"图标，将显示"外部参照"对话框，如图 2-2-25 所示，在菜单栏中依次单击"工具"→"选项板"→"外部参照（E）…"，也可以打开"外部参照"选项卡。

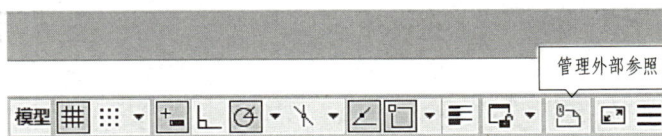

图 2-2-24　"管理外部参照"图标

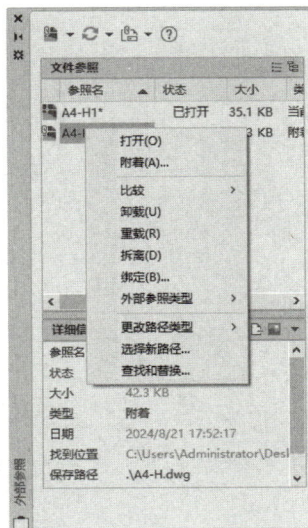

图 2-2-25　"外部参照"对话框

　　可以控制外部参照图层的可见性、颜色、线型和其他特性，并使这些更改成为临时或永久设置。如果系统变量设置为 0，则这些修改仅应用于当前的绘图任务。当结束绘图任务，或是重载或拆离外部参照时，将放弃所做的修改。要从图形中彻底删除外部参照，需要拆离它们而不是删除。删除外部参照不会删除与其关联的图层定义。使用"拆离"选项将删除外部参照和所有关联信息。

【强化练习】

绘制图 2-2-26 和图 2-2-27 所示图形。

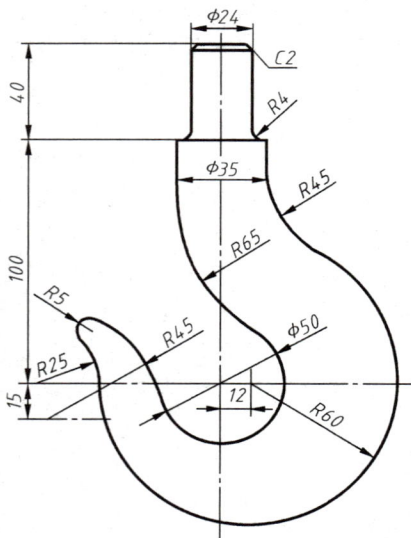

图 2-2-26　练习图 1

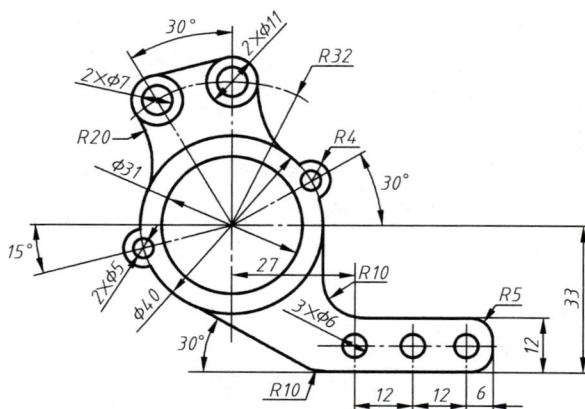

图 2-2-27　练习图 2

简单零件图的绘制

学习目标

1. 掌握轴类零件、叉架类零件的常用画法及技巧。
2. 掌握尺寸、尺寸公差、几何公差的基本标注方法及编辑方法。
3. 掌握图块的创建及其应用方法。
4. 掌握分解、圆角、旋转等编辑命令的使用方法。
5. 掌握样条曲线、图案填充等绘图命令的使用方法及编辑方法。
6. 了解放弃与重做命令的作用与操作方法。
7. 掌握常用夹点编辑方法。

任务一　绘制轴类零件图

【工作任务及分析】

轴类零件多在车床上加工，为了读图方便，此类零件主视图常按加工位置选择，即将其轴线水平放置，用主视图表达其主要结构，而键槽等局部结构采用断面图、局部视图等进行表达。

图 3-1-1 所示阶梯轴图形两端是对称的（键槽除外），每端各有三段，这类图形可以先画出一半，然后利用"镜像"操作画出另一半。图形中心线左右各超出轮廓线 3~5mm，键槽部分结构采用断面图表达。在图形绘制、尺寸标注完成后单击"打开"按钮，将图 1-2-1 所示 A3 图纸标准图框打开后复制粘贴到本图中，然后调整视图位置。最后检查图线，完成整个图形的绘制。

【任务操作步骤】

一、设置样板

1）打开 AutoCAD 2024，设置好图层（包括"轮廓线""中心线""细实线""细虚线""标注线"等）及文字样式（如"汉字""标注数字"）等。

2）设置完成后单击"保存"按钮，系统弹出"图形另存为"对话框，如图 3-1-2 所示，在"文件类型"下拉框中选择"AutoCAD 图形样板 (*.dwt)"，将"文件名"更改为"自定义样板-1"单击"保存"按钮退出。

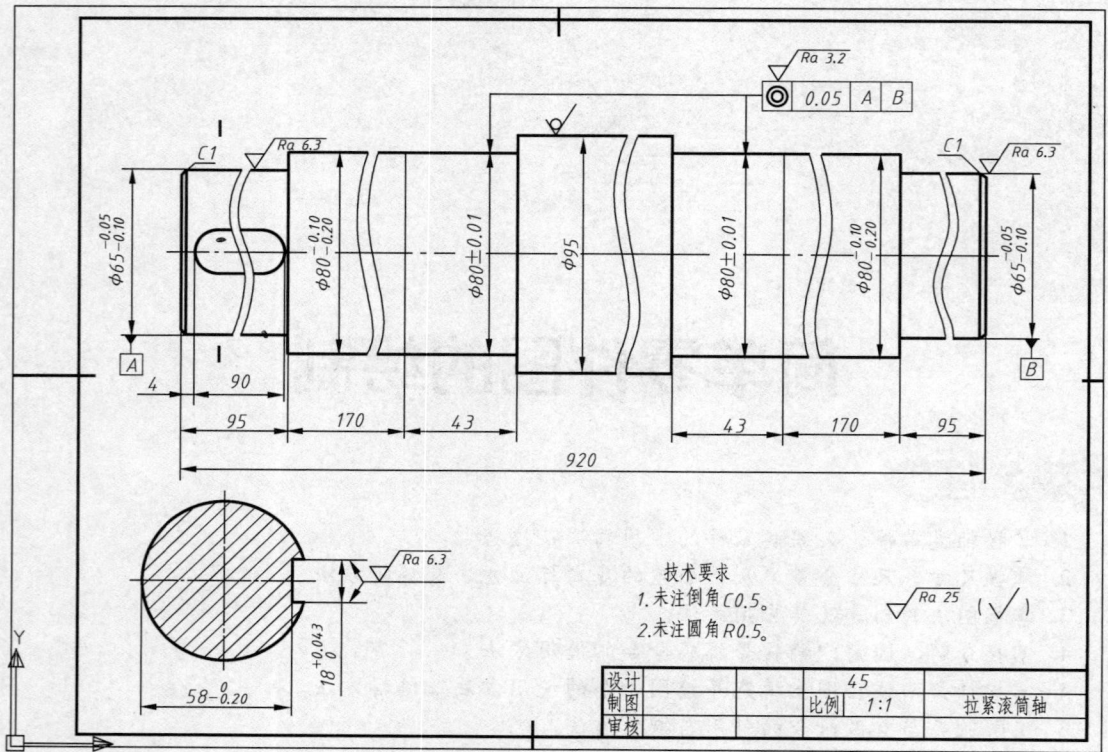

图 3-1-1　阶梯轴

图 3-1-2　保存样板文件

绘制轴类零件

轴类零件尺寸标注 1

轴类零件尺寸标注 2

3）将光标移至绘图区右击，在快捷菜单中单击"选项"，弹出"选项"对话框，在"文件"选项卡中单击"样板设置"左侧的"+"号，将主菜单展开，选择"快速新建的默认样板文件名"，如图 3-1-3a 所示，单击"浏览"按钮，系统弹出"选择文件"对话框，如图 3-1-3b 所示，在列表中选择刚才保存的样板"自定义样板-1"，单击"打开"按钮，退出"选择文件"对话框，同时系统自动添加样板文件路径到"选项"对话框中。单击"确定"按钮，退出对话框，回到主窗口。以后每次启动 AutoCAD 2024 或者单击"新建"按钮 新建图形时，系统将自动打开该样板，而不必每次都进行图层设置等工作。读者可以根据自己的需要制作并保存多个样板，供以后选择使用。

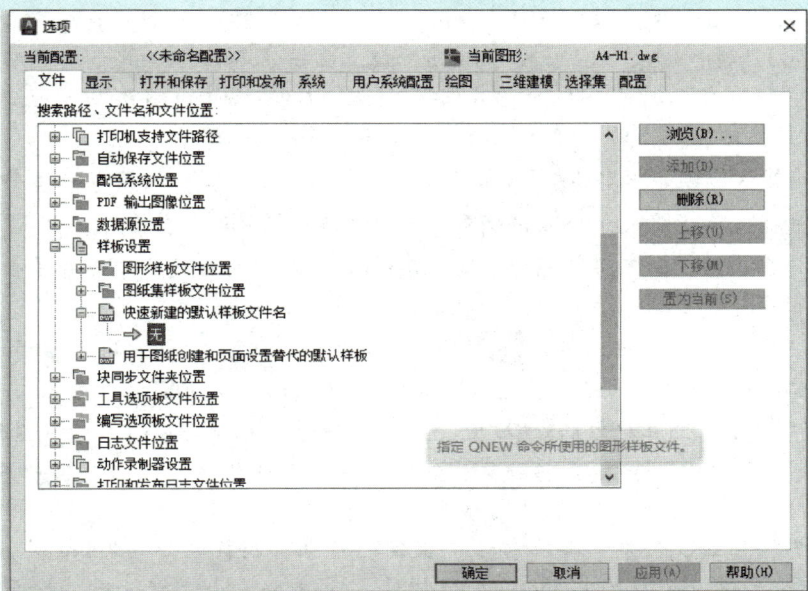

a)

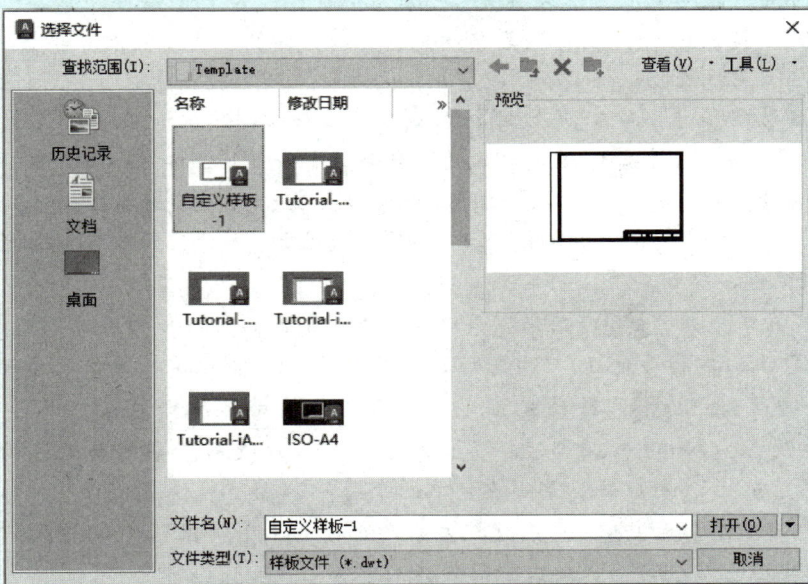

b)

图 3-1-3　选择样板文件

二、绘制图形

1）将"轮廓线"图层设置为当前图层，按下"正交""对象捕捉"按钮。

2）单击"直线"按钮 ◢，启动"直线"命令。在绘图区某点单击并向上移动光标，输入"65"，按〈Enter〉键；再向右移动光标，输入"95"，按〈Enter〉键；向下移动光标，输入"65"，按〈Enter〉键；输入"C"，按〈Enter〉键，画出φ65mm圆柱段，如图3-1-4a所示。

3）再次启动"直线"命令，移动光标到φ65mm圆柱段线框右上角点附近，在出现"端点"捕捉标记 ⊐ 时单击，向上移动光标，输入"80"，按〈Enter〉键；向右移动光标，输入"170"，按〈Enter〉键；再次右移光标，输入"43"，按〈Enter〉键；向下移动光标，输入"80"，按〈Enter〉键；输入"C"，按〈Enter〉键，画出φ80mm圆柱段，如图3-1-4b所示。

4）选择"细实线"图层，启动"直线"命令，捕捉170mm直线右端点并单击，向下移动光标，捕捉下方直线上的"垂足"并单击，按〈Enter〉键。

5）单击"修改"工具栏中的 ✛ 按钮，启动"移动"命令，以窗口方式选取φ80mm圆柱段，右击结束选择，移动光标到φ80mm圆柱线框左边线中点附近，在出现"中点"标记 △ 时单击，选择中点作为基点，向下移动光标，捕捉φ65mm圆柱线框右边线中点并单击，完成图形，如图3-1-4c所示。

6）选择"中心线"图层，单击 ◢ 按钮，启动"直线"命令。捕捉φ65mm圆柱线框左边线中点并单击，向右移动光标，输入"920"，按〈Enter〉键两次，画出中心线。

7）单击"修改"工具栏中的 ◢ 按钮，启动"镜像"命令，以窗口方式选取φ65mm及φ80mm圆柱段，按〈Enter〉键；移动光标到中心线中点处单击，并向上移动光标一段距离再次单击，再按〈Enter〉键，画出右端图形，如图3-1-4d所示。

8）选择"轮廓线"图层，再次启动"直线"命令，捕捉左端φ80mm圆柱段右上角端点并单击，右移光标，捕捉右端φ80mm圆柱段左上角端点并单击，向上移动光标，输入"95"，按〈Enter〉键三次；再次捕捉左端φ80mm圆柱段右上角端点并单击，向上移动光标，输入"95"，按〈Enter〉键；向右移动光标，捕捉右侧直线上端点并单击，按〈Enter〉键，画出φ95mm圆柱段。

9）再次启动"移动"命令，将φ95mm圆柱线框移动到正确位置。

10）单击"倒角"按钮 ◢，启动"倒角"命令。输入"D"，按〈Enter〉键；再输入"1"，按〈Enter〉键两次。移动光标，分别在欲倒角的两条边上靠近角顶点处单击，如图3-1-4e所示，完成"C1"倒角。照此方法完成余下倒角，并画出倒角后形成的轮廓线，如图3-1-4f所示。

11）绘制键槽，步骤如下。

① 单击"直线"按钮 ◢，捕捉中心线左端点并单击，向右移动光标，输入"13"，按〈Enter〉键，再次向右移动光标，输入"72"，按〈Enter〉键两次，画出两条辅助短线。

② 单击"圆"按钮 ◉，移动光标，捕捉第二条辅助短线的左端点并单击（指定圆心），输入"9"，按〈Enter〉键两次；再次移动光标，捕捉第二条辅助短线的右端点并单击，输入"9"，按〈Enter〉键，画出左、右两个圆。

③ 单击"直线"按钮 ◢，分别捕捉左右两个圆的上下"象限点"（标记为◇），绘出其切线。经过修剪、删除多余线条后，得到的图形如图3-1-5a所示。

12）延伸中心线。移动光标，在中心线上单击，中心线两端及中点处各出现一个蓝色小方框（冷夹点）。移动光标，在端点处的夹点上单击，夹点变成红色（热夹点），向延伸

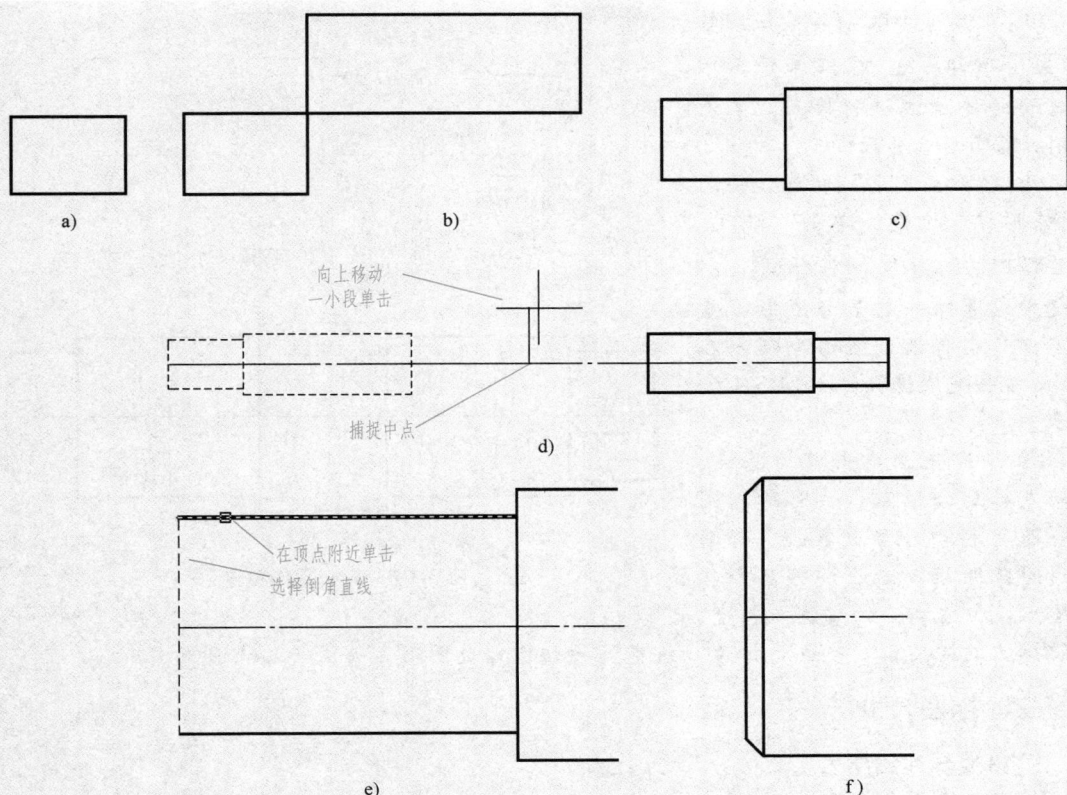

图 3-1-4　轴的绘制过程

方向移动光标，输入"5"，按〈Enter〉键，将中心线延伸5mm。用同样的方法延伸中心线另一端，按〈Esc〉键退出。

13）缩短图形长度。由于该轴太长，因此选择将各段用断裂画法缩短。

① 利用样条曲线绘制断裂线：将"细实线"图层设置为当前图层，取消"正交"功能，保留"对象捕捉"功能，单击"绘

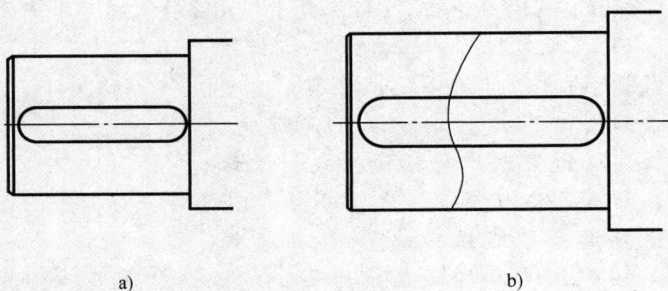

图 3-1-5　轴上键槽的绘制

图"工具栏中的"样条曲线拟合"按钮，移动光标，在某段轮廓线中间合适点处单击，捕捉该点为样条曲线起点；移动光标，在下方选择几个任意点单击，以选择样条曲线"拟合点"，再捕捉另一轮廓线上一点作为样条曲线终点并单击，按〈Enter〉键，完成一条断裂线的绘制，如图 3-1-5b 所示。

② 单击"修改"工具栏中的"复制"按钮，选择刚才绘制的样条曲线后右击，捕捉样条曲线的端点并单击，将其作为基点，移动光标到另一合适点处单击，按〈Esc〉键，复制样条曲线到另一处。

③ 单击"修改"工具栏中的"修剪"按钮，选择两样条曲线之间的轮廓线进行修剪。依次绘制并修剪其余各段。

④ 打开"正交"功能，关闭"对象捕捉"功能，单击"修改"工具栏中的"拉伸"按钮，以窗交方式选择一端全部图形（虚线窗口必须将欲选图形全部圈在内），右击完成选择，如图3-1-6a所示。

⑤ 任选一点单击作为基点，移动光标到合适点，此时所选图形会随之移动，再次单击，将两图形间距缩短。依此法将其余各段缩短，但左端应预留适当长度，以便标注键槽尺寸。完成后打开"线宽"按钮，检查图形，如图3-1-6b所示。

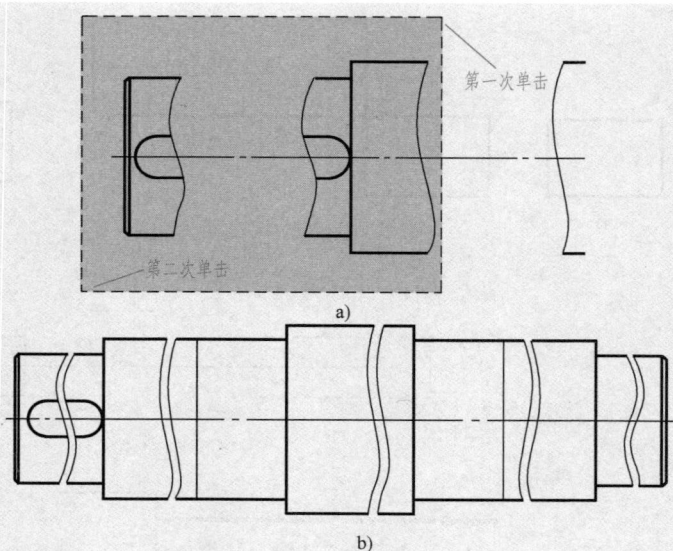

图3-1-6　轴各段断裂画法

三、标注尺寸

1. 设置标注文字

若已在样板中设置好文字标注，则不必进行此步骤。

1）将"标注线"图层设置为当前图层。在菜单栏单击"格式"→"文字样式"，调出"文字样式"对话框，新建样式名为"标注数字"，取消勾选"使用大字体"复选框，将"字体名""字体样式"及"宽度因子"修改为如图3-1-7所示参数设置。依次单击"应用"→"关闭"按钮，保存并退出。"标注数字"文字样式也可事先设置好并保存在样板文件中。

2）在菜单栏单击"格式"→"标注样式"，调出"标注样式管理器"对话框，如图3-1-8a所示，单击"新建"按钮，调出"创建新标注样式"对话框，如图3-1-8b所示，在"用于"下拉框中选择"线性标注"，单击"继续"按钮，弹出对话框，如图3-1-8c所示。

3）打开"文字"选项卡，在"文字样式"下拉框中选择"Standard"样式，将"文字高度"修改为"2.5"，此数字可根据图形大小进行调整。

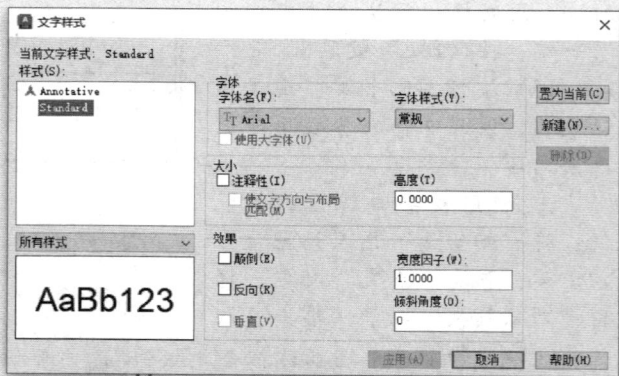

图3-1-7　"文字样式"对话框

4）单击"确定"按钮，回到"标注样式管理器"对话框，单击"关闭"按钮，回到绘图窗口。

2. 标注轴向尺寸

在"注释"工具栏中单击"线性"按钮，启动"线性标注"命令。移动十字光标，

a)

b)

c)

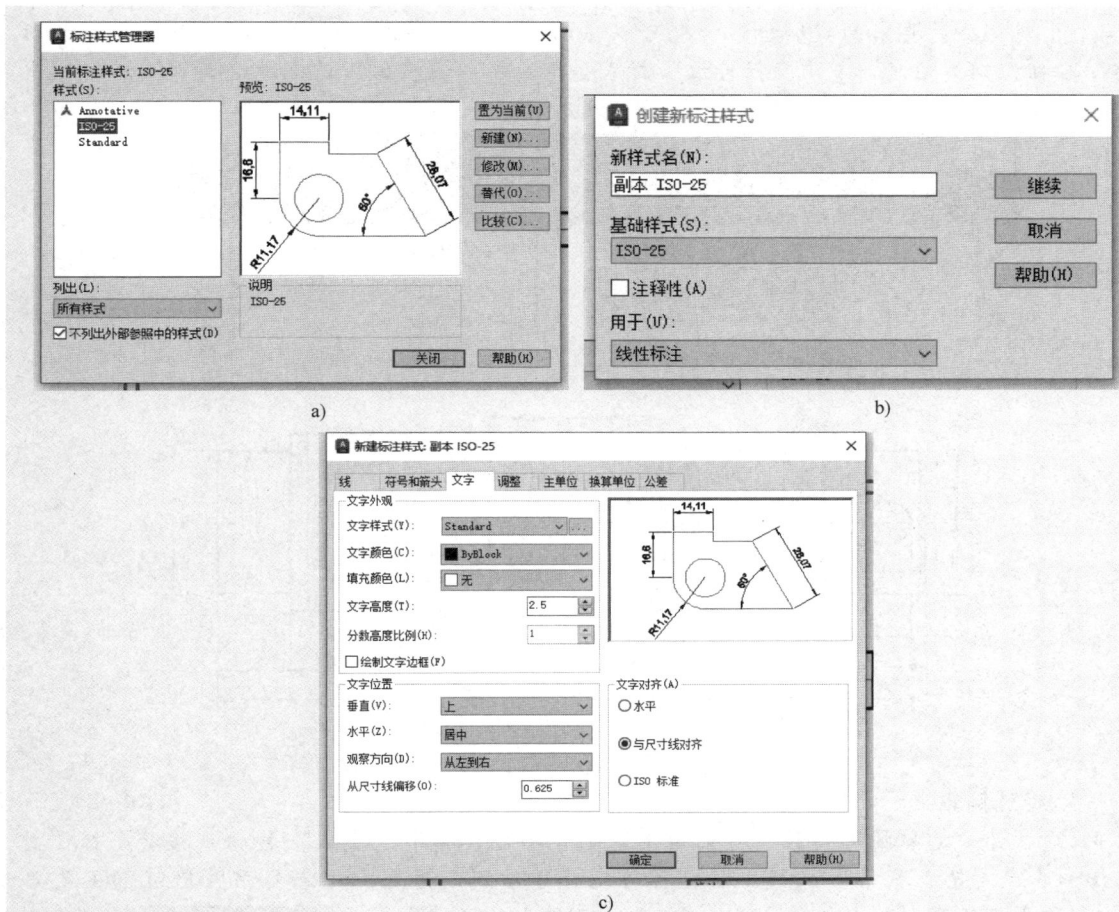

图 3-1-8　标注样式管理器

先后捕捉 φ65mm 圆柱段轴向两个标注点并单击，此时屏幕立即显示出尺寸线、尺寸界线及尺寸数字（数值为系统实测值），并可跟随光标上下移动，同时在命令行显示相应提示。输入"T"，按〈Enter〉键；再输入"95"，按〈Enter〉键，将尺寸数字改为"95"；然后移动光标到合适位置单击，放置尺寸线到指定位置，如图 3-1-9 所示。按此方法标出其余轴向尺寸。

3. 标注径向尺寸

1）再次启动"线性标注"命令，选择 φ65mm 圆柱段直径尺寸点，在放置标注前输入"M"，按〈Enter〉键，调出"文字编辑器"，如图 3-1-10a 所示。单击"符号"按钮"@"，在弹出的"符号"列表框中选择"直径"符号并单击，在数字前添加直径符号 φ。若需修改数字，可按〈Delete〉键将系统实测值"65"删除，重新输入新值。

图 3-1-9　轴向尺寸标注

2）将"I"形文字光标移动到"65"后面，输入"-0.05^-0.10"；单击选择"-0.05^-0.10"，单击按钮，单击"关闭文字编辑器"按钮回到绘图窗口，指定尺寸线的位置并放置。依次完成其余直径尺寸的标注，完成后如图 3-1-10b 所示。

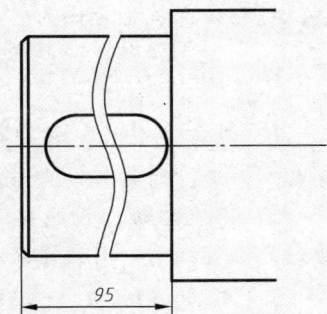

3）对无公差要求的直径标注，也可以在调出"标注样式管理器"对话框中单击"新建"按钮，继续新建一个"直径标注"样式，然后在"主单位"选项卡"前缀"编辑框中输入"%%c"，将该样式"置为当前"即可进行标注。

a)

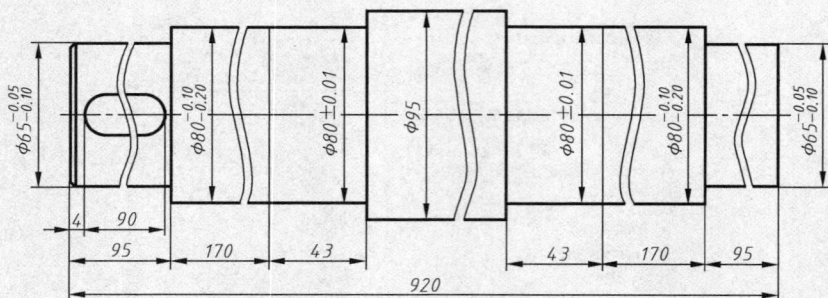

b)

图 3-1-10 径向尺寸标注

4. 标注倒角

1）打开"对象捕捉"和"对象捕捉追踪"功能，单击"直线"按钮，移动光标，捕捉图形左上角倒角线下端点并单击，再将光标移动到倒角线上端点处稍作停留（不要单击），再沿倒角线大致方向向上移动光标，此时光标附近出现提示 延长线 8.5719 < 45°（AutoCAD 部分版本可能没有跟随光标的提示，但不影响绘图），选择合适位置单击，绘出倒角标注引线的斜线部分，再将光标水平向右移动到合适点单击，绘出倒角标注引线水平线部分，按〈Esc〉键退出。

2）在倒角标注引线水平线上方注写文字"C1"。读者也可以尝试用"引线标注"命令，将引线箭头符号设为"无"，并在命令行提示下完成标注，观察标注后的区别。

四、标注几何公差

1）单击"引线"按钮，捕捉 φ（80±0.01）mm 尺寸线端点，向上移动光标并在合适点单击后，向右移动光标至合适点单击，按〈Esc〉键退出。

2）再次启动"引线标注"命令，捕捉第二个 φ（80±0.01）mm 尺寸线端点，向上移动光标，捕捉前一引线垂足并单击，按〈Esc〉键退出。

3）单击"标注"选项卡中的"公差"按钮，弹出"形位公差"对话框，如图 3-1-11a 所示。单击"符号"列第一行 框，弹出"特征符号"选择框，如图 3-1-11b 所示，单击选择"同轴度"符号。在"公差1"或"公差2"第一行编辑框中输入"0.05"，在"基准1"和"基准2"第一行编辑框中分别输入"A"和"B"，单击"确定"按钮，回到绘图窗口。此时十字光标后将出现随动的"形位公差"标注框，移动光标到引线端部单击，放置几何公差。

4）由于此时的字型为系统默认字型，为让字型与其他标注字型统一，可先选择"形位公差"标注框，然后单击"修改"→"特性"，调出"特性"对话框，将"文字高度"改为"7"，将"文字样式"改为"Standard"，如图 3-1-11c 所示。调整后的图形如图 3-1-11d 所示。

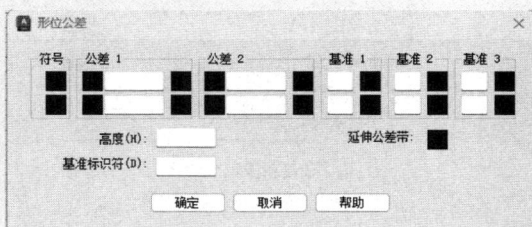

a)

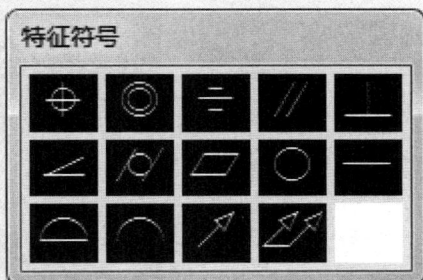

b)

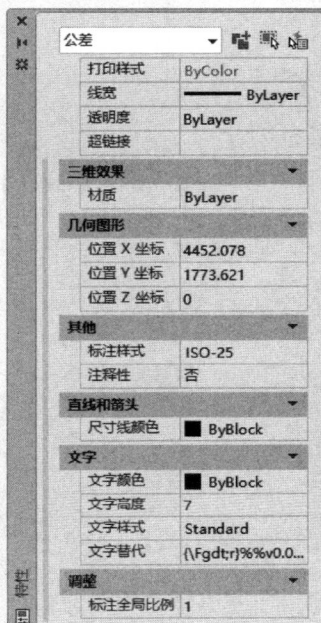

c)

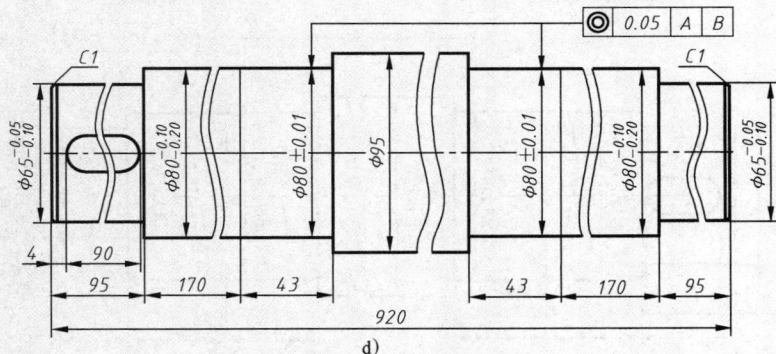

d)

图 3-1-11　几何公差标注

5）绘制基准符号。

①单击"注释"选项卡下"引线"工具栏右下角箭头 引线 ，弹出"多重引线样式管理器"对话框，如图 3-1-12a 所示。单击"新建"按钮，调出"创建新多重引线样式"对话框，如图 3-1-12b 所示，单击"继续"按钮，弹出"修改多重引线样式-副本 Standard"对话框，如图 3-1-12c 所示，在"引线格式"选项卡中，将"符号"的"实心闭合"换成"实心基准三角形"，再打开"内容"选项卡，勾选"始终左对正""文字边框"和"垂直连接"，并将"文字样式"改为"标注数字"，"文字高度"改为"7"，如图 3-1-12d 所示，单击"确定"按钮，回到图 3-1-12a 所示对话框，单击"置为当前"按钮，关闭对话框。

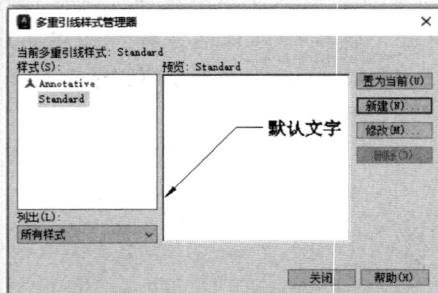

a)"多重引线样式管理器"对话框

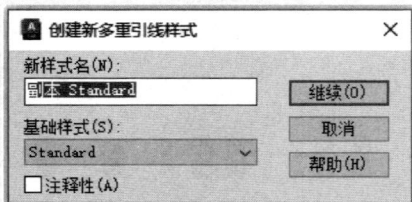

b)"创建新多重引线样式"对话框

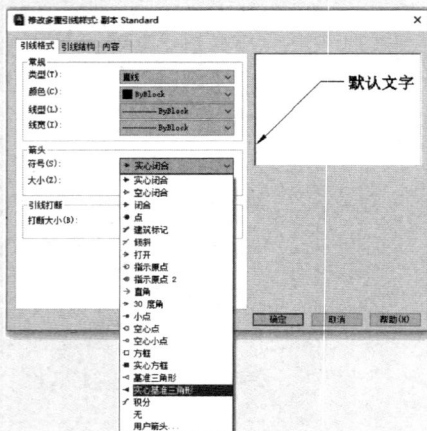

c) 修改引线格式

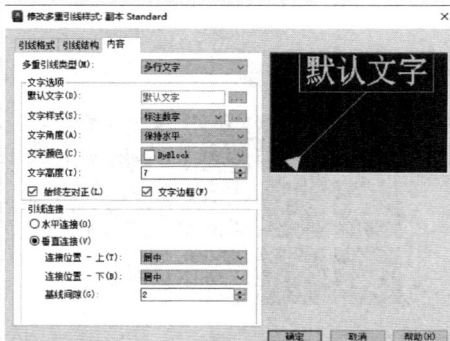

d) 修改内容

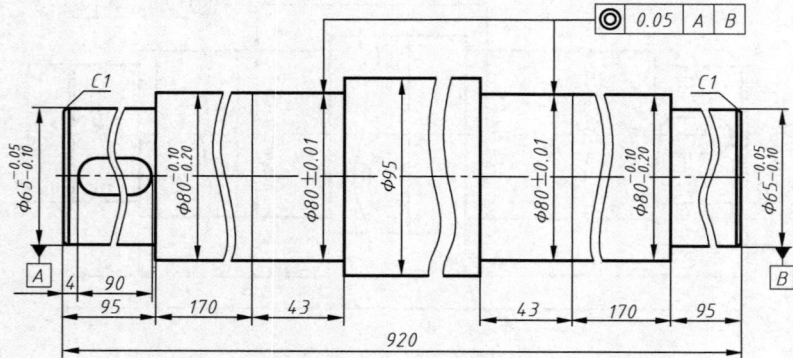

e) 绘制基准符号

图 3-1-12　基准符号绘制

② 单击"注释"→"引线"按钮 $/^{\circ}$ ，捕捉 $\phi65^{-0.05}_{-0.10}$ mm 尺寸线下端点并单击，向下移动光标约 5mm 的长度，单击输入"A"，然后单击结束命令。

③ 重复调用"多重引线"命令，在另一 $\phi65^{-0.05}_{-0.10}$ mm 尺寸线正下方绘制基准 B，完成后如图 3-1-12e 所示。

五、绘制键槽段断面图

1）打开"正交"功能，将"细实线"图层设置为当前图层，启动"直线"命令，在键槽段适当处绘制一条辅助线，借助辅助线绘出剖切符号（两条粗短实线），如图 3-1-13 所示。

2）将"中心线"图层设置为当前图层，启动"直线"命令，捕捉辅助线下端点，向下移动光标，输入"70"，按〈Enter〉键两次，绘出一条中心线。再次启动"直线"命令，捕捉刚才所绘中心线的中点，向右移动光标，输入"70"，按〈Enter〉键两次，绘出第二条中心线。

3）先单击第二条中心线，再单击该中心线上的第二个夹点（直线中点），向左移动光标，捕捉第一条中心线的中点并单击，完成十字交叉中心线的绘制，然后删除辅助线，如图 3-1-14 所示。

4）将"轮廓线"图层设置为当前图层，单击"圆"按钮，启动"圆"命令，捕捉两中心线交点并单击，输入"D"，按〈Enter〉键，表示下面输入值为直径，否则系统默认输入值为半径；输入"65"，按〈Enter〉键，画出外圆轮廓。

图 3-1-13　绘制剖切符号

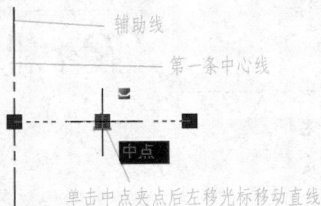

5）启动"直线"命令，捕捉第二条中心线右端与外圆的交点并单击，向左移动光标，输入"7"（键槽深度），按〈Enter〉键，画出一条辅助线；再向上移动光标，输入"9"，按〈Enter〉键；然后向右移动光标，在超过外圆轮廓线一定距离（光标附近不再出现捕捉点标记）的空白处单击，按〈Esc〉键退出，画出半个键槽轮廓，如图 3-1-15a 所示。

6）删除辅助线，以水平中心线为镜像线，向下镜像余下两条直线。

7）启动"修剪"命令，输入"T"，以窗交方式选取修剪边界，如图 3-1-15b 所示右击结束选取，剪去多余线段，完成键槽轮廓的绘制。

8）绘制剖面线。

① 单击"图层"工具栏下拉框内的三角形按钮，弹出图层列表，单击"中心线"图层开关按钮，关闭"中心线"图层。

② 再次单击"图层"工具栏下拉框内的三角形按钮，弹出图层列表，将"细实线"图层设置为当前图层。

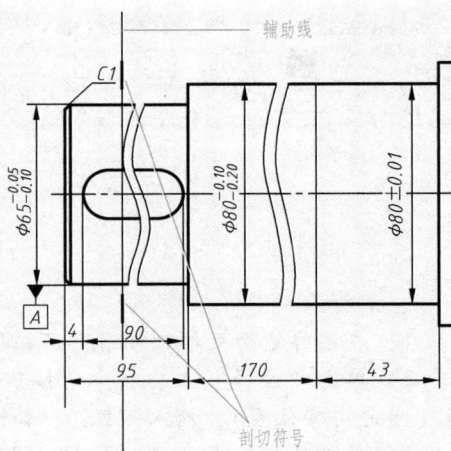

图 3-1-14　绘制中心线

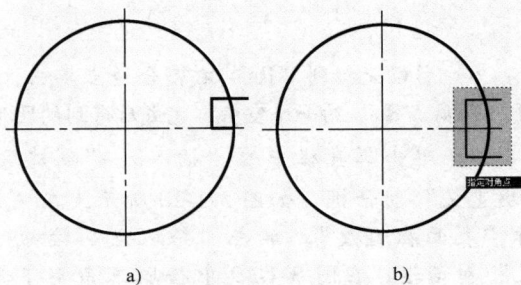

图 3-1-15　绘制断面图轮廓

③ 单击"绘图"工具栏中的"图案填充"按钮，绘图界面正上方弹出"图案填充创建"选项卡，如图 3-1-16 所示。选取"图案"中的样例，在"特性"中将比例（表示剖面线疏密度）修改为"2"。单击"拾取点"按钮，移动光标至要填充的圆内任意点单击，填充结束后按〈Enter〉键结束命令。

61

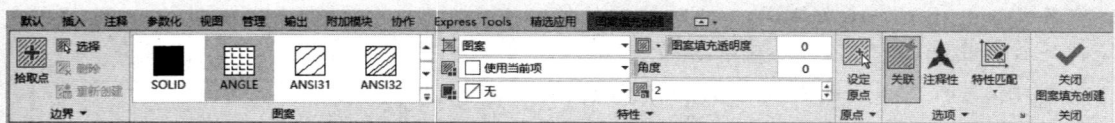

图 3-1-16　图案填充

六、标注表面粗糙度

1. 制作带属性的表面粗糙度块

1）在图样空白处绘制图 3-1-17a 所示图形，经修剪得到表面粗糙度符号。

2）单击"注释"工具栏中的按钮 **A**，移动光标，在符号水平线下方合适处画出一个方框（指定文字位置），输入"Ra"，如图 3-1-17b 所示。

3）在工具栏单击"插入"→"块定义"→"定义属性"，打开"属性定义"对话框。

4）在"属性"选项组的"标记"文本框中输入"粗糙度"，在"提示"文本框中输入"输入 Ra 值"。

5）在"文字高度"文本框中输入"5"，如图 3-1-18 所示。单击"确定"，退出"属性定义"对话框。

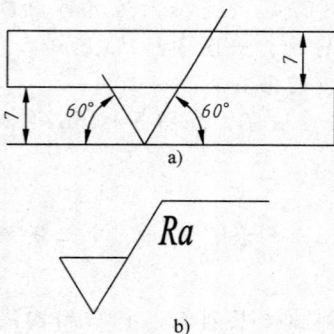

图 3-1-17　表面粗糙度符号的绘制

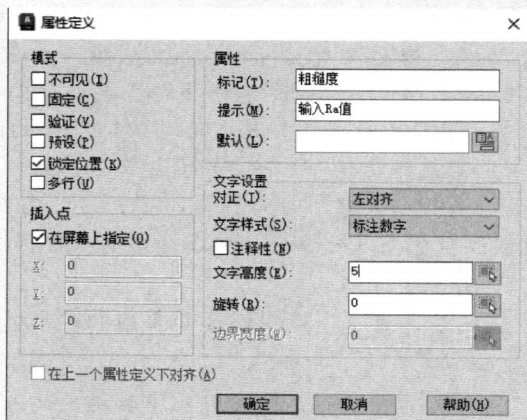

图 3-1-18　"属性定义"对话框

6）移动光标到"Ra"右侧合适点单击，使标记文字"粗糙度"距离"Ra"约一个空格，完成后得到的图形如图 3-1-19 所示。

7）单击工具栏中的"插入"→"创建块"按钮，弹出"块定义"对话框，如图 3-1-20 所示，在"名称"栏输入块名称"表面粗糙度"。单击"拾取点"按钮，暂时退出"块定义"对话框，在图 3-1-19 中拾取三角形下角点，返回"块定义"对话框。

图 3-1-19　表面粗糙度

8）单击"选择对象"按钮，暂时退出"块定义"对话框，在图 3-1-19 中选择全部图形及文字，右击返回"块定义"对话框。

9）勾选"按统一比例缩放"和"允许分解"复选框，单击"确定"按钮，系统打开"编辑属性"对话框，此时可输入一个数值作为以后插入时的默认值（本例输入 12.5），如图 3-1-21 所示。单击"确定"按钮即可检查效果。

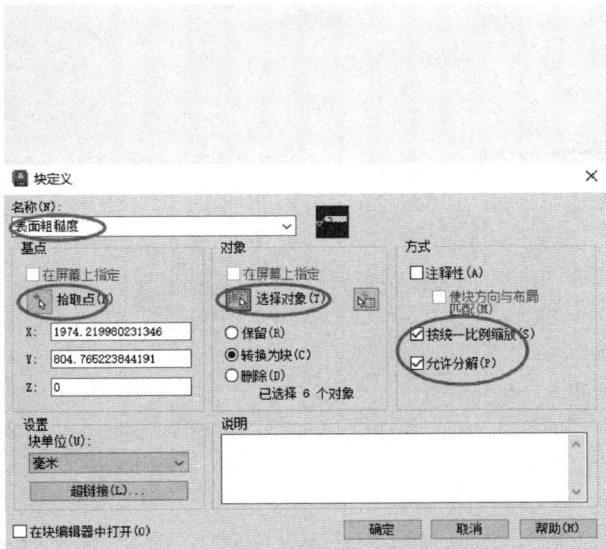

图 3-1-20 "块定义"对话框

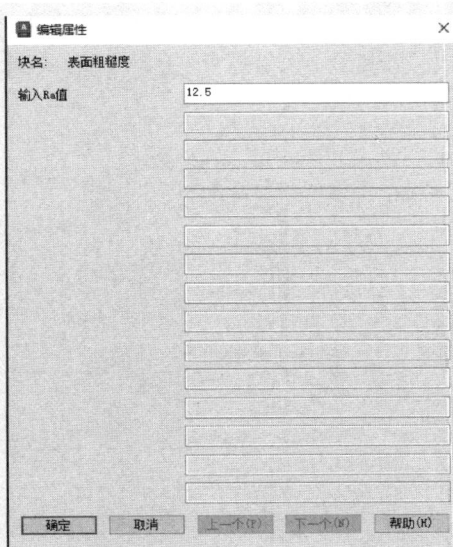

图 3-1-21 "编辑属性"对话框

2. 保存块

1）通过输入"WBLOCK"，调出"写块"对话框。在"源"选项组的"块"单选按钮上单击，"块"下拉框变为可用状态，选择"表面粗糙度"块。

2）在"目标"选项组选择合适的保存路径，并将"插入单位"设置为"毫米"，如图 3-1-22 所示。

3）单击"确定"按钮，完成块的保存。保存后的块可以在以后的任意图形中调用。

3. 标注表面粗糙度

1）单击"插入块"按钮 ，在弹出的下拉菜单中选择"表面粗糙度"，如图 3-1-23 所示，移动

图 3-1-22 "写块"对话框

光标至绘图窗口，此时光标上将跟随出现一个表面粗糙度符号，光标附近出现"指定插入点"提示。

2）在欲标注表面粗糙度处单击，如 ϕ（80±0.01）mm 轴段，弹出"编辑属性"对话框，输入相应 Ra 值，如"3.2"，单击"确定"按钮即可完成一次标注。依次完成其余标注。

3）ϕ95mm 轴段可先按照上述方法标注后，单击"分解"按钮 ，启动"分解"命令将其分解，再进行修改：先画出三角形的任意两条中线，然后以中线交点为圆心画出三角形内切圆，删除多余部分即可。也可以事先绘制并命名保存一个表示"不用去除材料方法获得表面"的符号图块，然后调用。

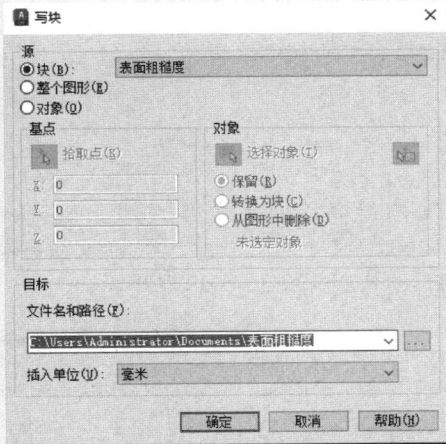

图 3-1-23 "插入块"按钮

4）完成后的零件图如图 3-1-24 所示。

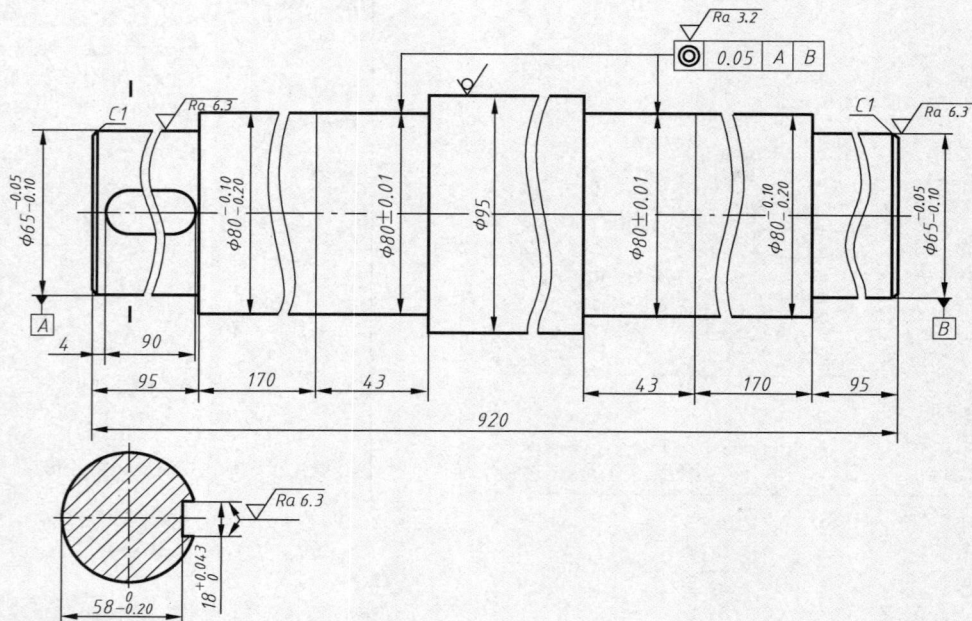

图 3-1-24　完成后的零件图

七、添加图框线及标题栏

打开保存的 A3 图纸标准图框，单击"编辑"→"复制"按钮，选择全部图形后按〈Enter〉键并关闭界面，回到图 3-1-24 所示零件图窗口。在右键快捷菜单中选择"粘贴"，粘贴后的效果如图 3-1-25 所示。

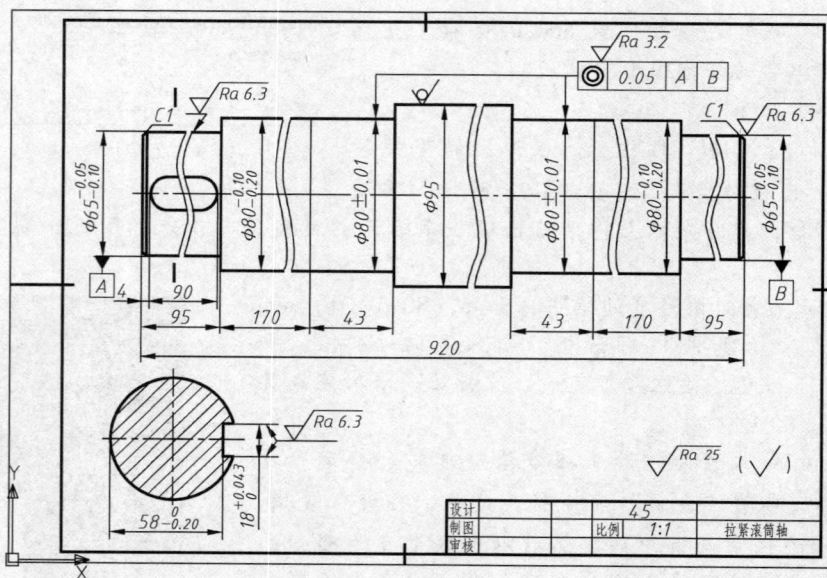

图 3-1-25　添加图框线和标题栏

八、标注技术要求

单击"文字"按钮 $\underline{\text{A}}$ ，启动"多行文字"命令，在标题栏附近的空白处单击后移动光标，画出文字书写位置矩形框，再次单击，依次注写技术要求，完成全部图形绘制。完成后的图形如图 3-1-1 所示。

【知识链接】

一、标注

标注是向图形中添加测量注释的过程。用户可以为各种对象沿各个方向创建标注。基本的标注类型包括线性、径向（半径、直径和折弯）、角度、坐标、弧长等。

标注可以是水平、垂直、对齐、旋转、基线或连续（链式）形式。图 3-1-26 所示为几种标注示例。图 3-1-27 所示为标注工具，直接标注时各标注项将标注测量值。

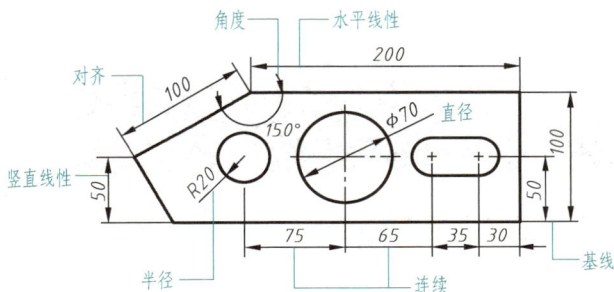

图 3-1-26 标注示例

图 3-1-27 标注工具

1. 标注样式

标注前一般要修改或新建标注样式。单击"标注"工具栏右下角箭头按钮 ↘ ，打开"标注样式管理器"，如图 3-1-28 所示，一般图形选一个样式"ISO-25"即能满足需要，特殊情况下需要新建标注样式。AutoCAD2024 提供的标注样式与我国机械制图国家标准有较大差异，要进行修改才能符合国家标准要求。单击 修改(M)... 按钮，打开"修改标注样式"对话框，可以通过选项卡对线、符号和箭头、文字、调整、主单位、换算单位和公差进行修改，具体修改项参见项目四任务一相关内容。

2. 编辑标注

依次单击菜单栏中"工具→工具栏→AutoCAD→标注"，调出"标注"工具栏，可通过单击"标注"工具栏中的"标注"按钮 ⊢⊣ ，输入标注编辑类型［默认（H）/新建（N）/旋转（R）/倾斜（O）］〈默认〉：输入选项，或按〈Enter〉键，编辑标注对象上的标注文字和尺寸界线。

（1）默认 将旋转标注文字移回默认位置。使用对象选择方法选择标注对象，选定的标注文字被移回到由标注样式指定的默认位置

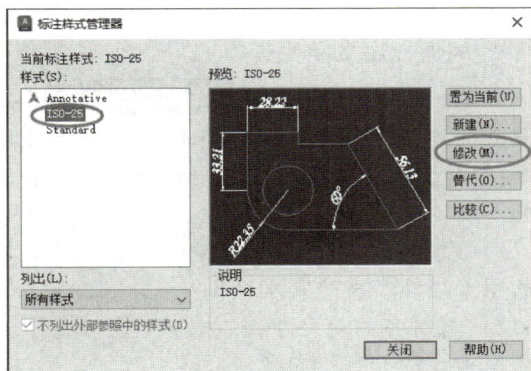

图 3-1-28 标注样式管理器

和旋转角，如图 3-1-29 所示，将修改过的标注文字旋转角（90°）还原。

（2）新建　使用"文字编辑器"选项卡更改标注文字。图 3-1-30 所示为将测量值"19.0"修改为"19.2"。

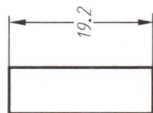
"默认"之前

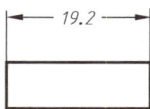
"默认"之后

图 3-1-29　标注编辑—默认

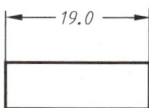
"新建"之前

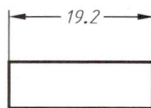
"新建"之后

图 3-1-30　标注编辑—新建

输入"N"，打开如图 3-1-31 所示的"文字编辑器"选项卡。一般用尖括号"＜＞"表示生成的测量值。要给生成的测量值添加前缀或后缀，可在尖括号前后输入前缀或后缀。单击"@"可输入特殊字符或符号。要编辑或替换生成的测量值，可删除尖括号，输入新的标注文字，然后单击"关闭文字编辑器"。如果标注样式中未打开换算单位，可以通过输入方括号"［　］"来显示它们。有关设置标注文字格式的详细信息，参见具体任务说明。

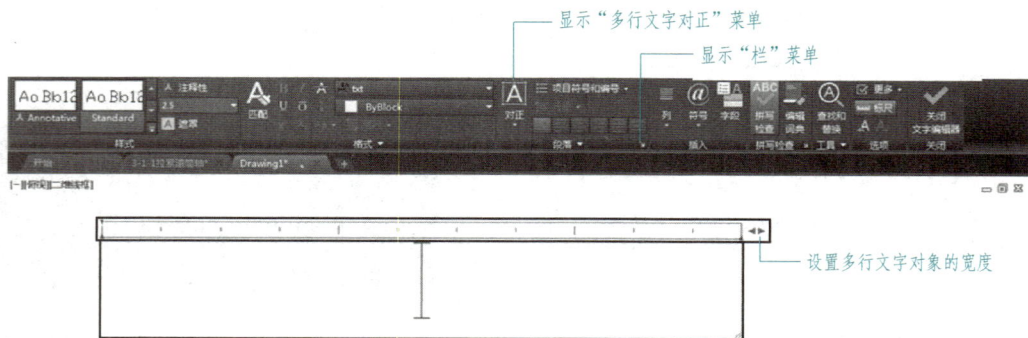

图 3-1-31　"文字编辑器"选项卡

（3）旋转　旋转标注文字。输入标注文字的角度即完成文字旋转，如图 3-1-32 所示。

（4）倾斜　调整线性标注尺寸界线的倾斜角度。创建线性标注时，尺寸界线与尺寸线垂直，当尺寸界线与图形的其他部件冲突时，"倾斜"选项将很有用处，如图 3-1-33 所示。

选择对象：使用对象选择方法选择标注对象。

输入倾斜角度（按〈Enter〉键表示无）：输入角度或按〈Enter〉键。

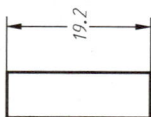

图 3-1-32　标注编辑—旋转

3. 编辑标注文字位置

"编辑标注文字"按钮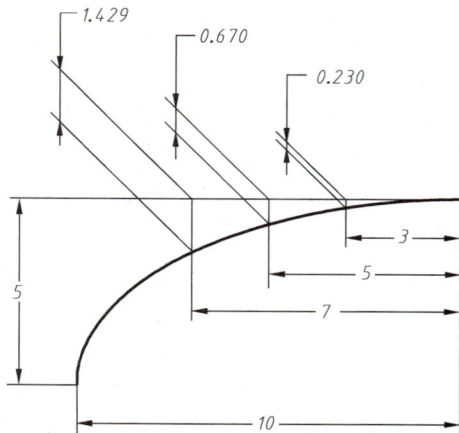能够旋转和移动标注文字，单击其中任何一项，拖曳时动态更新标注文字的位置，如图 3-1-34 所示。各选项意义如下：

1）左对齐：沿尺寸线左对正标注文字。本选项只适用于线性、直径和半径标注。

2）右对齐：沿尺寸线右对正标注文字。本选项只适用于线性、直径和半径标注。

3）居中：将标注文字放在尺寸线的中间。

图 3-1-33　标注编辑—倾斜

4）默认：将标注文字移回默认位置。

5）角度：修改标注文字的角度。输入标注文字的角度，文字的中心点并没有改变。如果移动了文字或重新生成了标注，由文字角度设置的方向将保持不变。输入0°将使标注文字以默认方向放置。

如果要确定文字显示在尺寸线的上方、下方还是中间，可使用图3-1-8c所示"新建标注样式"对话框中的"文字"选项卡。

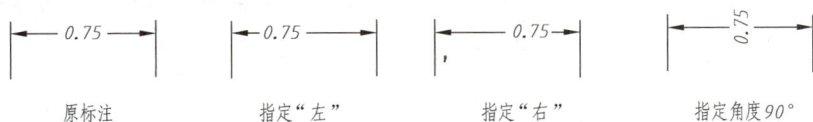

图 3-1-34　编辑标注文字

4. 几何公差的标注

几何公差表示特征的形状、方向、位置和跳动的允许误差。可以通过特征控制框来添加几何公差，这些框中包含单个标注的所有公差信息。可以创建带有或不带有引线的几何公差，这取决于使用系统参数 TOLERANCE 还是 LEADER。

特征控制框至少由两个组件组成。第一个特征控制框包含一个几何特征符号，表示应用公差的几何特征，例如位置、形状、方向或跳动。如图3-1-35所示，几何特征就是位置。可以使用大多数编辑命令修改特性控制框，也可以使用对象捕捉模式对其进行捕捉，还可以使用夹点编辑它们。

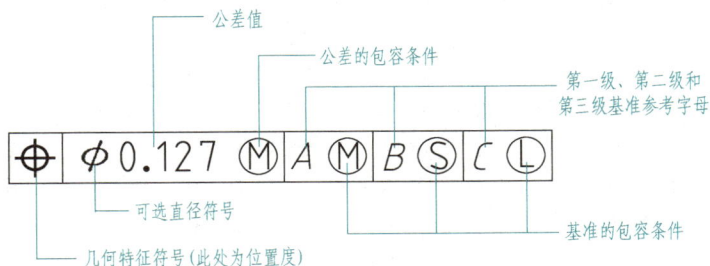

图 3-1-35　几何公差实例

> **注意**：不像标注和引线，几何公差不能与几何对象关联。

二、块

块是绘制在几个图层上的不同颜色、线型和线宽特性的对象的组合。尽管块总是在当前图层上，但块参照保存了有关包含在该块中的对象的原图层、颜色和线型特性的信息。可以控制块中的对象是保留其原特性还是继承当前的图层、颜色、线型或线宽设置。

创建块和插入块分别使用"插入"选项卡中的 █ 和 █ 按钮，具体使用方法参见本任务。插入没有定义属性的块，不要求输入属性值。水平放置的块可在插入时不选择"旋转"。在块定义时可写入块的说明性文字。

单击工具栏中的"插入"→"块编辑器"，打开"编辑块定义"对话框，如图3-1-36所示，选择要创建或编辑的块，单击"确定"按钮，打开块编辑界面，或者右击一个块，在快捷菜单中单击"块编辑器"也可打开这个界面，如图3-1-37所示，在这个界面中可以使用各种命令对块进行编辑。

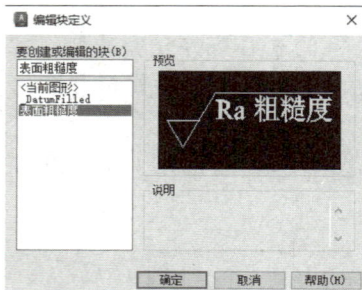

图 3-1-36 "编辑块定义"对话框

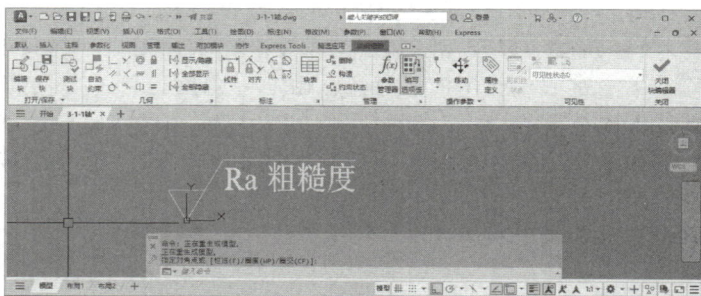

图 3-1-37 块编辑界面

三、分解

"分解"命令用于将合成对象分解为其部件对象。使用"分解"命令时，任何分解对象的颜色、线型和线宽都可能会改变。其他结果将根据分解的合成对象类型的不同而有所不同，具体参见以下可分解的对象以及分解的结果。

1）二维和优化多段线：放弃所有关联的宽度或切线信息。对于宽多段线，将沿多段线中心放置结果直线和圆弧。

2）三维多段线：分解成直线段。为三维多段线指定的线型将应用到每一个得到的线段。

3）三维实体：将平整面分解成面域，将非平整面分解成曲面。

4）注释性对象：将当前比例图示分解为构成该图示的组件（已不再是注释性）。已删除其他比例图示。

5）圆弧：如果圆弧位于非一致比例的块内，则分解为椭圆弧。

6）块：一次删除一个编组级。如果一个块包含一个多段线或嵌套块，那么对该块的分解就首先显露出该多段线或嵌套块，然后再分别分解该块中的各个对象。具有相同 X、Y、Z 比例的块将分解成它们的部件对象，具有不同 X、Y、Z 比例的块（非一致比例块）可能分解成意外的对象。当按非一致比例缩放的块中包含无法分解的对象时，这些块将被收集到一个匿名块（名称以"∗E"为前缀）中，并按非一致比例缩放进行参照。如果这种块中的所有对象都不可分解，则选定的块参照不能分解。非一致比例缩放的块中的体、三维实体和面域图元不能分解。分解一个包含属性的块将删除属性值并重显示属性定义。不能分解用 MINSERT 命令和外部参照插入的块以及外部参照依赖的块。

7）体：分解成一个单一表面的体（非平面表面）、面域或曲线。

8）圆：如果圆位于非一致比例的块内，则分解为椭圆。

9）引线：根据引线的不同，可分解成直线、样条曲线、实体（箭头）、块插入（箭头、注释块）、多行文字或公差对象。

10）多行文字：分解成文字对象。

11）多段线：分解成直线和圆弧。

12）多面网格：单顶点网格分解成点对象；双顶点网格分解成直线；三顶点网格分解成三维面。

13）面域：分解成直线、圆弧或样条曲线。

要分解对象并同时更改其特性，可使用 XPLODE 命令。

四、样条曲线

样条曲线是经过或接近影响曲线形状的一系列点的平滑曲线。"样条曲线拟合"和"样条曲线控制点"这两个命令均可以绘制样条曲线，下面讲解命令"样条曲线拟合"：

单击"绘图"工具栏中的"样条曲线拟合"按钮，命令行提示"指定第一个点或方式（M）节点（K）［对象（O）］"，指定一点或输入"O"，可创建样条曲线。

连续地输入点将增加附加样条曲线线段，直到按〈Enter〉键结束。输入"UNDO"以删除上一个指定的点，按〈Enter〉键或右击后，完成绘制，如图 3-1-38 所示。

输入"C"（闭合）将最后一点定义为与第一点一致并使它在连接处相切，这样可以闭合样条曲线，如图 3-1-39 所示。输入"L"（拟合公差），如果公差设置为 0，则样条曲线通过拟合点；输入大于 0 的公差将使样条曲线在指定的公差范围内通过拟合点，如图 3-1-40 所示。

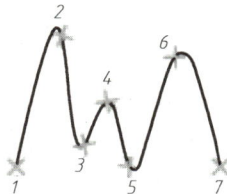

连续输入点

图 3-1-38　样条曲线的绘制

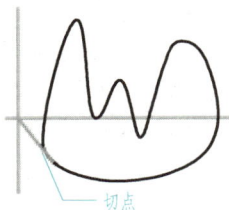

图 3-1-39　闭合样条曲线

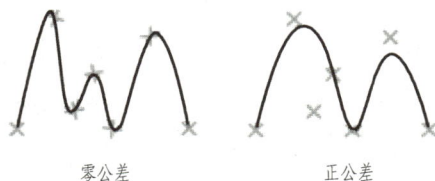

图 3-1-40　拟合公差

五、图案填充

"图案填充"命令是在封闭区域内，使用预定义图案进行填充，也可以创建渐变填充。渐变填充在一种颜色的不同灰度之间或在两种颜色之间使用过渡，提供光源反射到对象上的外观，可用于增强演示图形。

在图 3-1-16 所示的"图案填充创建"选项卡中，选取"图案"中的"ANSI31"作为剖面线，单击"拾取点"，在需要填充的区域内部拾取一点，系统会以该点为基准寻找一个封闭的边界作为填充边界，可以连续定义相邻或不相邻的边界，在"特性"中修改"角度""比例"后右击"确认"或者关闭图案填充创建，即完成图案填充。如图 3-1-41 所示，"图案填充创建"选项卡中"关联"的意义在于所填充的图案随边界的更改自动更新，如图 3-1-42 所示。

图 3-1-41　图案填充—关联 1

填充的对象　　编辑非关联填充　　编辑关联填充

图 3-1-42　图案填充—关联 2

六、图形样板

新图形是通过默认图形样板文件或用户创建的自定义图形样板文件来创建的。图形样板文件存储默认设置、样式和其他数据。

AutoCAD 2024 启动后默认显示"开始"选项卡，可以基于当前的图形样板文件快速开始绘制新的图形文件，或通过"样板"列表指定其他图形样板文件来开始绘制新的图形。

图形样板文件是使用".dwt"文件扩展名保存的图形文件，并指定了图形中的样式、设置和布局，包括标题栏。默认图形样板文件作为样例指定的设置有：测量单位和测量样式（UNITS）、草图设置（DSETTINGS）、图层和图层特性（LAYER）、线型比例（LTSCALE）、标注样式（DIMSTYLE）、文字样式（STYLE）、布局以及布局视口和比例（LAYOUT）、打印和发布设置（PAGESETUP）。熟练的绘图员都会制作符合自己特点的一组图形样板，方便快速绘制图形。

素养园地：国产软件，对接国标

AutoCAD 软件作为国际通用软件，其内置的图形样板与我国国家标准，特别是机械行业标准不能很好契合，成为广大设计者的一大痛点。国产软件"中望 CAD 机械版"在这一点上进行大量设计开发，内置了符合我国国家标准和 ISO 标准的图形样板，如图 3-1-43 所示。AutoCAD 软件的操作可以直接应用于中望 CAD，同时在快捷键设置、标注操作等方面更加符合中国人和中国制造行业的操作习惯，在国内备受工业企业欢迎，不仅拥有中船集团、中交集团、中车株洲所、京东方科技集团、海尔集团等世界知名企业用户，还出口到海外 90 多个国家和地区，服务全球 140 多万用户。

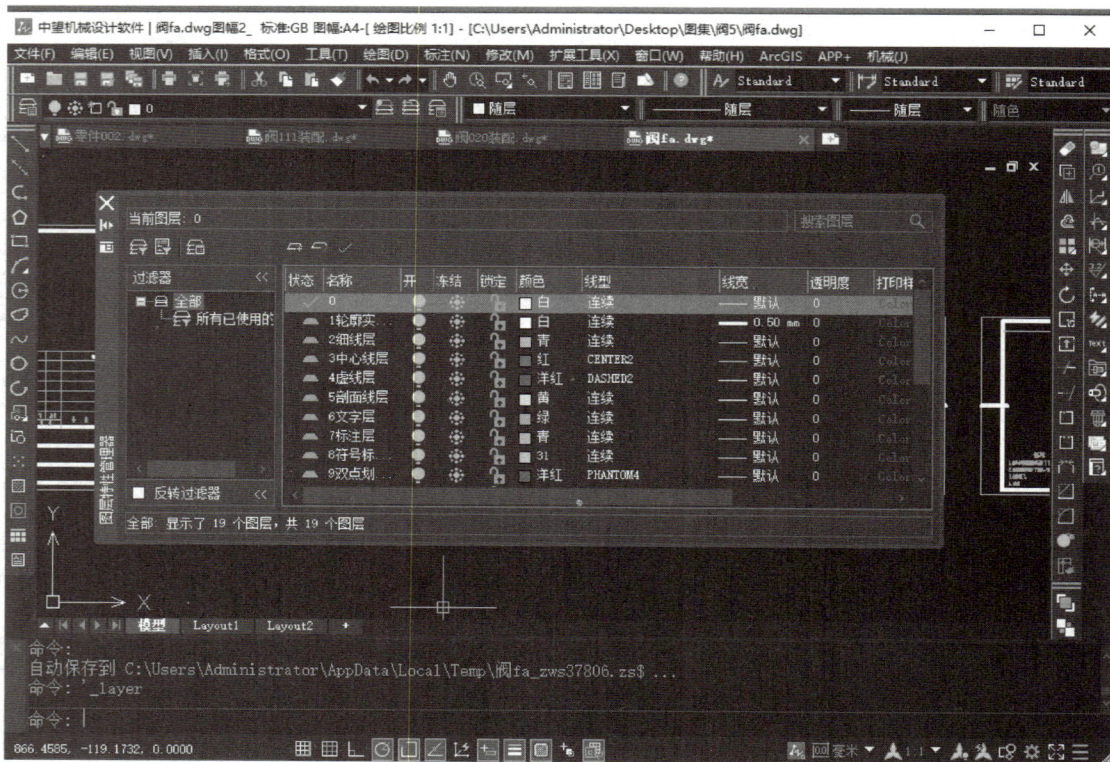

图 3-1-43　中望 CAD 样板中的图层设计

【强化练习】

使用 A4 图纸绘制图 3-1-44 和图 3-1-45 所示图样。

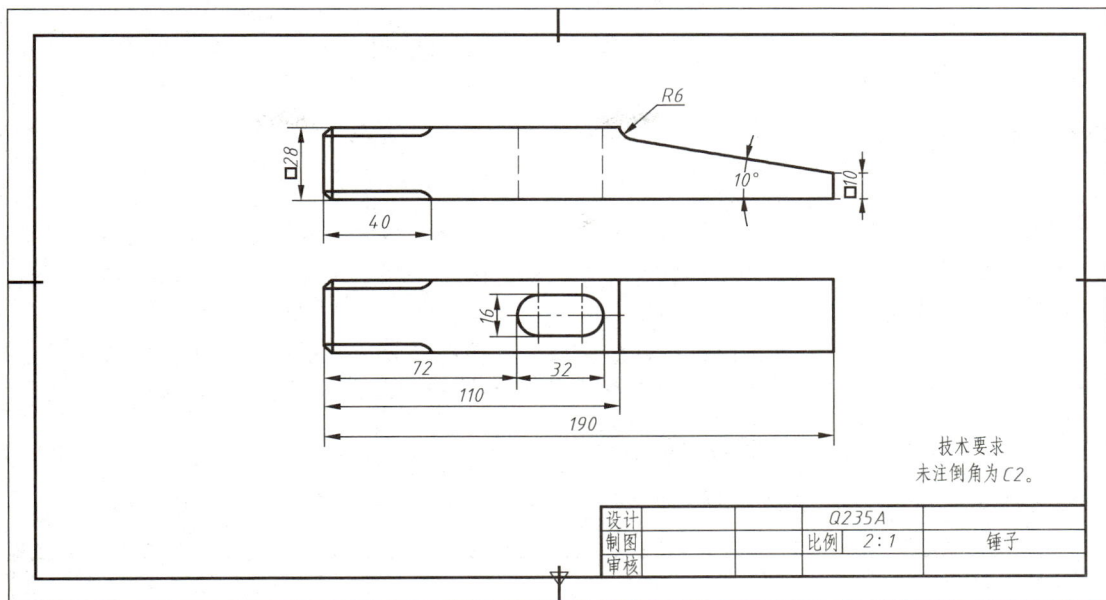

技术要求
未注倒角为C2。

设计		Q235A	
制图		比例　2:1	锤子
审核			

图 3-1-44　锤子

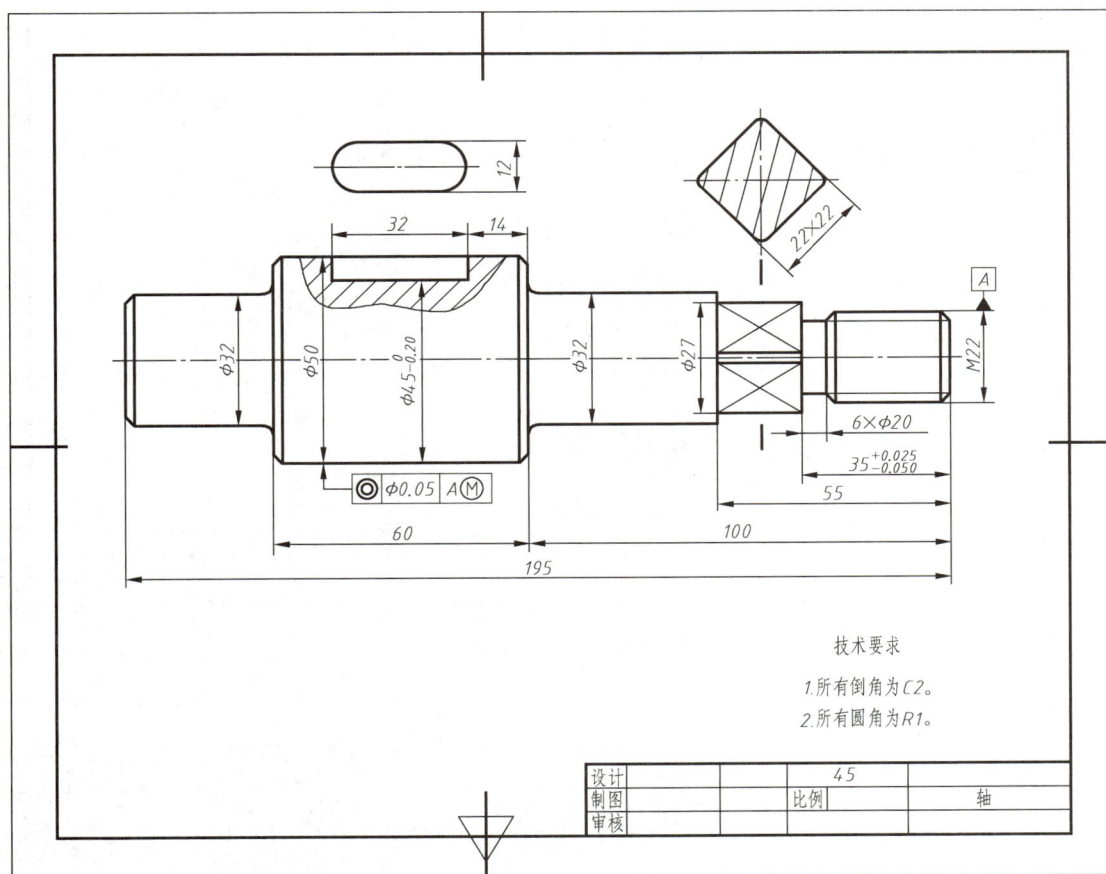

技术要求

1.所有倒角为C2。

2.所有圆角为R1。

设计		45	
制图		比例	轴
审核			

图 3-1-45　轴

任务二　绘制叉架类零件图

【工作任务及分析】

传动拐臂属于叉架类零件，主要由三个圆筒及其连接部分构成，如图 3-2-1 所示。此类零件的主视图应尽量表达出各组成部分的主要结构形状和相对位置，并使其中某一部分平行或垂直于基本投影面。本任务将短臂水平放置，其余部分倾斜于基本投影面，采用斜视图及倾斜剖切的断面图进一步表达。

传动拐臂的水平部分可按前面所述方法绘制。其倾斜部分及斜视图由于主要图线与基本投影面不平行，可以采取先将倾斜部分及斜视图均按非倾斜（垂直、水平）位置画出，然后利用"旋转"的方法，将其旋转到位，完成绘制。

本任务先绘制主视图的水平部分，然后将其顺时针方向旋转 15°，即可在垂直位置绘制倾斜部分及斜视图。两个视图绘制完成后再将全部图形一起逆时针方向旋转 15°，最后绘制俯视图。

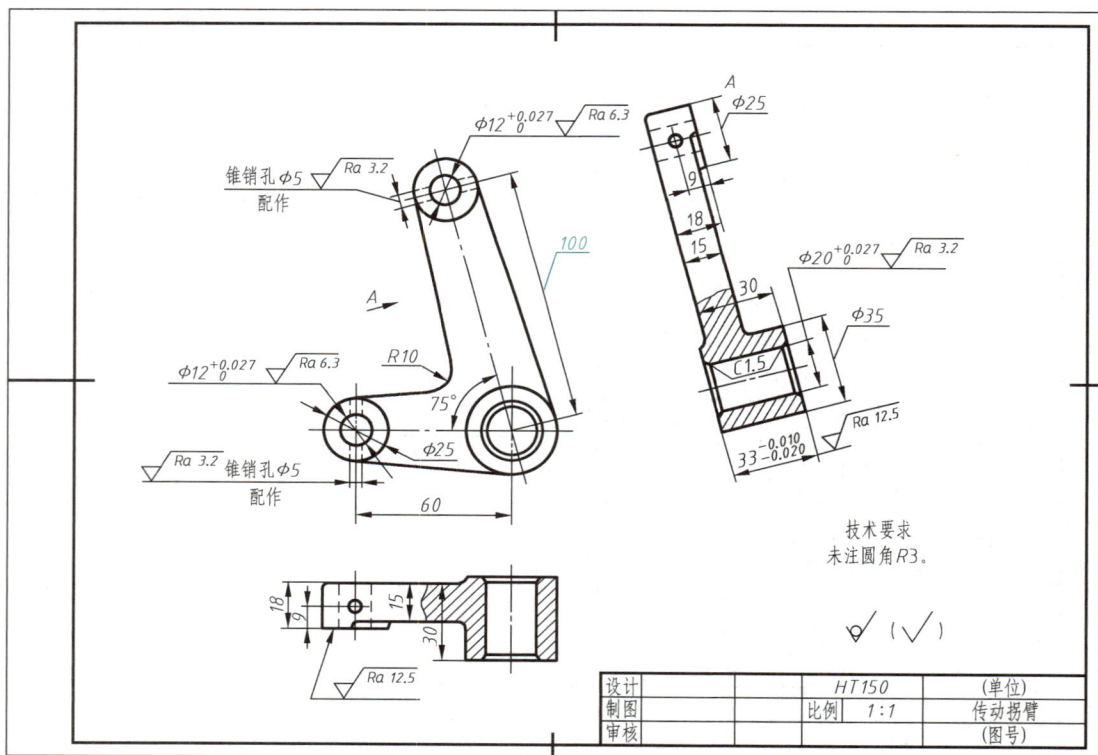

图 3-2-1　传动拐臂

【任务操作步骤】

一、启动 AutoCAD 2024 并打开图形样板

双击桌面上的图标 ，启动 AutoCAD 2024，系统将自动按设定图形样板打开。

绘制传动拐臂　　传动拐臂尺寸标注

二、绘制主视图

1. 绘制水平分支中心线

1）打开"正交"和"对象捕捉"（样板默认）模式，将"中心线"图层设置为当前图层。

2）启动"直线"命令，在绘图区适当位置单击并向右移动光标，输入"60"，按〈Enter〉键，画出第一条中心线。

3）再次按〈Enter〉键，重启"直线"命令，在第一条中心线两端各绘制一条长度分别为35mm、45mm的竖直中心线，用夹点编辑的方法将其中点各移动到第一条中心线两端点处。

4）利用夹点编辑的方法，将第一条中心线左端向左延伸17mm，右端向右延伸22mm。

2. 绘制水平分支图形

1）将"轮廓线"图层设置为当前图层，启动"圆"命令，依次绘制左端的ϕ12mm、ϕ25mm及右端的ϕ20mm、ϕ23mm、ϕ35mm共五个圆，如图3-2-2所示。

2）绘制连接部分上下轮廓线：启动"直线"命令，输入"tan"并按〈Enter〉键（捕捉切点），移动光标到ϕ25mm圆上边沿，圆上出现切点捕捉标记后单击；移动光标到ϕ35mm圆上边沿，再次输入"tan"后按〈Enter〉键，在圆上出现切点捕捉标记时单击并按〈Enter〉键，画出上边的轮廓线，如图3-2-3所示。

3）以同样的方法画出下边的轮廓线，也可以使用"镜像"命令绘制。

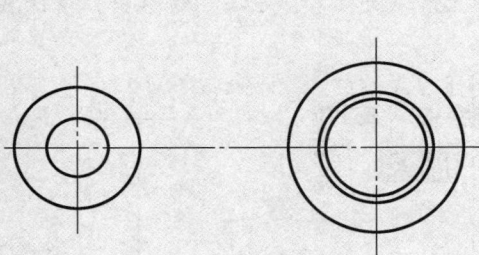

图3-2-2　分步图1

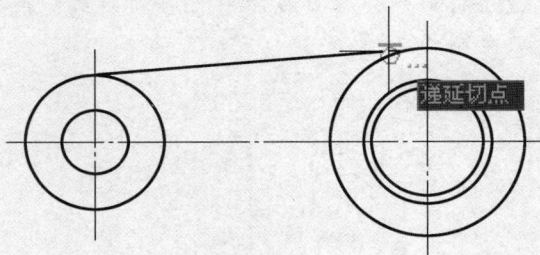

图3-2-3　分步图2

4）单击"偏移"按钮，启动"偏移"命令，将左侧竖直中心线分别向两侧偏移2.5mm，画出两条辅助线。

5）将"细虚线"图层设置为当前图层，启动"直线"命令，分别捕捉辅助线（偏移中心线）与两圆的交点，画出锥销孔。因锥度很小，简化为两条平行线。

6）删除辅助线。

7）调整线型比例（表示疏密程度）：分别选取锥销孔的四条直线，单击"修改"→"特性"按钮，调出"特性"对话框，将"线型比例"修改为"0.5"，如图3-2-4所示，按〈Enter〉键，单击"关闭"按钮"×"退出对话框，完成修改。修改前后的图形变化如图3-2-5所示。

3. 绘制倾斜分支图形

1）旋转水平分支。在"修改"工具栏中单击"旋转"按钮，启动"旋转"命令，以窗口方式选择全部图形后右击，在"指定基点"提示下移动光标，捕捉ϕ35mm圆的圆心并单击；输入"-15"（顺时针方向旋转角度为负值），按〈Enter〉键。

2）绘制中心线。

① 将"中心线"图层设置为当前图层，启动"直线"命令，捕捉ϕ35mm圆的圆心并单击，

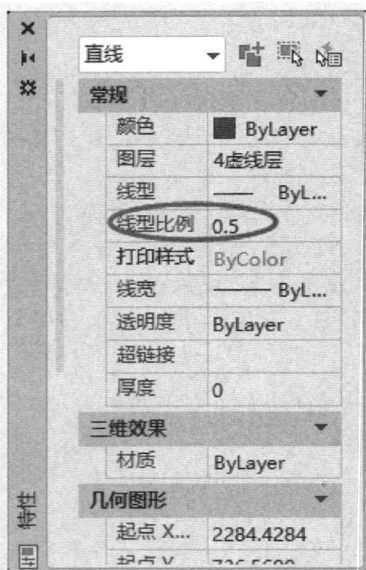

图 3-2-4 "特性"对话框

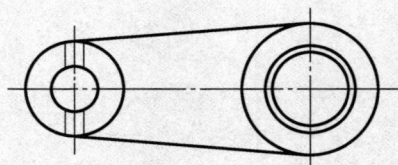

a) 修改前

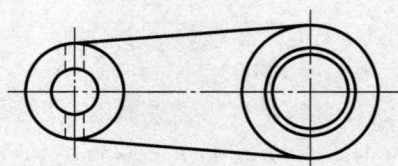

b) 修改后

图 3-2-5 分步图 3

向上移动光标，在打开"正交"的状态下输入"100"，按〈Enter〉键，画出第一条中心线。

② 向右移动光标，输入"35"，按〈Enter〉键两次，画出第二条中心线。用夹点编辑的方法将第二条中心线的中点移动到第一条中心线上端点处。按〈Esc〉键退出，清除夹点，如图 3-2-6 所示。

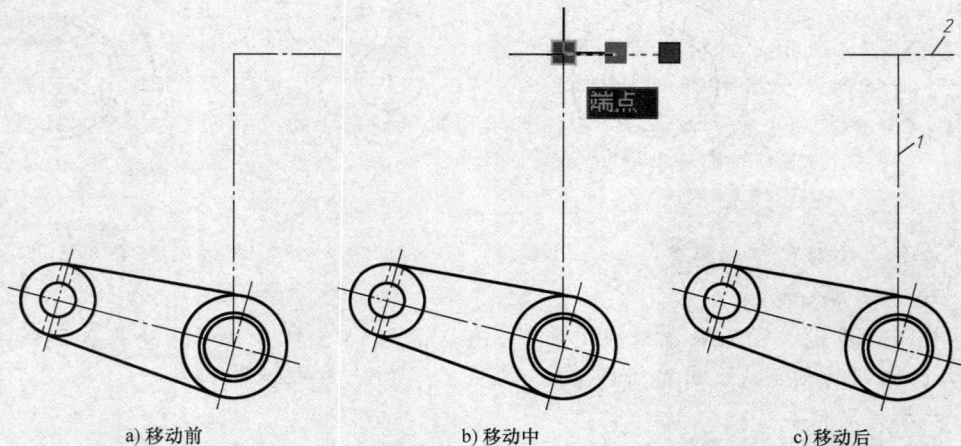

a) 移动前　　　　　　　　　b) 移动中　　　　　　　　　c) 移动后

图 3-2-6 分步图 4

③ 单击第一条中心线，该线上出现三个夹点。单击上端点夹点并向上移动光标，输入"17"并按〈Enter〉键，将第一条中心线向上延伸 17mm。再单击下端点夹点并向下移动光标，输入"22"并按〈Enter〉键，将第一条中心线向下延伸 22mm，按〈Esc〉键退出。

3）绘制轮廓线。

① 将"轮廓线"图层设置为当前图层，启动"圆"命令，依次绘制上端 φ12mm、φ25mm 圆，如图 3-2-7a 所示。

② 绘制连接部分左右轮廓线。启动"直线"命令，输入"tan"并按〈Enter〉键（捕捉切点），移动光标到 φ25mm 圆左侧轮廓线，即切点的大致位置，在圆上出现切点捕捉标记

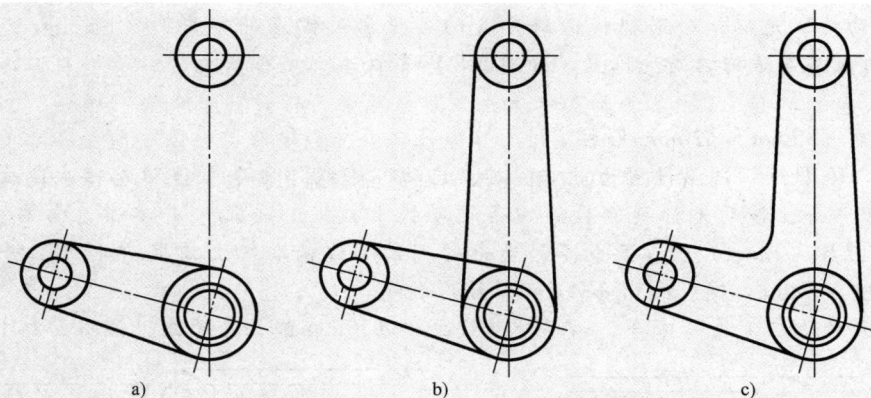

图 3-2-7 分步图 5

时单击；再次输入"tan"后按〈Enter〉键，移动光标到 φ35mm 圆左边沿，在圆上出现切点捕捉标记时单击并按〈Enter〉键，画出连接部分左侧的轮廓线。使用"镜像"命令画出右侧的轮廓线，如图 3-2-7b 所示。

③ 绘制连接部分圆角。在"修改"工具栏中单击"圆角"按钮，输入"R"并按〈Enter〉键，输入"10"，再按〈Enter〉键；移动光标，分别在两分支相交轮廓线上的交点附近外侧单击，完成外侧 R10mm 圆弧的绘制，如图 3-2-7c 所示。

4）绘制 φ5mm 锥销孔。

① 单击"偏移"按钮，启动"偏移"命令，将第二条中心线分别向上、下各偏移 2.5mm，画出两条辅助线，如图 3-2-8a 所示。

② 将"细虚线"图层设置为当前图层，启动"直线"命令，借助辅助线绘制锥销孔虚线轮廓，完成后删除辅助线，如图 3-2-8b 所示。

③ 修改虚线线型比例为 0.5，如图 3-2-8c 所示。

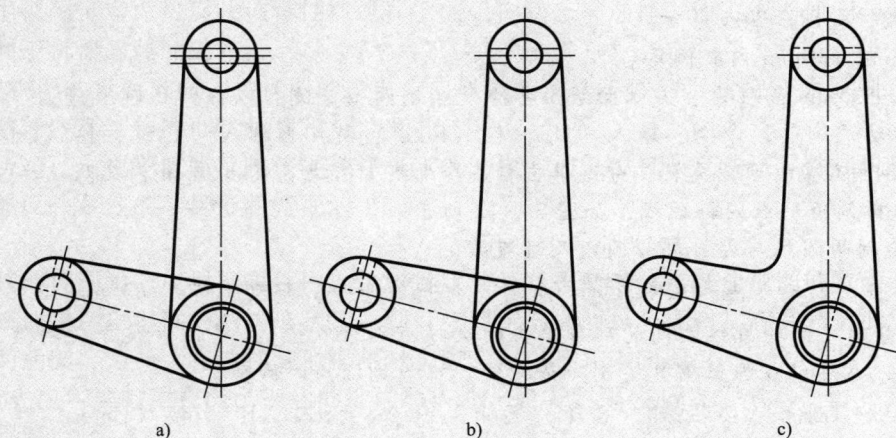

图 3-2-8 分步图 6

三、绘制向视图

1. 绘制辅助线

1）将"细实线"图层设置为当前图层，单击"构造线"按钮，输入"H"，按〈Enter〉键，绘制水平构造线。

2）移动拾取光标，分别捕捉倾斜分支的各投影关键点并单击，绘制"高平齐"辅助线，确定向视图各结构的高度位置，如图3-2-9所示。

2. 绘制向视图

1）绘制 φ35mm、φ20mm 圆柱。

① 将"轮廓线"图层设置为当前图层，启动"直线"命令。移动光标，在最下边辅助线上合适点单击，移动光标到倒数第四条辅助线上捕捉"垂足"并单击，向右移动光标，输入"33"，按〈Enter〉键，再向下移动光标到最下边辅助线上捕捉"垂足"并单击，输入"C"，按〈Enter〉键，画出 φ35mm 圆柱轮廓线。

② 再次启动"直线"命令，借助辅助线画出 φ20mm 圆柱轮廓线，如图3-2-10所示。

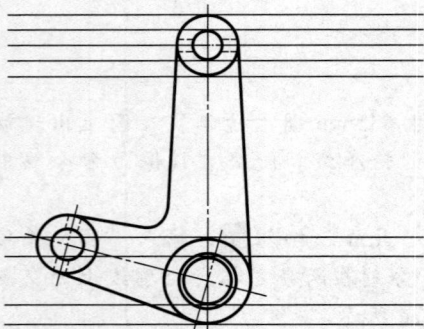

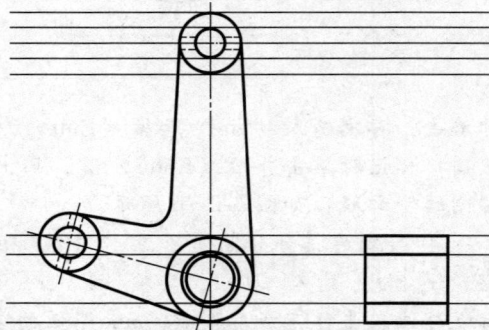

图 3-2-9　分步图 7　　　　　　　　　图 3-2-10　分步图 8

2）绘制上部圆柱及连接部分轮廓。启动"直线"命令，捕捉 φ35mm 圆柱轮廓左上角并单击，向右移动光标，输入"3"，按〈Enter〉键；再向上移动光标到第一条辅助线，捕捉"垂足"并单击，向右移动光标，输入"18"，按〈Enter〉键；再向下移动光标，输入"25"，按〈Enter〉键（或捕捉第五条辅助线上的"垂足"并单击）；再向左移动光标，输入"3"，按〈Enter〉键；最后向下移动光标到 φ35mm 圆柱轮廓线上，捕捉"垂足"并单击，按〈Enter〉键，如图3-2-11所示。

3）绘制 φ20mm 内孔倒角。

① 在 φ35mm 圆柱左、右端面线上各重复绘制两条直线，以备倒角时修剪。

② 启动"倒角"命令，输入"D"，按〈Enter〉键，再输入"1.5"，按〈Enter〉键两次，指定倒角距离；移动光标，分别单击相关轮廓线，依次完成 φ20mm 内孔两端共四处倒角。

③ 画出倒角形成的轮廓线，如图3-2-12所示。

4）绘制两圆柱与连接部分圆角及过渡线。

① 单击"打断于点"按钮 █，启动"打断"命令。移动光标到 φ35mm 圆柱素线上处于连接部分前、后轮廓线之间的部分单击两次（有别于双击），将该素线分成两段，如图3-2-12所示，也可以在原位重复绘制一条素线，以备倒圆角时修剪。

② 单击"圆角"按钮 █，启动"圆角"命令。输入"R"，按〈Enter〉键，再输入"3"，按〈Enter〉键，指定圆角半径。

③ 依次完成四处 R3mm 圆角，每处倒圆角完成后，按〈Enter〉键即可进行下一处倒圆角。

④ 单击"延伸"按钮 █，启动"延伸"命令。将连接部分右边线（前面轮廓线）延伸到第三条辅助线。

⑤ 再次启动"圆角"命令，输入"R"，按〈Enter〉键，再输入"1"，按〈Enter〉键，分别选择右边线及第三条辅助线并单击，绘制该处的过渡线（细实线），以 R1mm 圆弧代替。

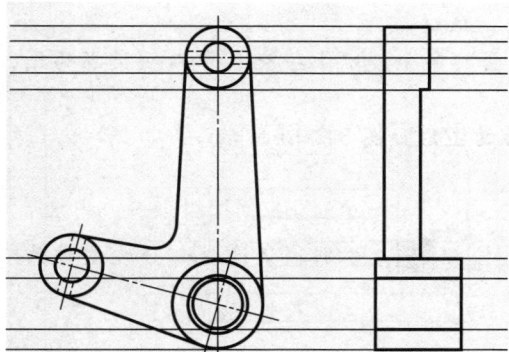

图 3-2-11　分步图 9

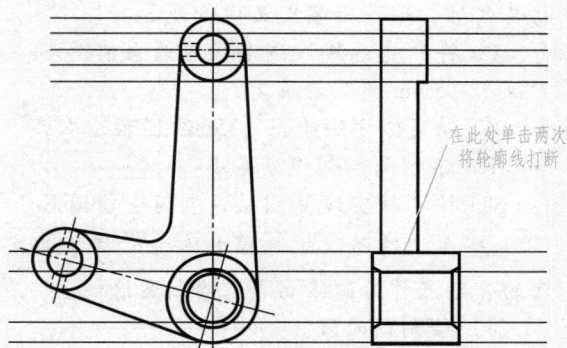

图 3-2-12　分步图 10

⑥启动"直线"命令，连接过渡线 $R1mm$ 与 $\phi25mm$ 右端面轮廓线，完成后的图形如图 3-2-13 所示。

5）绘制 $\phi12mm$ 孔虚线轮廓。

①将"细虚线"图层设置为当前图层。

②启动"直线"命令，分别捕捉第二、四条辅助线与 $\phi25mm$ 圆柱两端面轮廓线交点，绘制虚线。

③删除全部辅助线。

④调整虚线线型比例。单击"默认"选项卡或"修改"菜单中的"特性匹配"按钮 （俗称"格式刷"），单击主视图中任意虚线作为源对象，此时光标附近出现刷子标记，移动光标到向视图中虚线上单击，以调整其线型比例，如图 3-2-14 所示。按〈Esc〉键退出。

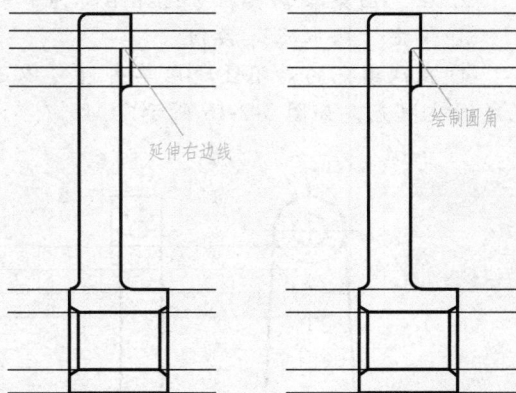

图 3-2-13　分步图 11

6）绘制中心线及 $\phi5mm$ 锥销孔。

①将"中心线"图层设置为当前图层。单击"图层"工具栏下拉框箭头，在弹出的图层列表中单击"中心线"图层。

②启动"直线"命令，捕捉 $\phi25mm$ 圆柱右端轮廓线中点并单击；向左移动光标，输入"28"，按〈Enter〉键两次。

③单击刚绘制的中心线，移动光标到中点夹点单击，向右移动光标，输入"5"，将其移动到位，画出 $\phi25mm$ 圆柱中心线。

图 3-2-14　分步图 12

④再按〈Enter〉键，重启"直线"命令。捕捉 $\phi25mm$ 圆柱中心线中点并单击，向上移动光标，输入"10"，按〈Enter〉键两次，画出锥销孔竖直中心线。

⑤单击锥销孔竖直中心线，再单击其中点夹点并向下移动光标，到其下端点夹点上单击，

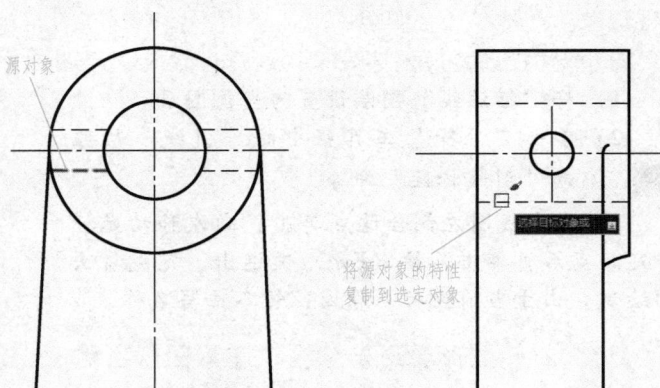

将其归位，形成十字交叉中心线。

⑥ 将"轮廓线"图层设置为当前图层，启动"圆"命令，以十字交叉中心线交点为圆心画出 φ5mm 圆孔轮廓。

⑦ 以类似方法绘出 φ35mm 圆柱中心线，完成后的图形如图 3-2-15 所示。

7）绘制局部剖视分界线。

① 将"细实线"图层设置为当前图层。

② 在"绘图"工具栏中单击"样条曲线拟合"按钮 ，分别捕捉连接部分左右边线上的合适点作为曲线端点，绘制波浪线。

8）绘制剖面线。

① 在"绘图"工具栏中单击"图案填充"按钮 ，弹出"图案填充创建"选项卡。

② 在"图案"工具栏中选择名称为"ANSI31"的填充图案。

③ 单击"拾取点"按钮。

④ 在欲填充的封闭区域内单击（可以选定一个或多个），按〈Enter〉键或者右击确认完成图案填充，如图 3-2-16 所示。

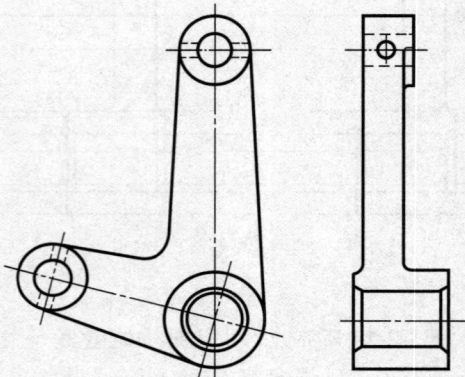

图 3-2-15　分步图 13

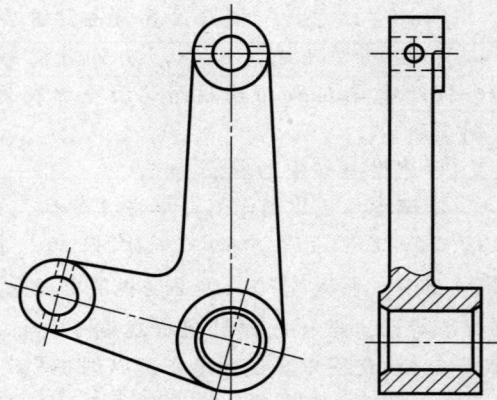

图 3-2-16　分步图 14

3. 标注投射方向箭头

1）将"标注线"图层设置为当前图层。

2）单击"注释"工具栏中的"引线"按钮 ，启动"引线标注"命令。

3）在主视图左侧合适点单击，向左移动光标一定距离后再单击，按〈Esc〉键退出，完成箭头的绘制。由于当前坐标系原因，暂不注写名称。

四、旋转图形至正确位置，注写图形名称

在"修改"工具栏中单击"旋转"按钮 ，启动"旋转"命令。以窗口方式选择全部图形后右击；在"指定基点"提示下移动光标，在任意点单击；输入"15"，按〈Enter〉键，旋转后的图形如图 3-2-17 所示。

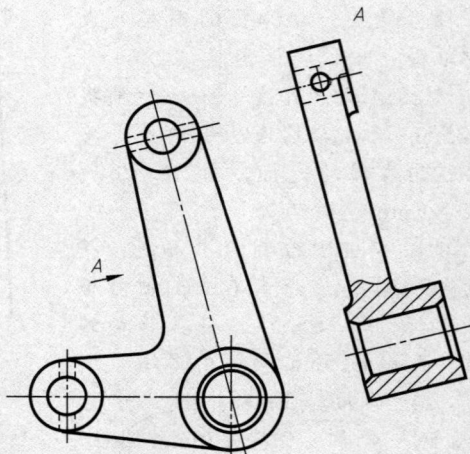

图 3-2-17　分步图 15

在"注释"工具栏中单击"多行文字"按钮 **A**，启动"多行文字"命令，如图3-2-17所示，注写向视图名称。

五、标注尺寸

1. 将"标注线"图层设置为当前图层

2. 标注斜视图上的宽度和倒角尺寸

1）使用"对齐标注"命令标注图中宽度为9mm、18mm、15mm、30mm及33mm的尺寸。

> **注意**："对齐标注"命令的尺寸线始终平行于两个指定点连线，其测量值为两指定点连线长度，所以在指定对象上的测量点时要特别注意。

2）标注 ϕ20mm孔倒角尺寸$C1.5$。

3. 标注高度方向尺寸

（1）设置标注样式　本任务全部高度尺寸均在105°方向，按国家标准要求，尺寸数字应水平书写。由于图形样板中没有设置此标注样式，故在此需要专门设置。

1）打开"注释"选项卡，单击"标注"工具栏右下角斜箭头按钮 <kbd>↘</kbd>，调出"标注样式管理器"对话框。

2）单击"新建"按钮，弹出"创建新标注样式"对话框，在输入新样式名（也可不修改而使用默认样式名）后单击"继续"按钮，弹出"新建标注样式"对话框。

3）在"新建标注样式"对话框的"文字"选项卡中，将"文字对齐"方式由默认的"与尺寸线对齐"修改为"ISO标准"，如图3-2-18所示。

4）在"调整"选项卡中，将"文字位置"选项组设置为"尺寸线上方，带引线"，在"优化"选项组中勾选"手动放置文字"复选框，如图3-2-19所示。

5）在"主单位"选项卡中，调整"单位格式""精度"等参数，并应确认"小数分隔符"为"句点"，如图3-2-20所示。

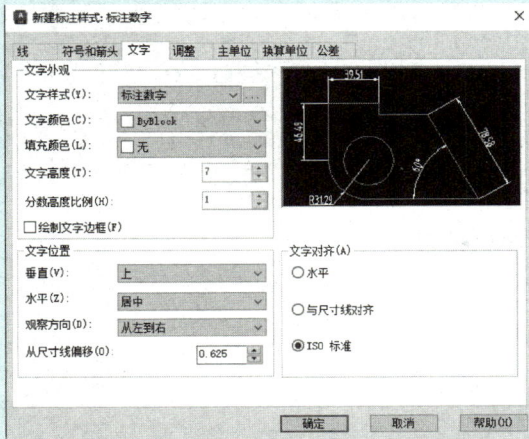

图3-2-18　文字设置界面

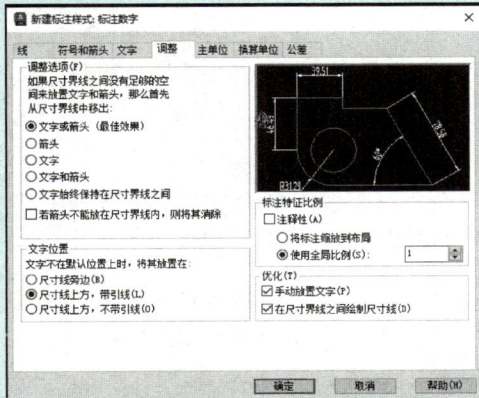

图3-2-19　文字调整界面

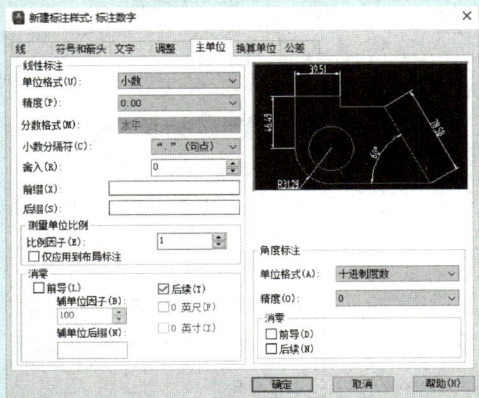

图3-2-20　主单位设置界面

6）设置完成后，单击对话框中的"确定"按钮，保存设置并回到"标注样式管理器"对话框。

7）依次单击"置为当前"→"关闭"按钮，回到绘图窗口，即可开始标注。

（2）标注尺寸

1）单击"对齐"按钮■，启动"对齐标注"命令。

2）依次单击主视图中上方的 φ25mm 圆及下方的 φ35mm 圆的圆心，向右移动光标到合适位置单击，放置尺寸。要注意区分"对齐标注"与"线性标注"。

3）单击该尺寸，则该标注上出现五个夹点。单击尺寸数字"100"下方的夹点，向右上方移动光标到合适位置单击，以放置尺寸数字。此时系统将自动画出引线，如图 3-2-1 所示。

4）参照上述方法，注出其余高度尺寸。

4. 标注长度方向尺寸、圆形视图尺寸及表面粗糙度

具体标注方法前面已经讲述，这里不再重复。

5. 标注角度尺寸

1）单击"角度"按钮■，启动"角度标注"命令。

2）移动光标，分别单击主视图上两中心线靠近 φ35mm 圆的圆心处，光标附近立刻出现角度标注并显示系统测量值（75°）。

3）移动光标到合适位置单击，以放置角度尺寸。

俯视图绘制及相应尺寸标注读者自行完成。

六、绘制图框线及标题栏

参照前面任务所述，采用复制或者插入的方法，绘制 A3 图纸图框线及标题栏。修改相应文字，标注其余表面粗糙度，完成全图。

【知识链接】

一、圆角

使用"圆角"命令可以用与对象相切并且具有指定半径的圆弧连接两个对象，如图 3-2-21 所示。

在"修改"工具栏中单击"圆角"按钮■，注意观察提示，半径值是否符合要求，如果不符，输入"R"（半径），按〈Enter〉键，输入新半径值，按〈Enter〉键；依次选定两个

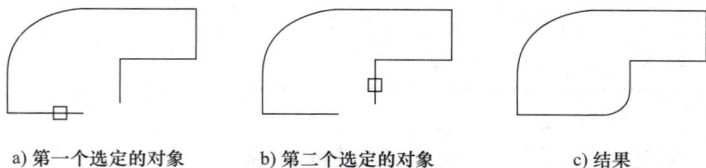

a)第一个选定的对象　　b)第二个选定的对象　　c)结果

图 3-2-21　圆角

对象完成圆角的绘制。如果选择直线、圆弧或多段线作为圆角对象，将对它们的长度进行调整以适应圆角弧度。选择对象时，可以按住〈Shift〉键，以便用 0（零）值替代当前圆角半径。

注意：在默认的修剪模式下选取对象时，选择点的位置对圆角的影响很大，系统在修剪时会尽可能地保留选择点位置不被修剪掉，如图 3-2-22 所示。无论是否在修剪模式下，整圆的圆角将不会被修剪，选择点的位置决定圆角位置，如图 3-2-23 所示。

三维图形也可以执行"圆角"命令，具体操作按照提示进行。

a) 选择点　　　b) 对应结果(半径大于0)

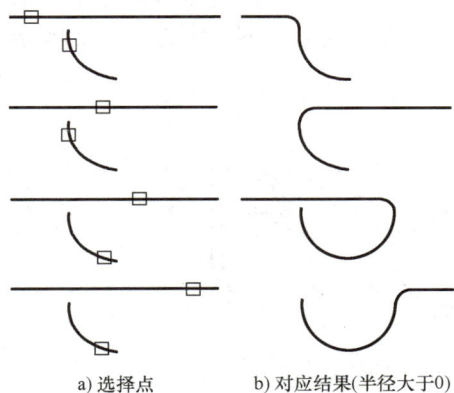

图 3-2-22　选择点位置对圆角的影响

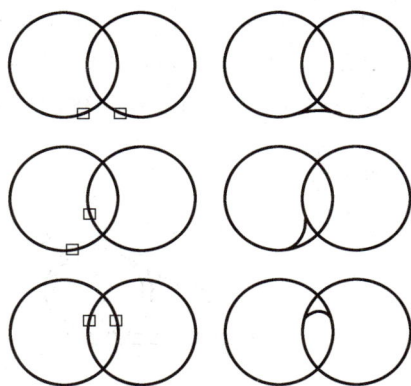

a) 选择点　　　b) 结果(半径大于0)

图 3-2-23　整圆的圆角

二、旋 转

使用"旋转"命令可以绕指定基点旋转图形中的对象。在"修改"工具栏中单击"旋转"按钮 ⟳ 或者选中并右击要旋转的对象，在快捷菜单中单击"旋转"，均可打开旋转命令，提示如下：

UCS 当前的正角方向：ANGDIR = 当前值 ANGBASE = 当前值

选择对象：　　　　　　　　　　（使用对象选择方法并在完成选择后按〈Enter〉键）

指定基点：　　　　　　　　　　　　　　　　　　　　　　　　　　（指定点）

指定旋转角度或［复制（C）/参照（R）］：　　　（输入角度或指定点，或者输入 C 或 R）

可按以下三种方式进行旋转。

1. 按指定角度旋转对象

输入旋转角度值（0°～360°）。还可以按弧度、百分度或勘测单位输入值。输入正角度值是逆时针方向还是顺时针方向旋转对象，这取决于"图形单位"对话框中的"顺时针"复选框的设置。

2. 通过拖动旋转对象

绕基点拖动对象并指定第二点。为了使旋转更加精确，可使用"正交""极轴追踪"或"对象捕捉"模式。

如图 3-2-24 所示，以窗口方式选择对象 1、2，指定基点 3 并通过拖动到另一点 4，指定旋转角度来旋转房子的平面视图。

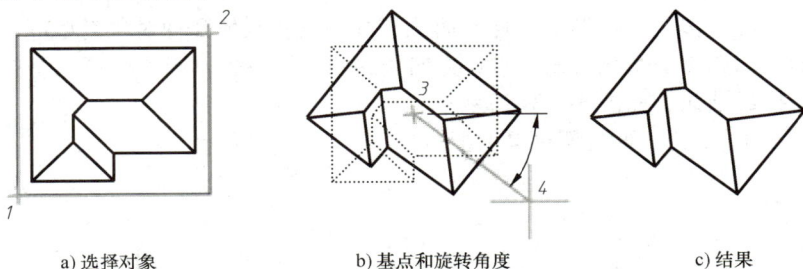

a) 选择对象　　　　　b) 基点和旋转角度　　　　　c) 结果

图 3-2-24　拖动对象旋转

3. 旋转对象到绝对角度

使用"参照"选项，可以旋转对象，使其与绝对角度对齐。

如图 3-2-25 所示，要旋转插图中的部件，使对角边旋转到 90°，可以通过窗交方式选择要旋转的对象 1、2，指定基点 3，然后输入"R"选择"参照"选项。对于参照角度，指定对角线 4、5 的两个端点；对于新角度，输入 90°。

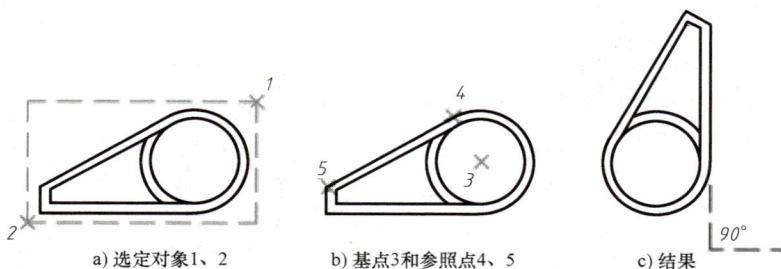

a) 选定对象1、2　　b) 基点3和参照点4、5　　c) 结果

图 3-2-25　参照角度旋转

在三维空间中要旋转三维对象，可以使用 ROTATE 命令，也可使用 ROTATE 3D 命令。使用 ROTATE 命令时，可以绕指定基点旋转对象，旋转轴通过基点，并且平行于当前 UCS 的 Z 轴；使用 ROTATE 3D 命令时，可以根据两点、对象、X 轴、Y 轴、Z 轴或者当前视图的 Z 方向来指定旋转轴。

三、打断

使用"打断"命令在对象上创建一个间隙，这样将产生两个对象，对象之间具有间隙，通常用于为块或文字创建空间。要打断对象而不产生间隙，需使用"打断于点"命令。

在"修改"工具栏中单击"打断"按钮 ▥，提示如下：

选择对象：　　　　　　　（使用某种对象选择方法，或指定对象上的第一个打断点 1）

将显示的下一个提示取决于选择对象的方式。如果使用光标选择对象，本程序将选择对象并将选择点视为第一个打断点。在下一个提示下，可以继续指定第二个打断点或替换第一个打断点。

指定第二个打断点或 [第一点 (F)]：　　　　　（指定第二个打断点 2 或输入"F"）

如果直接单击对象，则两点之间被打断；如果输入"F"，则用指定的新点替换原来的第一个打断点。

则两个指定点之间的部分将被删除，如图 3-2-26 所示。如果第二个点不在对象上，将选择对象上与该点最接近的点。因此，要打断直线、圆弧或多段线的一端，可以在要删除的一端附近指定第二个打断点。

直线、圆弧、圆、多段线、椭圆、样条曲线、圆环以及其他几种对象类型都可以拆分为两个对象或将其中的一端删除。系统将按逆时针方向删除圆上第一个打断点到第二个打断点之间的部分，从而将圆转换成圆弧，如图 3-2-27 所示。

块、标注、多行文字、面域等对象不能打断。

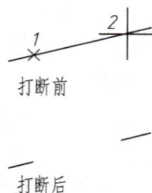

图 3-2-26　打断　　　　　　图 3-2-27　逆时针方向打断

四、延伸

"延伸"命令与"修剪"命令的操作方法相同，可以延伸对象，使它们精确地延伸至由其他对象定义的边界边。如图 3-2-28 所示，将圆弧精确地延伸到由一个圆定义的边界边。

| 选定的边界边 | 选定要延伸的对象 | 结果 |

图 3-2-28　延伸

> **注意：** 无须退出"延伸"命令就可以修剪对象。按住〈Shift〉键并选择要修剪的对象，就可以进行修剪操作，这是在"修剪"和"延伸"命令之间切换的简便方法。

【强化练习】

1. 绘制图 3-2-1 中的俯视图并标注尺寸。
2. 绘制图 3-2-29 所示的拨叉零件图。

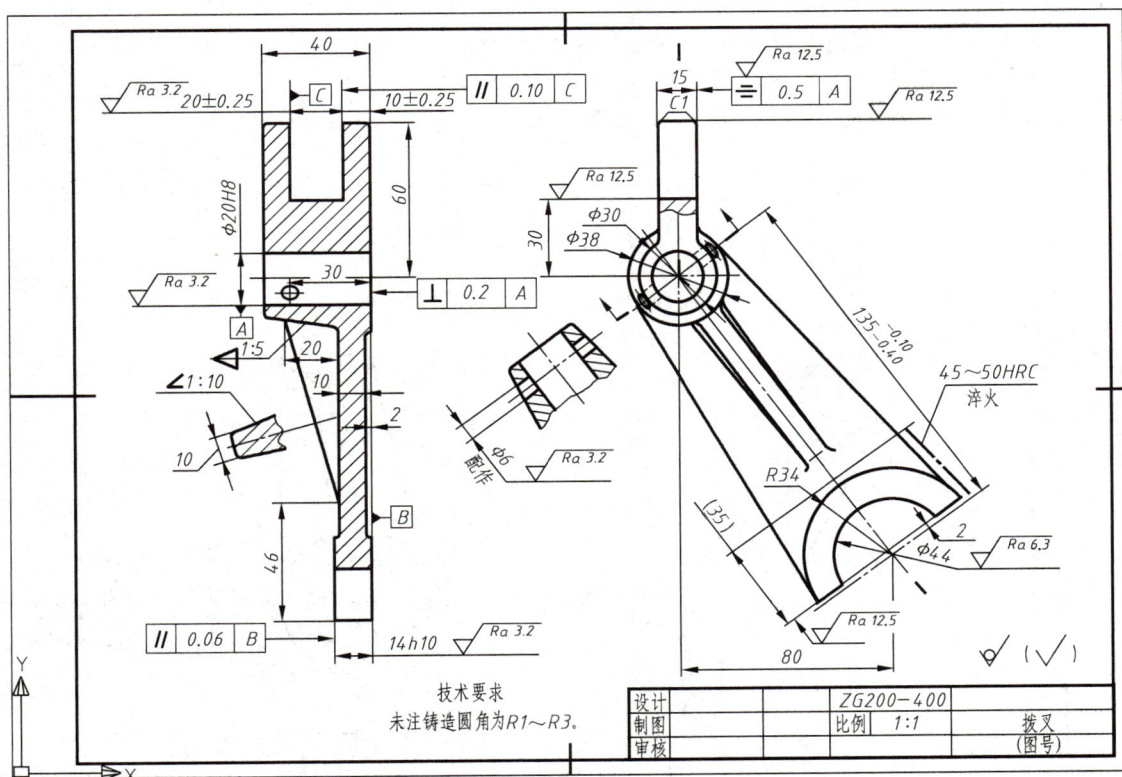

图 3-2-29　拨叉

提示：

图 3-2-29 中左视图下部向右倾斜，这样的图形除按前述方法绘制外，还可先将倾斜部分按不倾斜绘制，然后画出倾斜部分的中心线作为参照，将这部分旋转到位，完成全图。具体方法简述如下：

1）将倾斜部分按不倾斜绘制，并画出倾斜部分的中心线，如图 3-2-30 所示。

2）旋转倾斜部分。

① 在"修改"工具栏中单击"旋转"按钮 ⟳ ，启动"旋转"命令。

② 选取欲旋转部分（一次无法选完，可以连续多次选取），按〈Enter〉键。

③ 移动光标，捕捉 ϕ20mm 孔圆心并单击，作为基点。

④ 输入"R"并按〈Enter〉键，表示以"参照"方式"旋转"对象。

⑤ 在竖直中心线上按先上后下的顺序分别单击指定参照角。

⑥ 移动光标，捕捉倾斜中心线上任意点，单击指定新角度，完成旋转操作，如图 3-2-31 所示。

⑦ 添加一条水平中心线（原中心线已被旋转），画出主视图中的小椭圆。

⑧ 添加标注、图框线及标题栏，完成全图。

3. 绘制图 3-2-32 所示叉架件图形。

4. 用 A4 图纸绘制图 3-2-33 和图 3-2-34 所示图形。

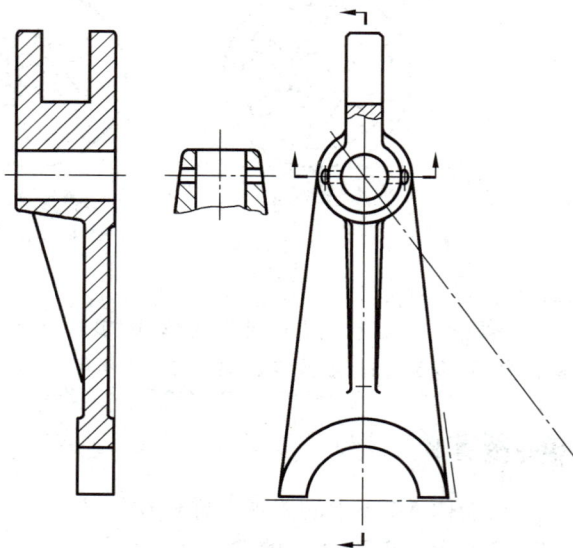

图 3-2-30　绘制倾斜部分

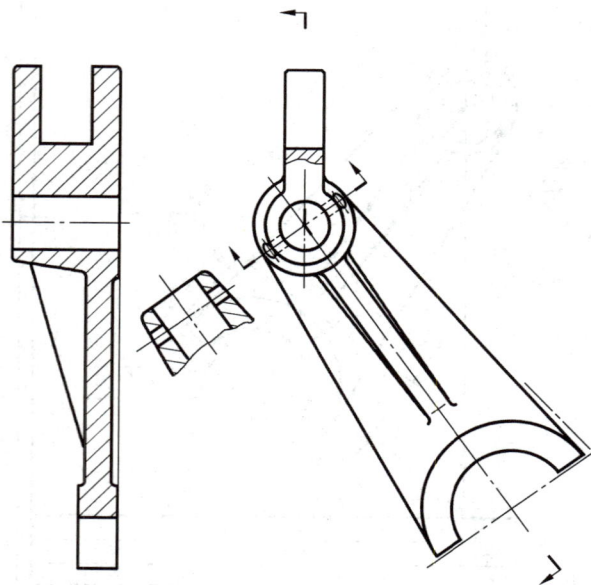

图 3-2-31　旋转倾斜部分

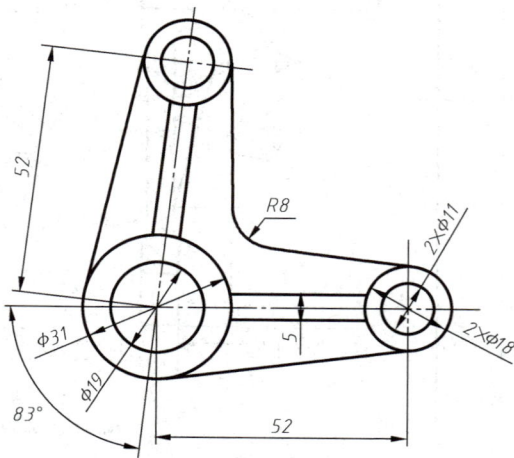

图 3-2-32　叉架件

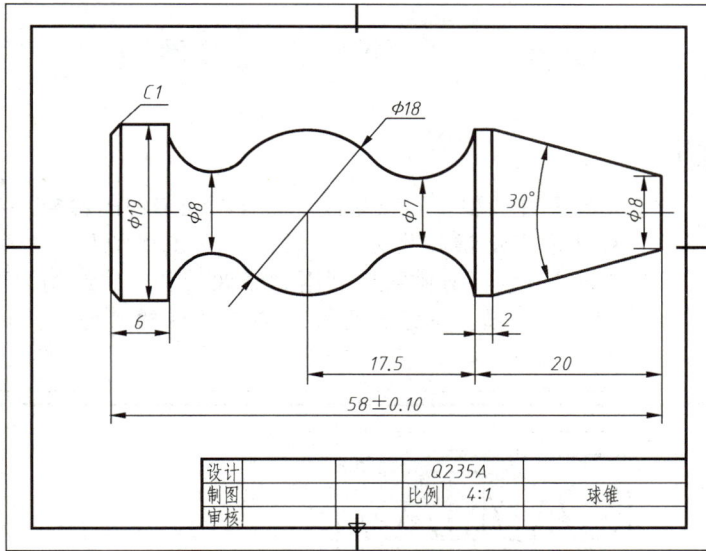

图 3-2-33　球锥

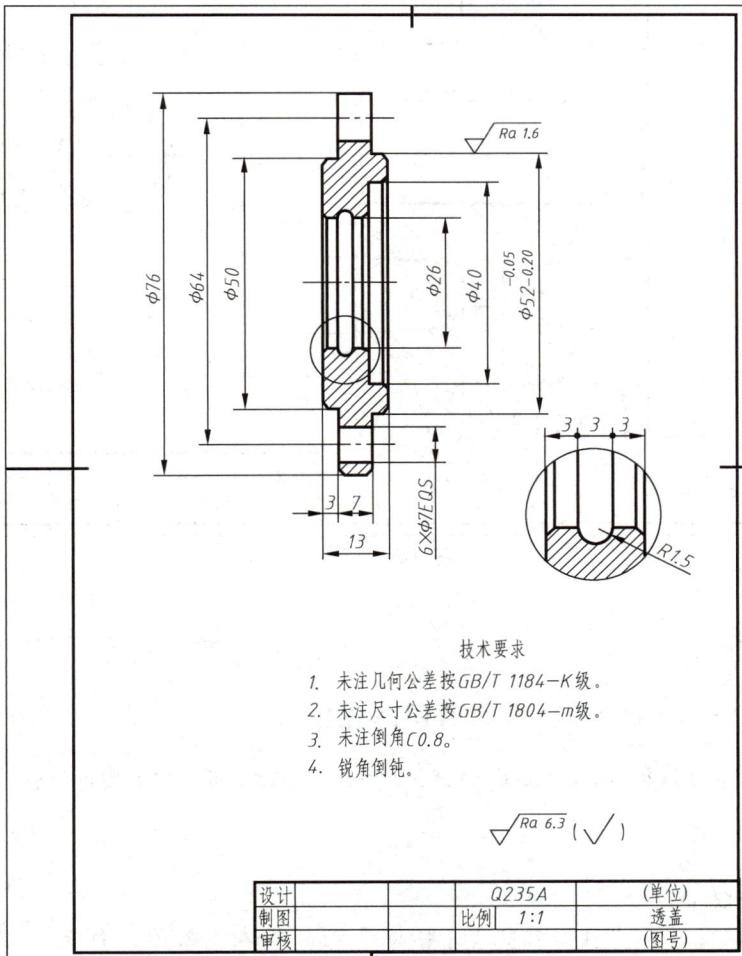

技术要求

1. 未注几何公差按GB/T 1184—K级。
2. 未注尺寸公差按GB/T 1804—m级。
3. 未注倒角C0.8。
4. 锐角倒钝。

$\sqrt{\dfrac{Ra\ 6.3}{}}$ ($\sqrt{}$)

设计		$Q235A$	(单位)
制图		比例　1:1	透盖
审核			(图号)

图 3-2-34　透盖

任务三　绘制 V 带轮零件图

【工作任务及分析】

V 带轮是一种十分常见的零件类型。其轮缘部分具有相同结构的轮槽，轮辐部分的减重槽具有一定的起模斜度，轮毂孔内有键槽。此类零件常用一个主视图和一个简化的左视图来表达。主视图大体只需画出 1/4，其他部分则可以利用"镜像"的方法绘制，而轮槽部分可以先画出一个，然后"复制"出其余各槽。本任务为 C 型辐板式四槽带轮，其轮槽节宽为 19mm，轮槽工作面夹角为 34°，如图 3-3-1 所示。

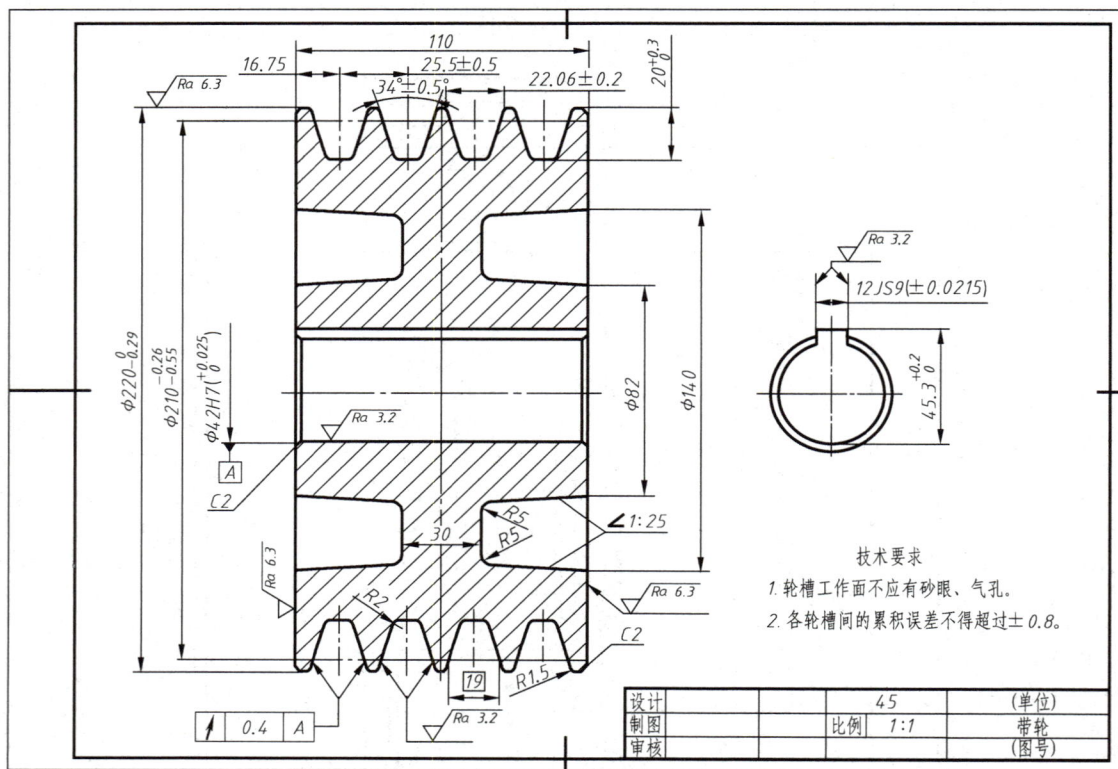

图 3-3-1　带轮

【任务操作步骤】

一、启动 AutoCAD 2024 并打开图形样板

双击桌面上的图标，启动 AutoCAD 2024，系统将自动打开设定的图形样板。

二、绘制视图

1. 绘制中心线

1）打开"正交"和"对象捕捉"（样板默认）模式，关闭"线宽"模式，将"中心线"图层设置为当前图层。

绘制 V 带轮

V 带轮
尺寸标注

2) 启动"直线"命令，在绘图区适当位置单击并向右移动光标，输入"55"，按〈Enter〉键，画出第一条中心线。

3) 向上移动光标，输入"115"，按〈Enter〉键，绘制第二条中心线。

4) 向下移动光标，输入"30"，按〈Enter〉键两次，绘制第三条中心线并结束"直线"命令。

5) 单击"偏移"按钮 ⊂，将第一条中心线向上偏移105mm，绘制轮槽节线。

6) 将第三条中心线向左偏移12.75mm（25.5mm/2），绘制第二槽对称线。如直接选取有困难，可利用窗口方式选取，如图3-3-2所示。

2. 绘制轮缘

1) 将"轮廓线"图层设置为当前图层。

2) 启动"直线"命令，捕捉第一条中心线左端点并单击，向上移动光标，输入"110"，按〈Enter〉键，绘制第一条轮廓线。

3) 向右移动光标，输入"55"，按〈Enter〉键，绘制第二条轮廓线（槽顶线）。

4) 将第二条轮廓线向下偏移20mm，绘制第三条轮廓线（槽底线），如图3-3-3所示。

5) 绘制第一条轮槽工作面轮廓线。

① 将第二槽对称线向左偏移9.5mm（19mm/2），绘出一条辅助线，该线与轮槽节线的交点即为轮槽工作面轮廓线与轮槽节线的交点。

② 启动"直线"命令，捕捉以上交点并单击，输入"@40<107"，按〈Enter〉键两次，结束画线。

③ 单击刚绘制的直线，使该直线上出现夹点，单击中点夹点，将光标移动到直线下端点夹点处单击，将直线归位，如图3-3-4所示。

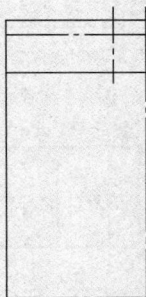

图3-3-2　分步图1　　　　图3-3-3　分步图2　　　　图3-3-4　分步图3

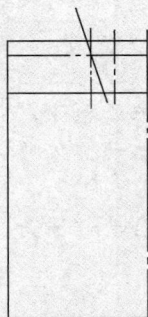

6) 完成单槽轮廓。

① 绘制第一条轮槽工作面轮廓线与槽顶线、槽底线间的圆角。单击"圆角"按钮 ⌐，输入"R"，按〈Enter〉键；输入"1.5"，按〈Enter〉键；分别在第一条轮槽工作面轮廓线与槽顶线、槽底线交点附近单击，绘制圆角，如图3-3-5所示。

② 删除第一条轮槽工作面轮廓线的辅助线；将第二槽对称线再向左偏移12.75mm，绘制第二槽左边界线（作为假想边界，右边假想边界为第二条中心线）。

③ 分别以第二槽左边界线、第二槽对称线为边界，修剪出第二槽的左半边轮廓。删除辅助线，如图3-3-6所示。

④ 单击"镜像"按钮 ◢，启动"镜像"命令。将第二槽的左半边轮廓线以第二槽对称线为镜像线，向右侧镜像，画出完整的第二槽轮廓，如图3-3-7所示。

7) 绘制第一槽，完成轮缘绘制。

① 单击"复制"按钮 ，启动"复制"命令。选取第二槽轮廓线及对称线，右击结束选择，移动光标到槽底线中点处单击选择基点，再向左移动光标，输入"25.5"，按〈Enter〉键两次，完成复制。

② 启动"直线"命令，捕捉第一条轮廓线上端点单击并向右移动，捕捉第一槽左上角端点单击，再按〈Enter〉键。

③ 启动"倒角"命令，输入"D"，按〈Enter〉键，再输入"2"，按〈Enter〉键两次；移动光标到左上角附近的轮廓线上分别单击，完成倒角，如图3-3-8所示。

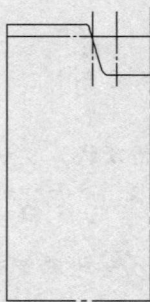

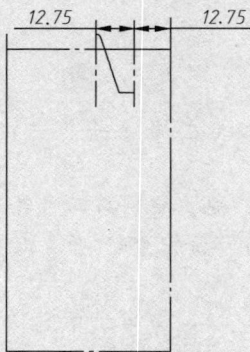

| 图 3-3-5 分步图 4 | 图 3-3-6 分步图 5 | 图 3-3-7 分步图 6 | 图 3-3-8 分步图 7 |

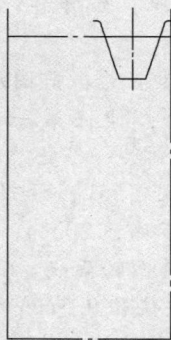

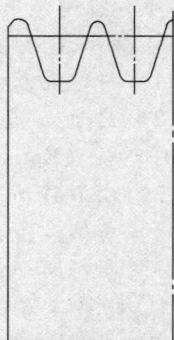

3. 绘制轮辐

1）启动"直线"命令，捕捉第一条轮廓线下端点并单击，向上移动光标，输入"41"（82mm/2），按〈Enter〉键，画出第一条辅助线；再向右移动光标，输入"50"，按〈Enter〉键，画出第二条辅助线；再向上移动光标，输入"2"，按〈Enter〉键，画出第三条辅助线；移动光标到第二条辅助线左端点单击，绘制轮廓线，如图3-3-9所示。

2）依照类似方法，绘制另一条轮廓线并删除辅助线，如图3-3-10所示。

3）启动"偏移"命令，将第一条轮廓线向右偏移40mm，即（110-30）mm/2，如图3-3-11所示。

4）启动"圆角"命令，设置圆角半径 $R=5mm$，绘制圆角，完成轮辐的绘制，如图3-3-12所示。

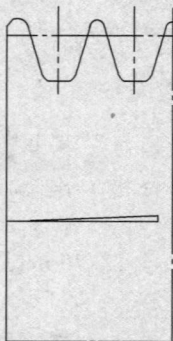

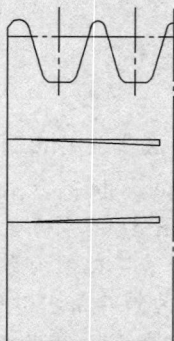

| 图 3-3-9 分步图 8 | 图 3-3-10 分步图 9 | 图 3-3-11 分步图 10 | 图 3-3-12 分步图 11 |

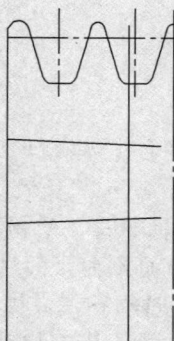

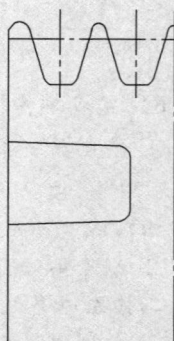

4. 绘制完整轮廓

先用夹点编辑的方法将第一条中心线及轮槽节线分别向左拉伸5mm，再利用"镜像"命令，将现有图形扩展成完整图形（内孔及键槽除外），如图3-3-13和图3-3-14所示。

5. 绘制左视图

1）将"中心线"图层设置为当前图层。

2）启动"直线"命令，移动光标，捕捉水平中心线右端点并单击，并向右移动光标，输入"50"，按〈Enter〉键，画出第一条中心线。

3）向上移动光标，输入"55"，按〈Enter〉键两次，绘制第二条中心线。利用夹点编辑的方法，移动两条中心线，使其成为十字形。注意：水平中心线不能上下移动，如图3-3-15所示。

图3-3-13　分步图12　　　　　图3-3-14　分步图13　　　　　图3-3-15　分步图14

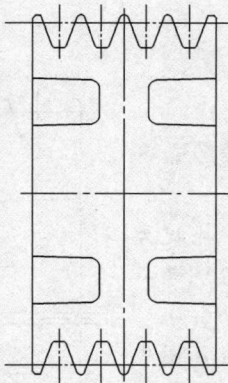

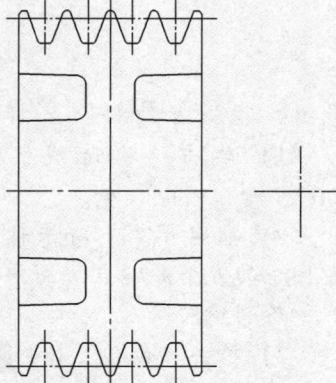

4）将"轮廓线"图层设置为当前图层。

5）单击"圆"按钮，启动"圆"命令。移动光标，捕捉十字中心线交点并单击，输入"21"（内孔半径），按〈Enter〉键两次；再次捕捉十字中心线交点并单击，输入"23"（倒角轮廓半径），按〈Enter〉键，绘制φ42mm圆和φ46mm倒角圆，如图3-3-16所示。

6）绘制键槽。

① 启动直线命令，移动光标，捕捉竖直中心线上端与内孔轮廓线的交点并单击，向上移动光标，输入"3.3"（45.3mm−42mm＝3.3mm），按〈Enter〉键，画出一条辅助线。

② 向右移动光标，输入"12"，按〈Enter〉键两次，画出键槽底部轮廓线，如图3-3-17所示。

③ 利用夹点编辑的方法，将键槽底部轮廓线归位，如图3-3-18所示。

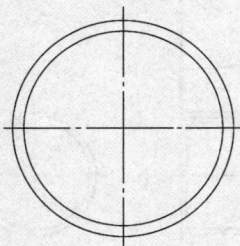

图3-3-16　分步图15　　　　　图3-3-17　分步图16　　　　　图3-3-18　分步图17

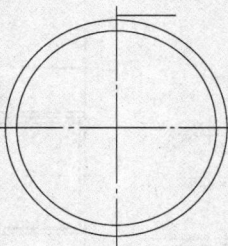

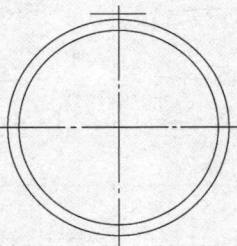

④ 再次启动"直线"命令，捕捉键槽底部轮廓线的左端点并单击，向下移动光标，输入"10"，也可以再长一点，以便后面修剪，按〈Enter〉键三次；移动光标，再捕捉键槽底部轮廓线的右端点，输入"10"，按〈Enter〉键两次，完成键槽两侧轮廓的绘制，如图3-3-19所示。

⑤ 单击"修剪"按钮，启动"修剪"命令。分别单击需要修剪的部分，删去辅助线，完成左视图，如图3-3-20所示。

图 3-3-19　分步图 18

图 3-3-20　分步图 19

6. 绘制主视图内孔轮廓

1）单击"构造线"按钮 ↗，输入"H"，按〈Enter〉键。

2）如图 3-3-21 所示移动光标，捕捉左视图中的五个关键点（图中箭头所指）并单击，绘制辅助线。

3）单击"偏移"按钮 ⊏，将主视图中的端面轮廓线分别向内偏移 2mm。

4）单击"修剪"按钮 ✂，输入"T"后按〈Enter〉键，选择图 3-3-22 所示虚线作为修剪边界，对主视图中的各线进行修剪。

5）打开"线宽"模式，单击"直线"按钮 ╱，绘制四条倒角线，如图 3-3-23 所示。每画完一条直线，按〈Enter〉键两次即可再画第二条直线，依此类推。再删除辅助线，完成图形。

图 3-3-21　分步图 20

图 3-3-22　分步图 21

绘出倒角轮廓后
删除此线

图 3-3-23　分步图 22

三、标注尺寸

1) 将"标注线"图层设置为当前图层。

2) 在"注释"选项卡中单击"标注"工具栏右下角 ↘ 按钮，弹出图 3-3-24 所示的"标注样式管理器"对话框。单击 修改(M)... 按钮，弹出图 3-3-25 所示"修改标注样式"对话框。

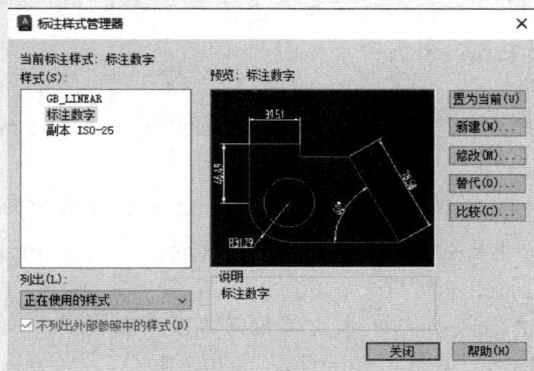

图 3-3-24　"标注样式管理器"对话框

图 3-3-25　"修改标注样式"对话框

3) "修改标注样式"对话框包括"线""符号和箭头""文字"等七个选项卡。单击"符号和箭头"选项卡，将箭头大小设置为"3"（数值大小应随绘图比例改变，以使箭头大小符合相关国家标准要求，下同）；单击"文字"选项卡，将文字样式修改为"标注数字"，将文字高度设置为"5"；单击"调整"选项卡，在"调整选项"选中"文字"单选钮上；单击"主单位"选项卡，将小数分隔符设置为"句点"；其余参数读者可根据需要做相应调整。调整完成后单击"确定"按钮返回"标注样式管理器"对话框，再依次单击"置为当前"→"关闭"按钮，返回绘图窗口。

4) 标注角度尺寸。单击"角度"按钮 ◹，移动光标，分别单击第二槽两工作面轮廓线，此时屏幕立即显示出尺寸线、尺寸界线及实测的尺寸数字，并跟随光标上下移动，同时在命令行显示相应提示。输入"M"，按〈Enter〉键，弹出"文字编辑器"（或称为多行文字编辑器），将闪烁的文字光标移到"34°"后面，单击"文字编辑器"中的"符号"按钮 @，弹出下拉菜单，单击"正/负"，输入"0.5"；再次单击"符号"按钮 @，弹出下拉菜单，单击"度数"，则标注文字变为"34°±0.5°"，再选择合适位置单击，以放置标注。

5) 标注具有对称公差的尺寸，以槽口宽度尺寸为例。

① 由于槽口锐边已被倒圆，因此先用细实线表示出原锐边位置。

② 在"标注"工具栏中单击"线性"按钮 ⊢，启动"线性标注"命令。移动十字光标，先后捕捉两个标注点并单击，此时屏幕立即显示出尺寸线、尺寸界线及实测的尺寸数字，并跟随光标上下移动，同时在命令行显示相应提示。输入"M"，按〈Enter〉键，弹出"文字编辑器"，将闪烁的文字光标移到"22.06"后面，单击"文字编辑器"中的"符号"按钮 @，弹出下拉菜单，单击"正/负"，输入"0.2"则标注文字变为"22.06±0.2"。然后移动光标到合适位置单击，放置标注到如图 3-3-1 所示的指定位置。依此类推，标出与之类似的其余尺寸。

6）标注具有非对称公差的径向尺寸，以外圆尺寸为例。

① 启动"线性标注"命令，选择ϕ220mm圆柱直径尺寸点，在放置标注前输入"M"，按〈Enter〉键，弹出"文字编辑器"。单击"符号"按钮 @，在弹出的"符号"列表框中单击"直径"符号，在数字前添加直径符号ϕ。若需修改数字，可按〈Delete〉键将系统实测值"220"删除，然后输入新值。

② 将"I"形文字光标移动到"220"的后面，输入" 0^-0.29"；单击选择" 0^-0.29"，再单击"堆叠"按钮 ，此时公差值将呈正常书写状态。为使上、下极限偏差的"0"对齐，可在上极限偏差"0"前加空格并在"堆叠"前和极限偏差值一起选中，单击"确定"按钮，回到绘图窗口，指定尺寸线的位置。依次完成其余类似尺寸的标注。

7）标注内孔尺寸。

① 由于内孔上方加工了键槽，最上方的素线已不存在。在标注此类尺寸时需要将键槽一侧的箭头、尺寸界线隐藏不画。

② 单击"线性"按钮 ，先单击内孔下边的轮廓线，再单击内孔上边与键槽的交线（或键槽槽底线），输入"M"，按〈Enter〉键，弹出"文字编辑器"选项卡，按〈Delete〉键删除实测尺寸，编辑新的尺寸值。单击"关闭文字编辑器"。

③ 单击选择该尺寸标注，在"默认"选项卡中单击"特性"工具栏右下角斜箭头，弹出"特性"对话框，如图3-3-26所示，单击"箭头2"，在弹出的下拉框中选择"无"，再单击"尺寸界线2"，将其状态改为"关"。

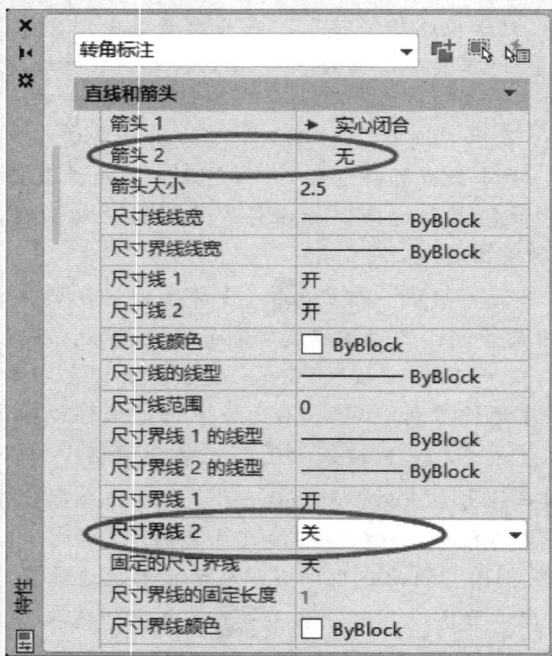

图 3-3-26 "特性"对话框

④ 按〈Enter〉键，结束修改。单击对话框中的"关闭"按钮，关闭"特性"对话框。

8）无公差要求的尺寸、倒角、几何公差及表面粗糙度，读者可参照前述方法标注，这里不再赘述。完成标注后如图3-3-27所示。

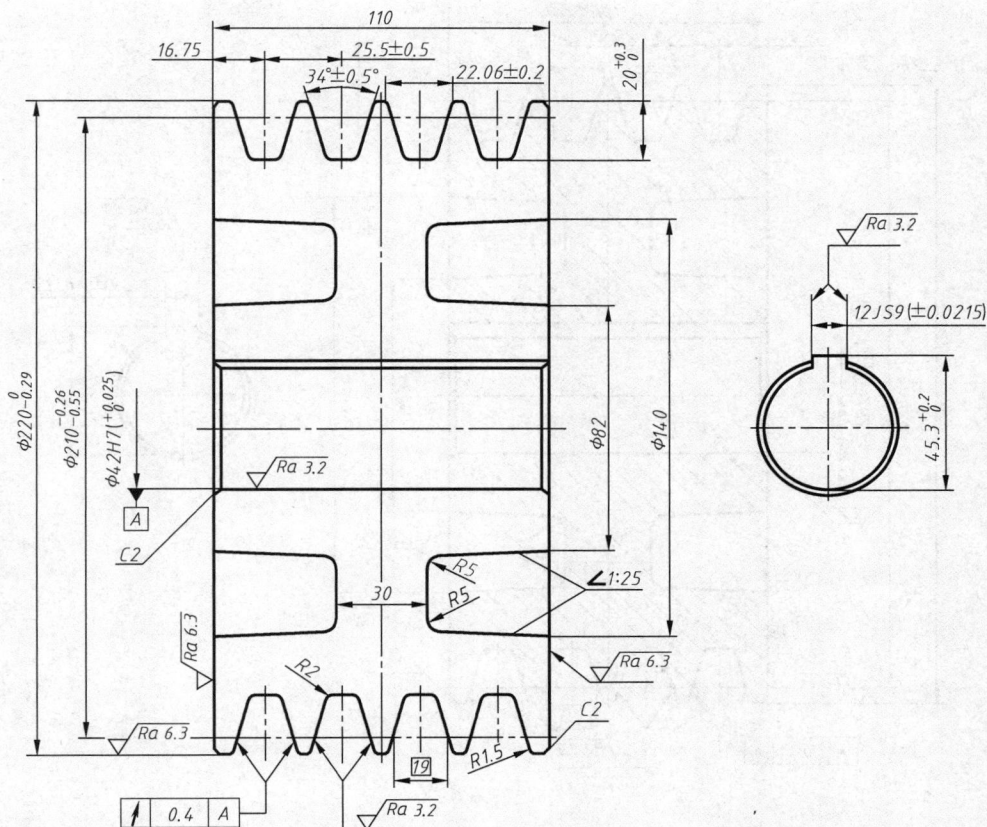

图 3-3-27　分步图 23

四、绘制剖面线

1）单击"图层"工具栏下拉框内的三角形按钮，弹出图层列表，单击"中心线"图层开关按钮💡，关闭中心线图层。

2）再次单击"图层"工具栏下拉框内的三角形按钮，弹出图层列表，将"细实线"图层设置为当前图层。

3）单击"绘图"工具栏中的"图案填充"按钮▦，调出"图案填充创建"选项卡。在"图案"中选择"ANSI31"，将"特性"工具栏中的比例（剖面线疏密）设置为"2"，如图 3-3-28 所示。

4）单击"拾取点"按钮▦，将光标移动到主视图需绘制剖面线的线框内，在任意点处单击，再右击"确认"或者直接按〈Enter〉键完成剖面线绘制，重新打开"中心线"图层，图形显示如图 3-3-29 所示。

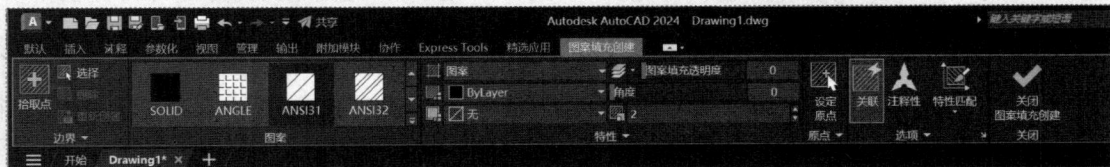

图 3-3-28　图案填充

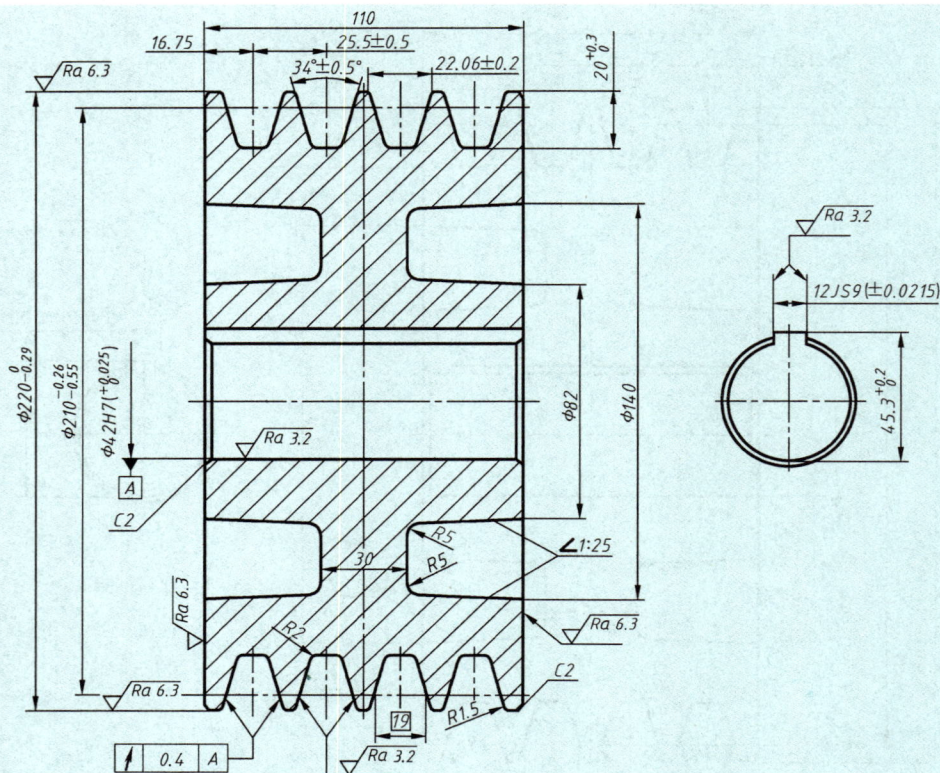

图 3-3-29　分步图 24

> **注意**：线框必须是封闭的，否则将无法获得正确填充，甚至填充失败。

五、完成全图

注写技术要求，添加（填写）图框线和标题栏，完成全图。

【知识链接】

一、放弃与重做

当某项或某几项操作出现错误时，可以使用放弃命令恢复到操作前的状态。最简单的恢复方法是单击标题栏中的"放弃"按钮 ⬅，单击一次放弃一个操作，可连续放弃。从理论上讲，可放弃至文档打开时的最初状态，也可单击"放弃"按钮上的三角图标 ▾，在下拉列表中选中放弃多个操作。许多命令包含自身的 U（放弃）选项，无需退出此命令即可更正错误。例如，创建直线或多段线时，输入"U"即可放弃上一个线段。

要恢复前面几个用"放弃"命令（U命令）的操作，可使用"重做"命令。"重做"命令是放弃命令的反向操作。单击 ➡ 按钮后提示"输入操作数目或［全部（A）/上一个（L）］"，可指定选项、输入一个正数或按〈Enter〉键。单击一次恢复一个放弃操作。不是所有的"放弃"命令都可用"重做"命令来恢复，"放弃"是无限的，而"重做"是有限的，只有最近几次的"放弃"才能被恢复。

二、夹点编辑

在命令光标下，选取对象时，对象关键位置会出现一些实心的小方框，这些小方框称为夹点，图 3-3-30 所示为一些常见对象的夹点。可以拖动这些夹点进行快速拉伸、移动、旋转、缩放或镜像对象等编辑操作，这种编辑操作称为夹点模式。

要使用夹点模式，应先选择作为操作基点的夹点，也称基准夹点（选定的夹点称为热夹点），然后选择一种夹点模式，可以通过按〈Enter〉键或空格键循环选择这些模式。还可以使用快捷键或右键快捷菜单查看所有模式和选项。

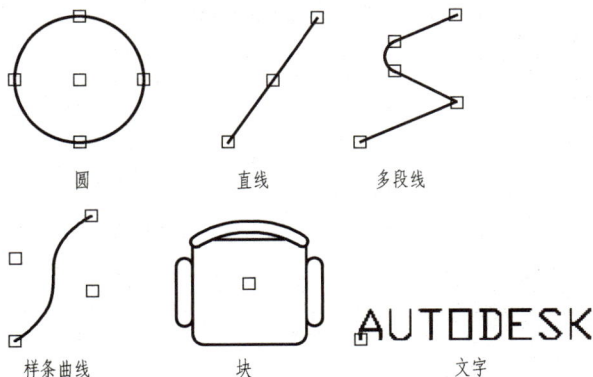

图 3-3-30 常见对象的夹点

1. 使用象限夹点

对于圆和椭圆上的象限夹点，通常从中心点而不是选定的夹点来测量距离。例如，在"拉伸"模式中，可以选择象限夹点拉伸圆，然后在新半径的命令提示中指定距离。距离从圆心而不是选定的象限夹点进行测量。如果选择圆心点拉伸圆，则圆会移动。

2. 选择和修改多个夹点

可以使用多个夹点作为操作的基准夹点。选择多个夹点时，选定夹点间对象的形状将保持原样。要选择多个夹点，可按住〈Shift〉键，然后选择适当的夹点。

3. 使用夹点拉伸

可以通过将选定夹点移动到新位置来拉伸对象。移动直线的端点可以改变直线的长度，移动圆的象限点可以改变圆的大小。

4. 使用夹点移动

可以通过选定的夹点移动对象。选定的对象被亮显并按指定的下一点位置移动一定的方向和距离。文字、块参照、直线中点、圆心和点对象上的夹点将移动对象而不是拉伸对象。这是移动块参照和调整标注的好方法。

夹点拉伸和夹点移动都是通过改变夹点位置来实现的，在实际操作中常常使用"标向键取"的方法，即用光标指定移动方向，然后输入数值（移动距离），按〈Enter〉键，如图 3-3-31 所示。

5. 使用夹点旋转

可以通过拖动和指定点位置来绕基点旋转选定对象，还可以输入角度值，这是旋转块参照的好方法。

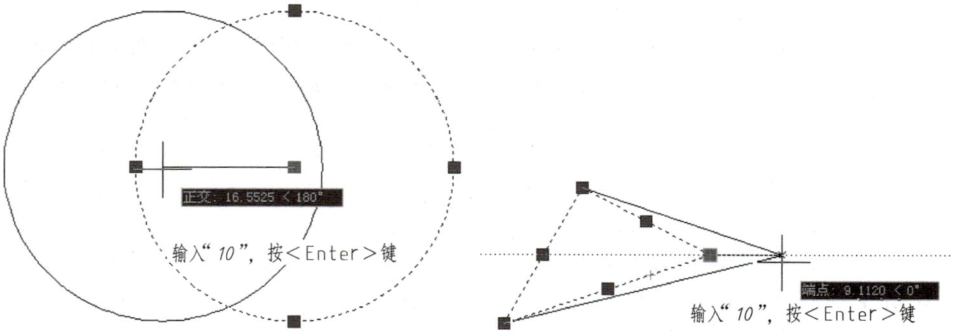

图 3-3-31　夹点拉伸和夹点移动

6. 使用夹点缩放

可以相对于基点缩放选定对象。通过从基准夹点向外拖动并指定点位置来增大对象尺寸，或通过向内拖动减小尺寸；也可以为相对缩放输入一个值。

7. 使用夹点创建镜像

可以沿镜像线为选定对象创建镜像。打开"正交"模式有助于指定竖直或水平的镜像线。

【强化练习】

1. 绘制图 3-3-32 所示的 V 带轮。

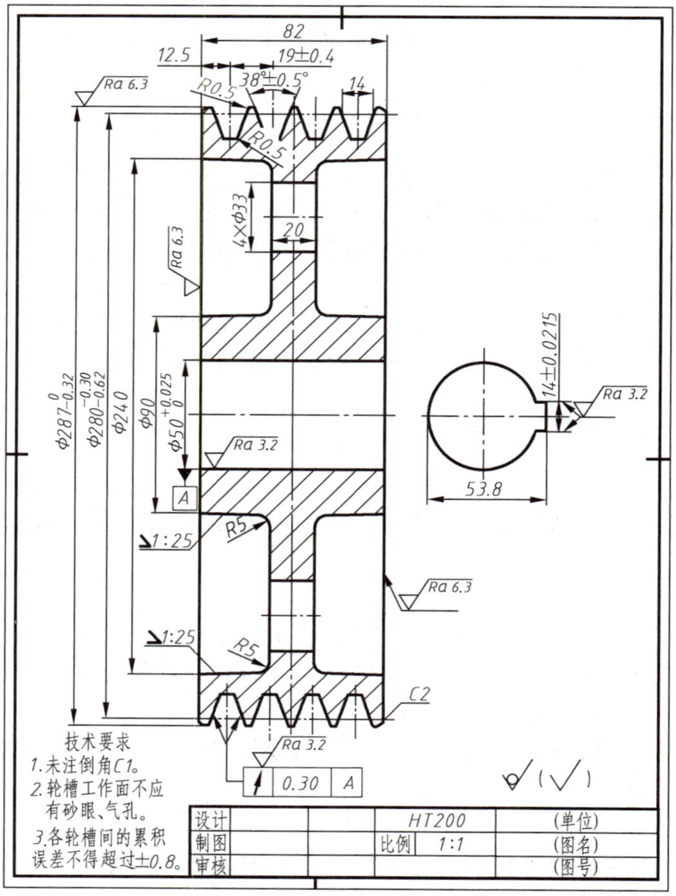

图 3-3-32　V 带轮

2. 绘制图 3-3-33 所示的酒杯。

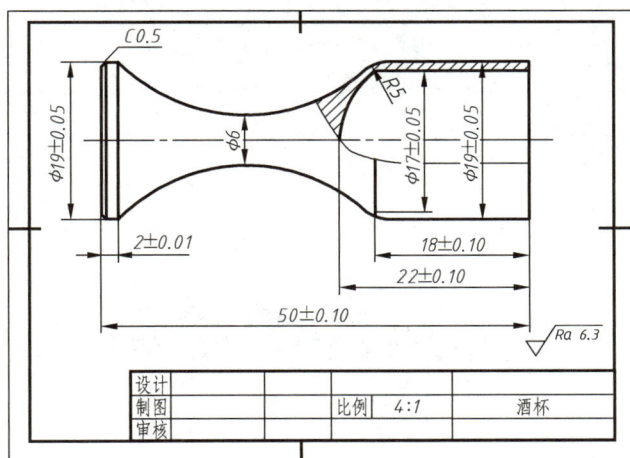

图 3-3-33 酒杯

标准件的绘制

学习目标

1. 掌握螺纹和齿轮的视图表达方式和国家标准的相关规定。
2. 能够熟练绘制符合国家标准的机械图样。
3. 掌握打断、延伸等编辑命令的使用方法。
4. 掌握对象特性的基本操作。
5. 进一步掌握命令光标、点光标、拾取光标的使用方法。
6. 进一步理解图层的意义和应用。
7. 了解重画、重生成的意义。
8. 掌握缩放、阵列等编辑命令的应用。

任务一　绘制螺纹连接

【工作任务及分析】

绘制螺栓连接，如图 4-1-1 所示，被连接件厚度为 30mm，选用螺栓 GB/T 5782　M20×90、

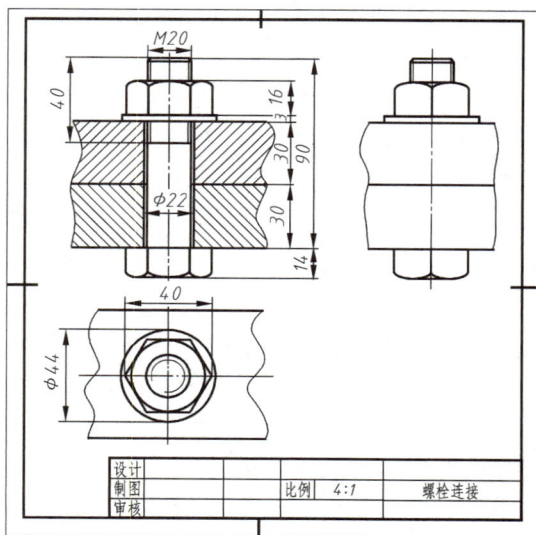

图 4-1-1　螺栓连接

螺母 GB/T 6170　M20、垫圈 GB/T 97.1　20。为方便理解和应用，本任务要求将螺栓、螺母、垫圈和被连接件分别置于对应的图层上。因此本任务至少应创建 5 个图层，分别为"螺栓""螺母""垫圈""被连接件"和"尺寸"图层。

【任务操作步骤】

一、创建文档与基本操作

1. 创建文档

启动 AutoCAD 2024，新建文件，将文件命名为"螺栓连接"。

2. 基本操作

单击"图层特性"按钮，在弹出的"图层特性管理器"对话框中单击"新建图层"按钮，建立图 4-1-2 所示的图层，然后单击"关闭"按钮。

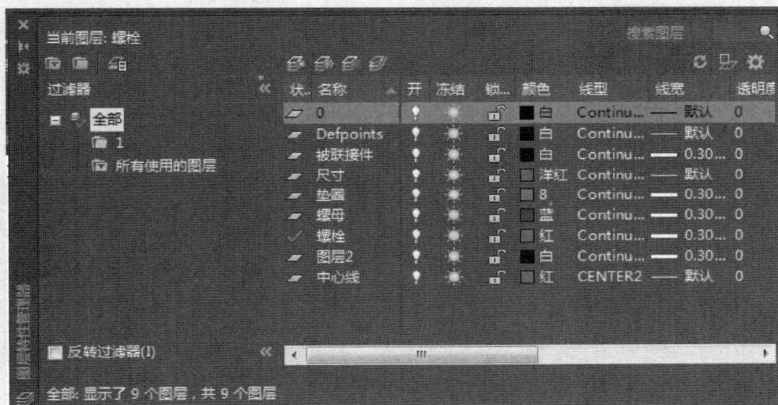

图 4-1-2　图层特性管理器

选择"注释"选项卡，单击"文字"工具栏右下角斜箭头，弹出"文字样式"对话框，将样式"Standard"修改为如图 4-1-3 所示，单击"应用"按钮，关闭对话框。

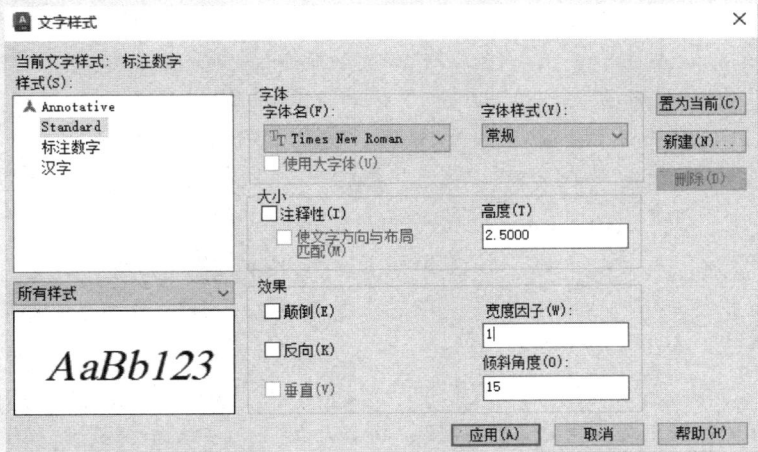

图 4-1-3　文字样式

二、绘制被连接件

1. 绘制中心线

单击"图层"工具栏中的 ⬛ 💡 🔓 0 ▾ ，选择"中心线"图层为当前图层。单击"绘图"工具栏中"直线"按钮 ◩ ，在绘图区合适位置单击，得到直线的一个端点，在"正交"模式下，向下移动光标，并输入中心线长度"120"，按〈Enter〉键两次，得到主视图中心线；再次按〈Enter〉键，重新执行"直线"命令，在"对象捕捉"模式下，光标在主视图中心线下方移动，当出现捕捉标记时单击得到直线的一个端点，向下移动光标，并输入直线长度"75"，按〈Enter〉键两次，得到俯视图的一条中心线。重新执行"直线"命令，在"对象捕捉"模式下（对象捕捉应设为"全部选择"）捕捉俯视图中心线"中点" △ ，向左和向右分别绘制长度为50mm的水平线，完成俯视图中心线；单击"修改"工具栏中的"偏移"按钮 ⊑ ，在文本框中输入偏移距离"120"，如图4-1-4所示，按〈Enter〉键，当文本框提示"选择要偏移的对象"时单击主视图中心线，当文本框提示"指定要偏移的那一侧上的点"时在主视图中心线右侧单击，确定后完成左视图中心线的绘制。

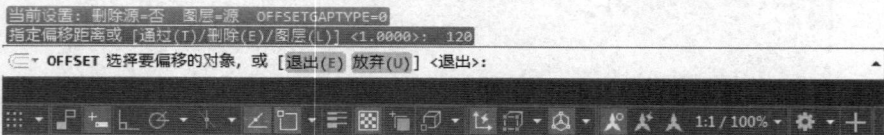

图 4-1-4 "偏移"文本框

2. 绘制被连接件

1）单击"图层"工具栏中的 ⬛ 💡 🔓 中心线 ▾ ，选择"被连接件"图层为当前图层。单击"绘图"工具栏中的"直线"按钮 ◩ ，在"对象捕捉"模式下，当主视图中心线合适位置出现"最近点" ⊠ 时单击，得到直线的一个端点；在"正交"模式下向右移动光标，输入直线长度"11"后按〈Enter〉键；向下移动光标，输入直线长度"60"后按〈Enter〉键；向左在主视图中心线上捕捉"垂足" ⌐ 并单击，再按〈Enter〉键，得到图4-1-5所示图形。

2）在命令光标状态下单击上部轮廓线，该轮廓线显示如图4-1-5所示，其中两端点和中点称为夹点，单击右端点（夹点），向右移动光标，输入右端点移动距离"35"后按〈Enter〉键；同样，单击夹点拉伸下部轮廓线，拉伸长度也为35mm；单击"直线"按钮 ◩ ，当光标在竖直轮廓线中部出现"中点" △ 时单击得到直线的一个端点，向右移动光标，输入直线长度"35"，按〈Enter〉键两次。

3）单击"绘图"工具栏中的"样条曲线拟合"按钮 ∿ ，在非"正交""对象捕捉"模式下，依次单击点1~5，右击并确认，分别在图形的上部和下部合适位置单击，同时注意观察所得曲线形态，如图4-1-6所示。

4）单击"修改"工具栏中的"镜像"按钮 ▲ ，在文本框提示"选择对象"时单击需要镜像的对象——4条直线和1条样条曲线，完成后右击，在文本框提示"指定镜像线的第一点"时，在中心线上任意位置单击两次（"对象捕捉"模式），在文本框提示"要删除源对象吗？"时，直接按〈Enter〉键或右击并确认，得到的图形如图4-1-7所示。

3. 填充剖面线

1) 单击"绘图"工具栏中的"图案填充"按钮▦，在"边界"工具栏中单击"拾取点"按钮，在图 4-1-7 所示图形上部两个封闭区域内部分别单击；在"图案"工具栏中选择所要填充的图案"ANSI31"，如图 4-1-8 所示；单击 ✓ 完成剖面线图案填充。同样，填充图 4-1-7 所示图形中下部两个封闭区域，并将角度设置为"90"，如图 4-1-9 所示，结果如图 4-1-10 所示。

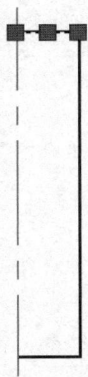

图 4-1-5　分步图 1

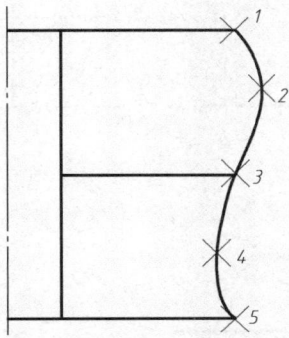

图 4-1-6　分步图 2

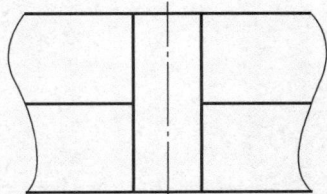

图 4-1-7　分步图 3

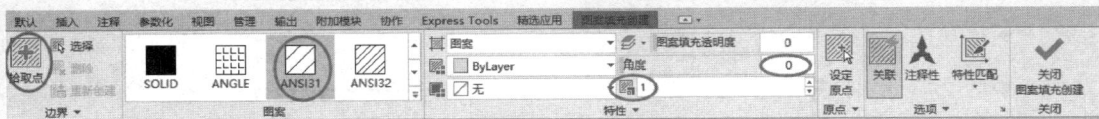

图 4-1-8　"图案填充创建"选项卡

图 4-1-9　"填充图案选项板"对话框

2) 在命令光标状态下单击图 4-1-10 中的两条样条曲线和剖面线，使之呈现被选取状态，如图 4-1-11 所示，单击"默认"选项卡"特性"工具栏中的"线宽"按钮 ──ByLayer──▾ ，选择线宽为 ──0.25 毫米──▾ ，按〈Esc〉键，即将图示对象线宽改为 0.25mm；将被连接件中部左边水平线的右端点向右拉伸"1"，右边水平线的左端点向左拉伸"1"，完成被连接件主视图的绘制。

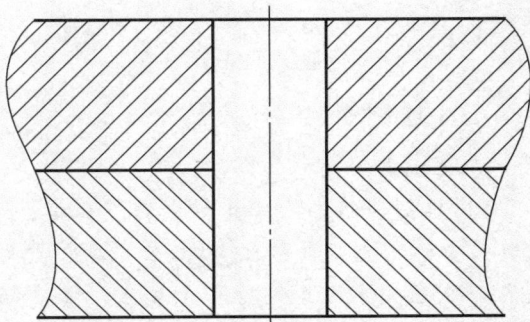

图 4-1-10　分步图 4

3) 单击"直线"按钮▨，在"对象捕

捉"模式下捕捉"端点" □ 和"垂足" ⌐ ，绘制图4-1-12所示的三条直线；运用夹点拉伸，将三条直线的位置和长度调整成如图4-1-13所示；绘制样条曲线，完成左视图；再按合适长度绘制完成俯视图。图中未指明的直线长度可在一定范围内自行确定。

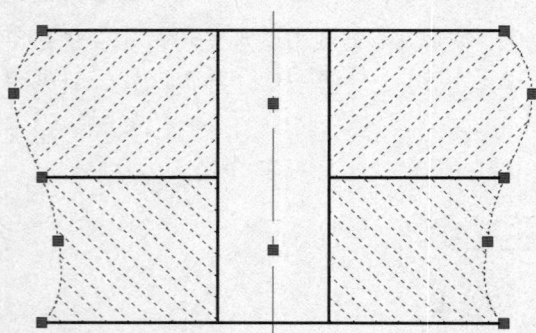

图4-1-11　分步图5

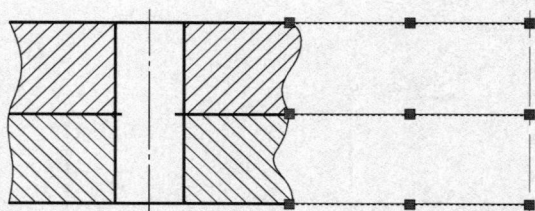

图4-1-12　分步图6

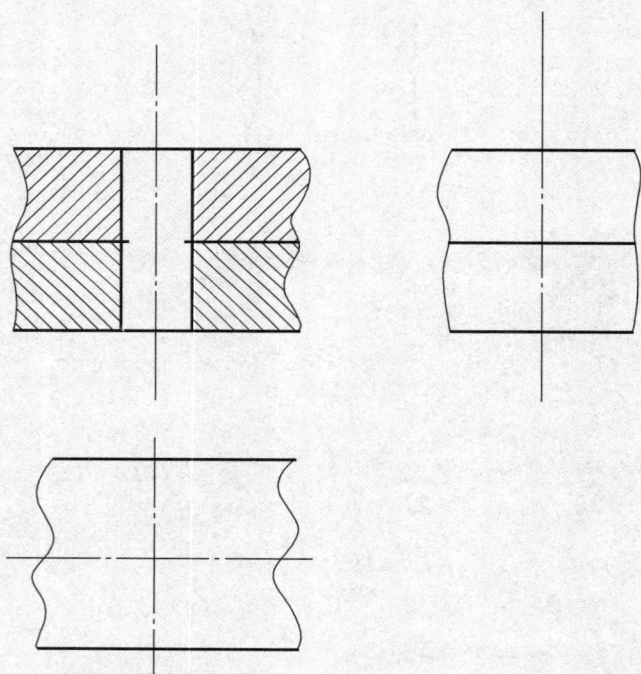

图4-1-13　分步图7

三、绘制螺栓

1. 绘制螺栓端部

1）单击"图层"工具栏中的下拉框，选择"螺栓"图层为当前图层。单击"绘图"工具栏中的"直线"按钮，在"对象捕捉"模式下，捕捉主视图中心线与被连接件下方交点并单击，得到直线的一个端点；在"正交"模式下，向右移动光标，输入直线长度"20"并按〈Enter〉键；向下移动光标，输入直线长度"14"并按〈Enter〉键；向左移动光标，输入直线长度"10"并按〈Enter〉键；再向左在主视图中心线上捕捉"垂足" ⌐ 并单击，然后按〈Enter〉键；再使用"中点"和"端点"命令绘制中部直线，如图4-1-14所示。

2）右击状态栏中的"极轴追踪"按钮，单击"正在追踪设置"，弹出"草图设置—极轴追踪"对话框，如图4-1-15所示，设置"增量角"为"30"确定。在"极轴追踪"模式下，执行"直线"命令，单击点1，将十字光标移到图4-1-16所示位置，出现图示追踪线（虚线）时单击，再按〈Enter〉键，绘出角度为30°的直线，捕捉该直线与右侧直线的交点，绘制水平线并交于中心线。镜像图形并整理成图4-1-17所示图形。

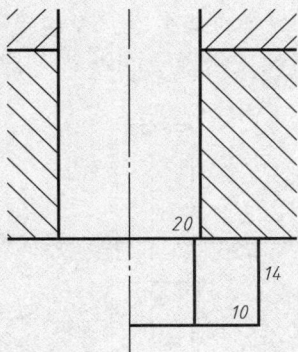

图 4-1-14　分步图 8

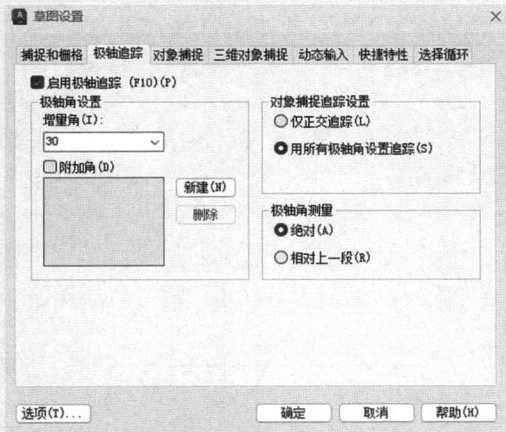

图 4-1-15　"草图设置—极轴追踪"对话框

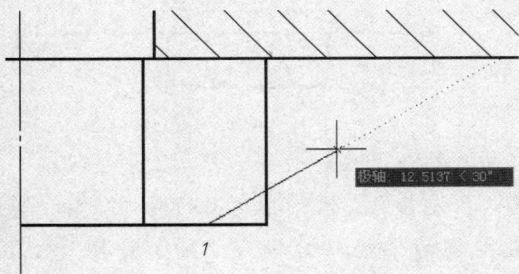

图 4-1-16　分步图 9

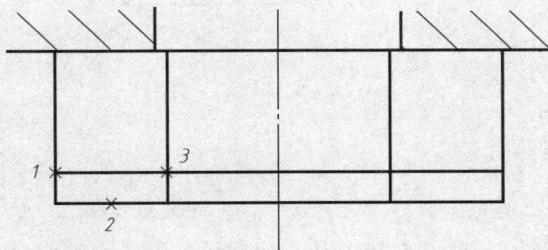

图 4-1-17　分步图 10

3）单击"绘图"工具栏中的"圆弧"按钮 ，在文本框提示"指定圆弧的起点"时依次单击图4-1-17中的点1、2、3，完成一个圆弧的绘制。用同样的方法完成另外两个圆弧的绘制，如图4-1-18所示。

4）利用删除、修剪等方法，整理成图4-1-19所示图形。

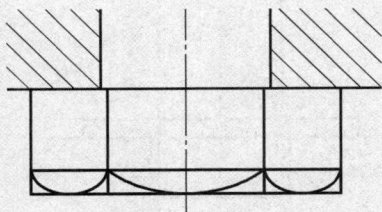

图 4-1-18　分步图 11

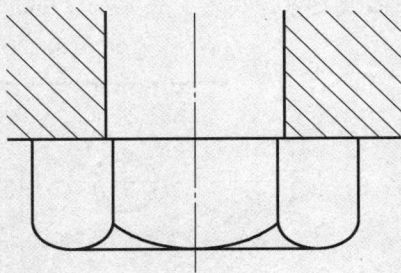

图 4-1-19　分步图 12

2. 绘制螺杆

1）运用夹点拉伸，将螺栓端部中间两竖线上部端点分别向上拉伸90mm，并用直线连接两端点，如图4-1-20所示。

2）单击"修改"工具栏中的"倒角"按钮 （注意：倒角提示文本框中第二行提示"当前倒角距离1=2.0000，距离2=2.0000"，不符合要求，必须修改）由于第三行提示中有"距离（D）"表示要修改距离必须输入"D"，按〈Enter〉键后提示"指定第一个倒角距离<2.00>"（<>内为默认值），输入"1"并按〈Enter〉键，提示"指定第二个倒角距离<1.00>"，直接按〈Enter〉键，再分别单击两条直线作为倒角的两条边，即完成一个倒角。同样，完成第二个倒角。按图4-1-21所示绘制直线，螺纹线长度为40mm，并设置线宽为0.25mm。

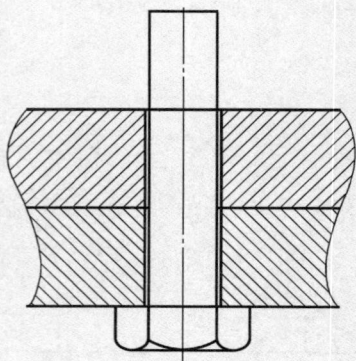

图 4-1-20 分步图13

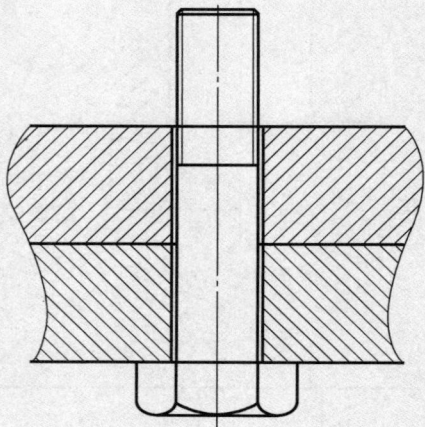

图 4-1-21 分步图14

3）单击"绘图"工具栏中的"圆"按钮 ，在文本框提示"指定圆的圆心"时，单击捕捉到的俯视图中心线交点，在文本框提示"指定圆的半径"时输入"10"并按〈Enter〉键；同样在相同位置再绘制一个半径为9mm的圆，单击"修改"工具栏中的"修剪"按钮，在文本框提示"选择要修剪的对象"时单击半径为9mm的圆上需修剪部分，右击确认即完成3/4圆的绘制；最后选择3/4圆，将其线宽设置为0.25mm，得到的图形如图4-1-22所示。

四、绘制垫圈与螺母

1. 绘制垫圈

将"垫圈"图层设置为当前图层，在主视图上绘制图4-1-23所示直线。在俯视图上绘制以中心线交点为圆心、半径为22mm的圆。

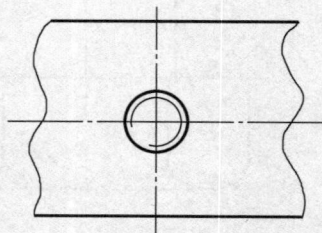

图 4-1-22 分步图15

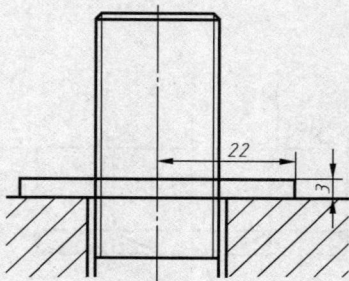

图 4-1-23 分步图16

2. 绘制螺母

1）将"螺母"图层设置为当前图层，在主视图上绘制图 4-1-24 所示长度为 16mm 的直线。单击"修改"工具栏中的"复制"按钮 🔲，在文本框提示"选择对象"时以窗口方式选择螺栓端部图形，即分别单击图示矩形的左上和右下两个角点附近，如图 4-1-25 所示，右击后在文本框提示"指定基点"时单击所选图形的下部中心点，当文本框提示"指定第二个点"时，单击刚才绘制的直线端点 1，右击确认，得到如图 4-1-26 所示图形。

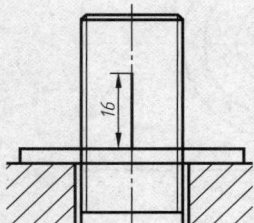

图 4-1-24　分步图 17　　　　图 4-1-25　"复制"选择对象窗口　　　　图 4-1-26　分步图 18

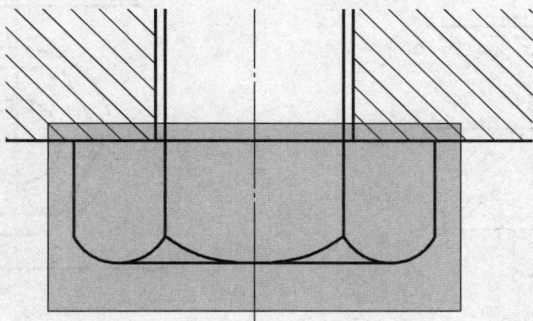

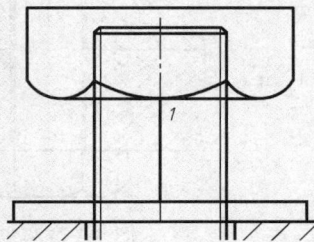

2）在命令光标状态下逐一选择刚才复制所得的图形，单击"图层"工具栏中的 🔲 螺栓，选择 🔲 螺母 更改图形的图层；单击"修改"工具栏中的"旋转"按钮 🔄，在文本框提示"指定基点"时单击图 4-1-26 中的端点 1，在提示"指定旋转角度"时输入"180"并按〈Enter〉键，结果如图 4-1-27 所示。选择图 4-1-28 所示的直线，并将点 1、2、3 移动到对应位置。

3）单击"修剪"按钮 🔲，输入"T"后按〈Enter〉键，在文本框提示"选择对象"时单击图 4-1-29 所示上下两直线，右击；当提示"选择要修剪的对象"时，单击剪切边所夹的两条螺栓轮廓线和两条螺纹线，右击确认。

4）删除中心线上的辅助直线：用窗口方式选择该直线，注意窗口只将需删除直线完全包含在内，其他对象均不能全部包含，再右击"删除"按钮，整理后图形如图 4-1-30 所示。

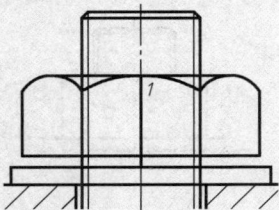

图 4-1-27　分步图 19　　　　图 4-1-28　分步图 20　　　　图 4-1-29　"修剪"剪切边

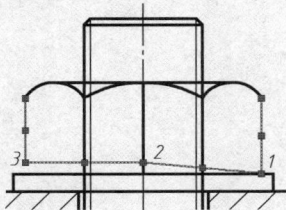

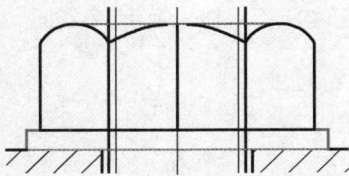

5）单击"绘图"工具栏中的"多边形"按钮 🔲，在文本框提示"输入侧面数"时输入"6"，按〈Enter〉键；在提示"指定正多边形的中心点"时，单击捕捉到的俯视图中心线交点；在提示"输入选项［内接于圆（I）/外切于圆（C）］"时输入"I"，按〈Enter〉键，提示"指定圆的半径"时输入"20"，按〈Enter〉键，绘制正六边形的内接圆，如图 4-1-31 所示。

3. 整理视图

1）单击"注释"工具栏中的"线性"按钮 ▯，在"对象捕捉"模式下单击图 4-1-31 所示正六边形中心和下边线中点，测得下边线与中心距离为 17.32mm；在左视图上绘制图 4-1-32 所示的图形。注意下边中点到最左侧直线长度为 17.32mm。

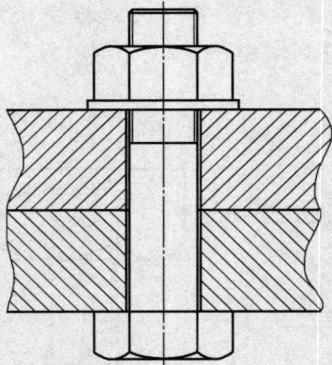

图 4-1-30　主视图

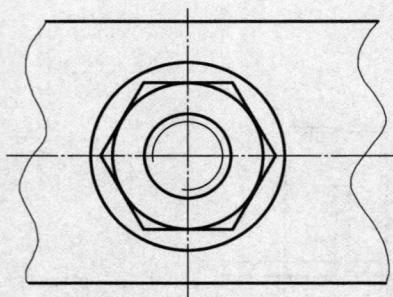

图 4-1-31　分步图 21

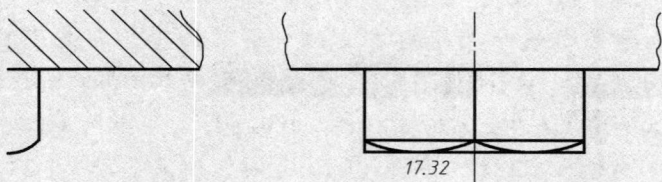

17.32

图 4-1-32　左视图

2）单击"修改"工具栏中的"复制"按钮 ▯，在文本框提示"选择对象"时按照图 4-1-33 所示选择，右击后在文本框提示"指定基点"时单击所选图形的下部中心点，当文本框提示"指定第二个点"时，单击左视图中的点 1，右击确认，如图 4-1-34 所示。

3）按前文操作方法绘制并整理左视图，如图 4-1-35 所示。

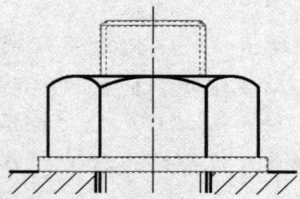

图 4-1-33　"复制"选择对象

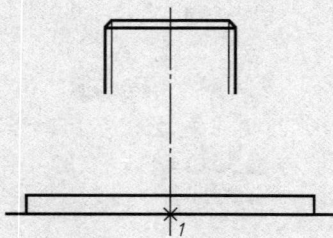

1

图 4-1-34　分步图 22

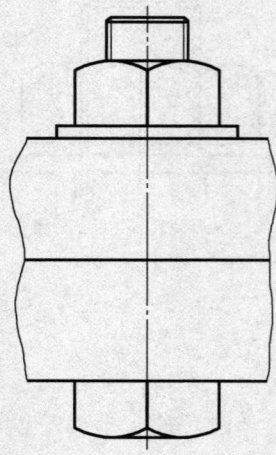

图 4-1-35　左视图

五、完成尺寸标注

1）将"尺寸"图层设置为当前图层。单击"注释"工具栏中的"线性"按钮，在"对象捕捉"模式下单击尺寸标注对象的两个界线点，在文本框提示"指定尺寸线位置"时，选择合适位置单击即完成一个尺寸的标注。当两个尺寸需对齐时，第二个尺寸的位置应捕捉第一个尺寸的节点，如图 4-1-36 所示。

2）主视图尺寸标注如图 4-1-37 所示。其中"M20"的修改方式为：选中并右击"线性"生成的尺寸"20"，单击"特性"按钮，在打开的"特性"对话框中，将"文字"选项组中的"文字替代"修改为"M<>"（"<>"为测量值），如图 4-1-38 所示，按〈Enter〉键，单击"关闭"按钮，即完成尺寸修改。采用同样的方法修改尺寸"22"为"φ22"，将"文字替代"修改为"%%c<>"（"%%c"表示"φ"，"<>"为测量值）即可。将三视图整理成如图 4-1-1 所示，即完成当前任务。

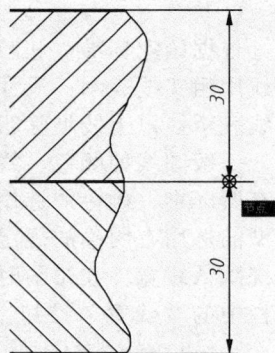

图 4-1-36　线性尺寸对齐标注

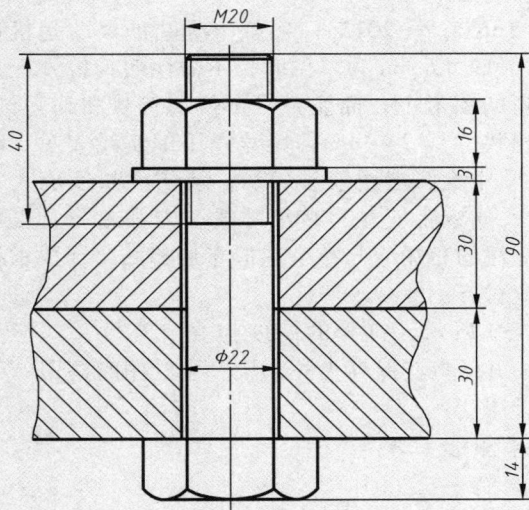

图 4-1-37　分步图 23

图 4-1-38　"特性"对话框

【知识链接】

图形的标准化

AutoCAD 软件默认设置与我国机械制图国家标准有较大出入，需根据机械制图国家标准进行机械图样的标准化设置，具体包括图线的标准化、文字的标准化、尺寸标注的标准化和图幅的标准化。

1. 图线的标准化

根据国家标准《机械制图　图样画法　图线》（GB/T 4457.4—2002）中的规定，可见轮廓线用粗实线表示；尺寸线、剖面线等用细实线表示；中心线用点画线表示；不可见轮廓线用虚线表示。以上线型除粗实线外，其余均为细线，粗、细线线宽比为2:1。

一般图线的颜色、线型、线宽在图层中设置，图层的设置与图4-1-2相类似：各图层颜色要有所区别，颜色的选用要根据背景色而定，尽量选用与背景色反差较大的颜色；国家标准对线型的选用有明确的规定；线宽设置优先选择粗实线线宽为0.5mm，细实线宽为0.25mm，即系统默认线宽。在绘图时颜色、线型、线宽均设置为"ByLayer"（随层）。显示线宽可单击状态栏中的"线宽"按钮，默认线宽在"线宽设置"对话框中进行设置。

2. 文字的标准化

图样中的汉字、数字和字母必须符合国家标准《技术制图　字体》（GB/T 14691—1993）中的规定。汉字为长仿宋体，字宽为$h/\sqrt{2}$（h为字高）；数字和字母写成直体或斜体，斜体字与水平方向成75°角。

绘图时，文字的标准化在"文字样式"对话框中设置，如图4-1-3所示，样式的设置参见表4-2-2。文字高度一般设置为5mm。一般情况下，标注中的数字要单独设置样式，以方便分别进行编辑。当少数文字高度与其他文字高度不同时，一般可用"缩放"命令进行缩放，而不用再新建一个文字样式。

3. 尺寸标注的标准化

尺寸标注依据的是国家标准《机械制图　尺寸注法》（GB/T 4458.4—2003）和《技术制图　简化表示法　第2部分：尺寸注法》（GB/T 16675.2—2012）。图样上标注的尺寸是机件的真实大小，而与图样本身的大小和准确度无关；尺寸以mm为单位时，不需注明；机件上每个尺寸只标注一次，并应标注在表达该结构最清晰的图形上；标注时尽量使用符号和缩写词；尺寸界线为细实线，也可用轮廓线代替，一般超出尺寸线2~3mm；尺寸线用细实线表示，不能与其他线重合，同向尺寸线间隔一般为7mm；尺寸线两端用箭头表示，箭头的长度应大于或等于$6d$（d为箭头宽度，也是粗实线的宽度）；尺寸数字应注写在尺寸线上方和左方，也可以注写在尺寸线中断处，字体应符合上述规定；标注的布局应与整个图形布局相结合，要求标注清晰，美观大方，字号大小合适，同方向尺寸应对齐。

（1）标注常用符号　标注常用符号如图4-1-39所示，符号的高度为文字高度，一般为5mm，系统没有提供现成的符号，必须手工绘制，可以将其保存为外部块，供绘图时调用。

（2）箭头　系统提供的箭头严格地说不符合制图国家标准规定，但一般情况下也不需进行修改，如果图形有严格要求，就必须进行修改。修改的方法是先绘制一个标准箭头，再用它来代替系统箭头，具体的操作步骤如下：

1）将"尺寸"图层置于当前图层，单击"绘图"工具栏中的"多段线"按钮，提示：

图4-1-39　标注常用符号

```
指定起点：(单击1点)
当前线宽为<0.0000>
指定下一点或［圆弧(A)/半宽(H)/长度(L)/放弃(U)/宽度(W)］：
                        (正交模式，光标右移，输入"3"，按〈Enter〉键)
指定下一点或［圆弧(A)/闭合(C)/半宽(H)/长度(L)/放弃(U)/宽度(W)］：
                        (输入"W"，按〈Enter〉键)
```

指定起点宽度 <0.0000>:	(0.5，按〈Enter〉键)
指定端点宽度 <0.5000>:	(0，按〈Enter〉键)

指定下一点或 [圆弧 (A)/闭合 (C)/半宽 (H)/长度 (L)/放弃 (U)/宽度 (W)]:

(正交模式，光标右移，输入"3"，按〈Enter〉键)

指定下一点或 [圆弧 (A)/闭合 (C)/半宽 (H)/长度 (L)/放弃 (U)/宽度 (W)]:

(按〈Enter〉键)

完成箭头绘制，如图 4-1-40 所示。

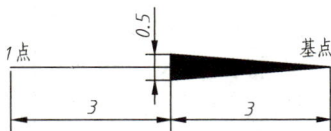

图 4-1-40　箭头

2）按项目三任务一中的步骤将箭头转变为一个名称为"jt"的块。

3）在"注释"选项卡中单击"标注"工具栏右下角斜箭头 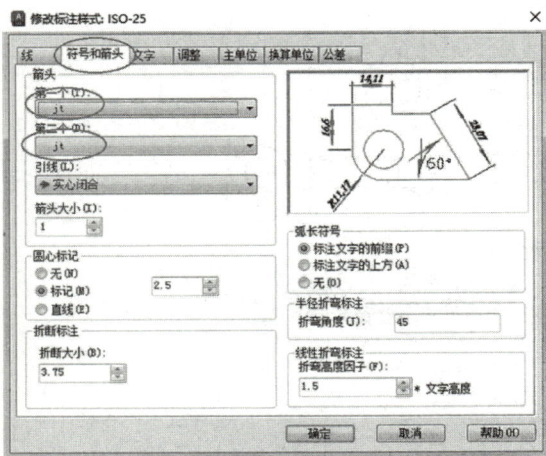，打开"标注样式管理器"，单击 修改(M)... 按钮，打开"修改标注样式"对话框，在"符号和箭头"选项卡中，单击"箭头"选项组中"第一个"后的可选框，在下拉框中单击"用户箭头"，如图 4-1-41 所示，在打开的"选择自定义箭头块"对话框中选择"jt"，在"修改标注样式"对话框的"符号和箭头"选项组中"第一个"和"第二个"后都选择"jt"；修改箭头大小为 1（即不缩放），如图 4-1-42a 所示；在"线"选项卡中，将"尺寸界线"选项组中的"超出尺寸线"设置为"2"，"起点偏移量"设置为"0"，如图 4-1-42b 所示。

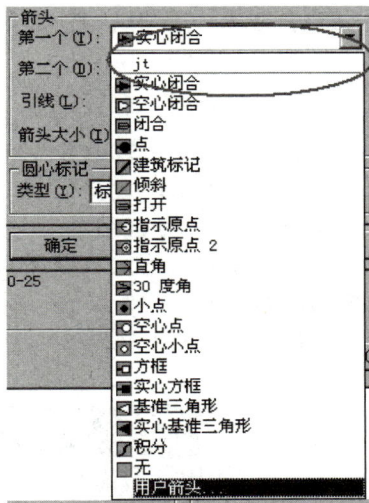

图 4-1-41　更换箭头

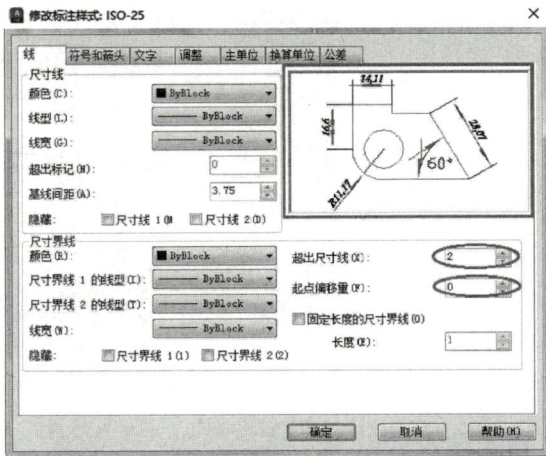

a)"符号和箭头"选项卡

b)"线"选项卡

图 4-1-42　标注样式标准化

109

注意：修改后的尺寸样式只适用于线性标注，不能进行角度的标注，请学员按照相关国家标准为角度制作专门的标注样式。

（3）尺寸对齐 如图 4-1-43 所示，当两个尺寸需要对齐时，在指定尺寸"2"的位置时，捕捉尺寸"3"的节点即可。

4. 图幅的标准化

根据国家标准《技术制图 图纸幅面和格式》的有关规定，图纸基本型号有 A0、A1、A2、A3、A4 共计 5 种，A0 图纸尺寸为 841mm×1189mm，将图纸长边对折就成为小一号图纸的幅面。图纸上限定绘图区域的框称为图框，图框用粗实线画出，图框内必须画标题栏，整个图纸的格式参照项目一任务二。当图形的看图方向与标题栏的方向不一致时，必须绘制方向符号，参见图 4-2-5 所示。

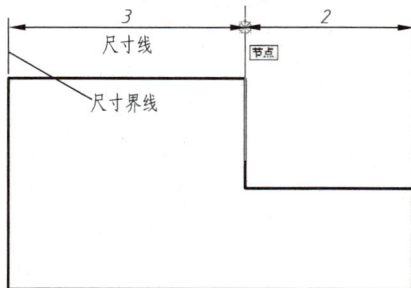

图 4-1-43 尺寸对齐

素养园地：设计图库，高效便捷

国产软件公司北京数码大方科技股份有限公司开发的 CAXA CAD 电子图板主要用于机械制图，对初学者来说十分友好，绘图效率要比 AutoCAD 高很多，特别是它的设计库功能，相较于 AutoCAD 更有优势：AutoCAD 缺少符合国家标准的模板、图库、符号；而 CAXA CAD 电子图板的设计库是根据国家标准开发而成的，可以直接使用，软件还自带了很多便于机械制图的标准件，如螺栓、螺母等，甚至机械制图常用的构件库、标准件库，在软件中都可以找得到（图 4-1-44），对于机械工程设计人员，非常方便高效。

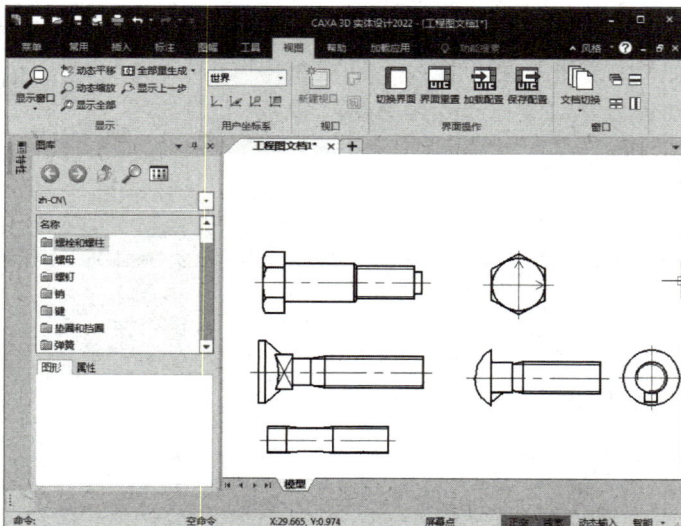

图 4-1-44 CAXA CAD 电子图板的图库

【强化练习】

抄绘图 4-1-45 所示练习图。

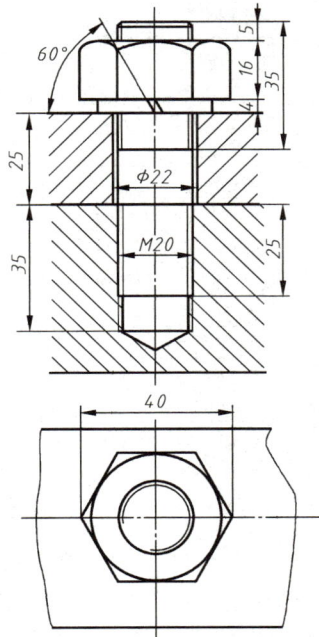

图 4-1-45 练习图

任务二 绘制齿轮

【工作任务及分析】

绘制标准直齿圆柱齿轮,如图 4-2-1 所示,齿轮参数见表 4-2-1。

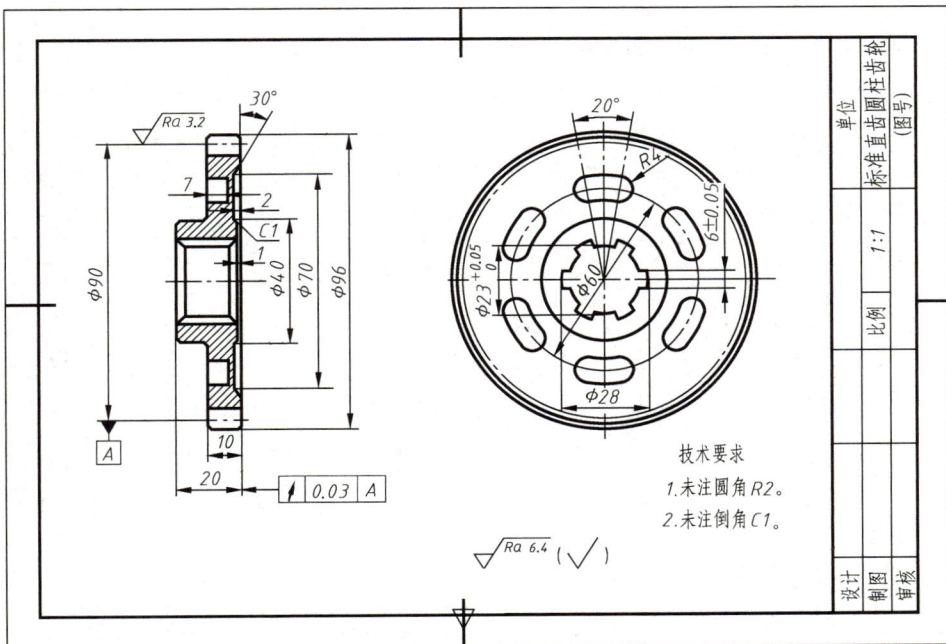

技术要求

1. 未注圆角 R2。
2. 未注倒角 C1。

标准直齿圆柱齿轮

(图号)

比例 1:1

设计
制图
审核

图 4-2-1 标准直齿圆柱齿轮

绘制齿轮

表 4-2-1　齿轮参数

名称	符号	公式	值
齿数	z		30
模数	m	（标准模数）	3mm
压力角	α	（标准值）	20°
分度圆直径	d	$d = mz$	90mm
齿顶圆直径	d_a	$d_a = d + 2h_a = m(z+2)$	96mm
齿根圆直径	d_f	$d_f = d - 2h_f = m(z - 2.5)$	82.5mm
基圆直径	d_b	$d_b = d\cos\alpha = mz\cos\alpha$	84.57mm
齿顶高	h_a	$h_a = h_a^* m = m$	3mm
齿根高	h_f	$h_f = (h_a^* + c^*)m = 1.25m$	3.75mm
齿高	h	$h = h_a + h_f = 2.25m$	6.75mm
齿距	p	$p = \pi m$	9.42mm
齿厚	s	$s = p/2 = \pi m/2$	4.71mm
槽宽	e	$e = p/2 = \pi m/2$	4.71mm
齿宽	b	（测量值）	10mm

图 4-2-1 下边框中点处所绘三角形表示看图方向，其余边框中点处的粗短线为对中符号。

使用 AutoCAD 2024 绘图，图形在图纸中的位置可在成图后通过平移进行调整，故在绘图时一般先在图纸外进行图形绘制，然后平移到图纸的合适位置，再进行尺寸标注和技术要求注写，最后还要进一步调整。

【任务操作步骤】

一、创建文档与基本操作

1. 创建文档

启动 AutoCAD 2024，新建文件，将文件命名为"标准直齿圆柱齿轮"。

2. 基本操作

单击"图层特性"按钮🖳，在弹出的"图层特性管理器"对话框中单击"新建图层"按钮🖳，建立图 4-2-2 所示的图层，单击"关闭"按钮。

各图层的用途如下："0"为系统自动生成的图层，一般放置图框线和标题栏，也常作为临时图层用；"图层 1"为中心线图层；"图层 2"为轮廓线图层；"图层 3"为标注图层。由于此任务图层较少，故未进行重命名。

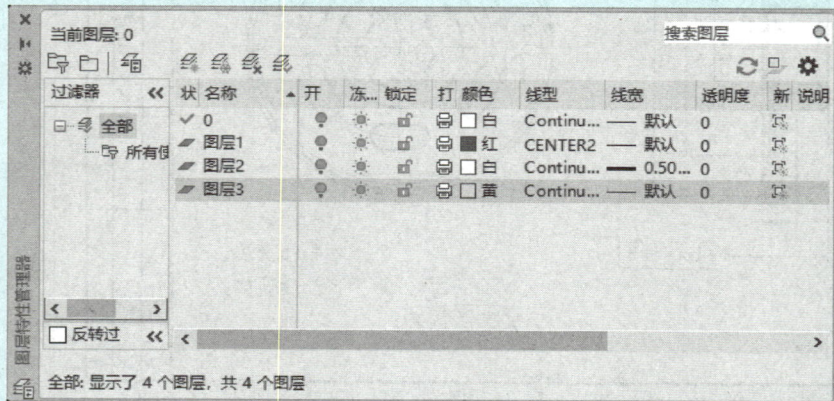

图 4-2-2　图层特性管理器

在"注释"选项卡中单击"文字"工具栏右下角斜箭头 ↘，将样式"Standard"修改为如图 4-2-3 所示，单击"应用"。单击图 4-2-3 中的 新建(N)... 按钮，新建一个文字样式，"样式名"命名为"西文"，参数设置如图 4-2-3 所示；同样，再新建一个"中文"文字样式，三个文字样式参数及用途见表 4-2-2，其他设置为默认值。需要指出的是，文字样式的个数可根据实际需要而定，按国家标准规定，字符一般要求倾斜15°，中文为长仿宋体，宽度与高度的比为 0.7($1/\sqrt{2}$)。

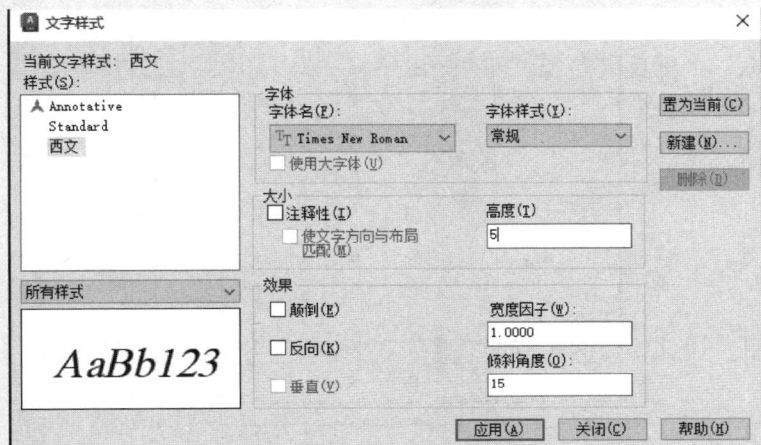

图 4-2-3 文字样式"西文"

表 4-2-2 文字样式参数及用途

样式名	字体名	高度/mm	宽度因子	倾斜角度/(°)	用途
Standard	Times New Roman	2.5	1	15	尺寸标注
西文		5.0			字母或数字输入
中文	仿宋	5.0	0.7	0	汉字输入

3. 绘制图框和标题栏

按照项目一任务二中的方法在图层"0"绘制 A4 图纸标准图框及标题栏，注意标题栏内中文使用"中文"文字样式，字符（包括字母和数字）使用"西文"文字样式，完成后如图 4-2-4 所示。

在"修改"工具栏中单击"旋转"按钮 ↻，选中图框及标题栏，右击，在文本框提示"指定基点"时单击图 4-2-4 所示图纸左下角，在提示"指定旋转角度"时输入"90"并按〈Enter〉键；在下底边中点位置绘制图 4-2-5 所示方向符号。

二、绘制中心线

将"图层 1"设置为当前图层，绘制图 4-2-6 所示中心线，左视图中与竖直线成 10°角的直线是在"极轴追踪"模式下绘制的，右击状态栏中的"极轴追踪"按钮，单击"正在追踪设置"，设置"增量角"为"10"，并单击"确定"按钮。在"极轴追踪"模式下，执行"直线"命令，单击两中心线的交点，将十字光标移到与竖直线成 10°角位置附近，出现

图 4-2-4　图幅 A4（竖排）

追踪线（虚线）时单击并按〈Enter〉键，绘出角度为 10° 的直线（左右对称）；主视图上、下两条直线是与左视图分度圆 $\phi90$mm 上、下象限点对应的。

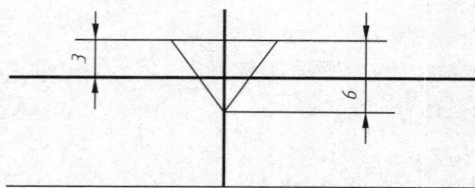

图 4-2-5　方向符号

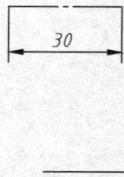

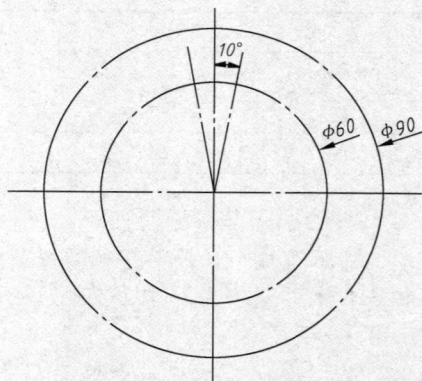

图 4-2-6　绘制中心线

三、绘制外部轮廓和轮齿

1. 绘制主视图外部轮廓和轮齿（上半部）

将"图层 2"设置为当前图层，在主视图上绘制图 4-2-7 所示直线（不必标注）。

2. 倒角和圆角

在"修改"工具栏中单击"倒角"按钮，文本框提示如图 4-2-8 所示，注意此时倒角距离为"2",此处必须修改,由于提示中有"距离(D)"表示要修改距离必须输入"D",按〈Enter〉键后提示"指定第一个倒角距离<2.00>"(<>内为默认值),输入"1"并按〈Enter〉键;提示"指定第二个倒角距离<1.00>",直接按〈Enter〉键,再分别单击两条直线作为倒角的两条边,即完成一个倒角。按同样的方法操作,完成第二个倒角。

在"修改"工具栏中单击"圆角"按钮 ,如果文本框提示半径不为"2"时,必须修改,输入"R"(不分大小写)并按〈Enter〉键,在提示"指定圆角半径"时输入"2",按〈Enter〉键,再分别单击需倒圆角的两条边,即完成一个圆角。按同样的操作,完成第二个圆角,如图4-2-9所示。

在左视图中绘制两个圆心在中心线交点,半径分别为48mm、47mm的圆。

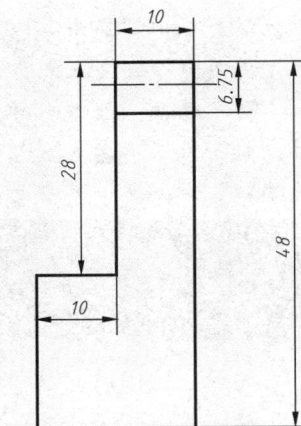

图 4-2-7 分步图 1

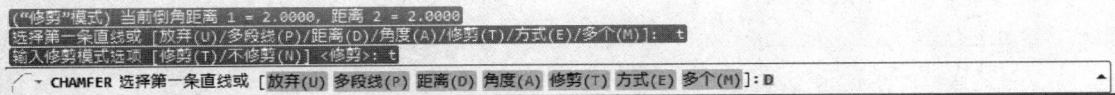

图 4-2-8 "倒角"提示

四、绘制花键

在主视图中绘制图4-2-9所示的三条被选定的直线;在"修改"工具栏中单击"偏移"按钮 ,当提示"指定偏移距离"时输入"2.5"并按〈Enter〉键,当提示"选择要偏移的对象"时单击刚才绘制的一条直线,当提示"指定要偏移的那一侧上的点"时,单击适合位置,完成一条直线的偏移;再次提示"选择要偏移的对象"时,单击刚才绘制的另一条直线,提示"指定要偏移的那一侧上的点"时,单击适合位置,直至完成三条直线的偏移,运用夹点移动整理图形,如图4-2-9所示。

在左视图中绘制两个圆心在中心线交点、半径分别为14mm、11.5mm的圆。将水平中心线上、下各偏移3mm,绘制两条直线(轮廓线),如图4-2-10所示,再删除两条偏移直线(点画线)。在"修改"工具栏中单击"矩形阵列"右侧的白色小三角按钮 ,打开"阵列"

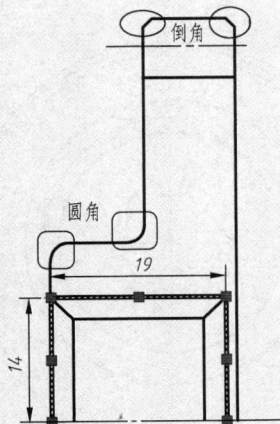

图 4-2-9 分步图 2

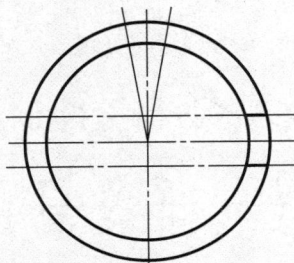

图 4-2-10 分步图 3

下拉框，单击"环形阵列"按钮 ，选择环形阵列对象（刚刚绘制的两条直线），右击后单击左视图中心线交点，其余设置如图 4-2-11 所示，最后关闭阵列，结果如图 4-2-12 所示。

在"修改"工具栏中单击"修剪"按钮 ，输入"T"并按〈Enter〉键，在提示"选择对象"时单击图 4-2-12 所示所有轮廓线（不要选择点画线），右击；当提示"选择要修剪的对象"时，逐一单击两圆上需去除部分，右击确认，如图 4-2-13 所示。

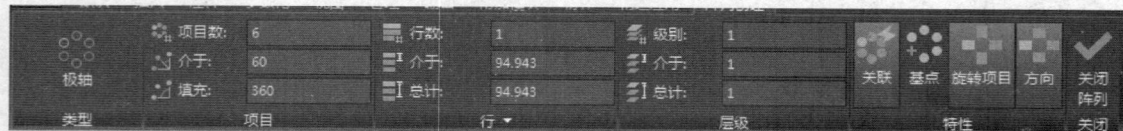

图 4-2-11 "阵列创建" 选项卡

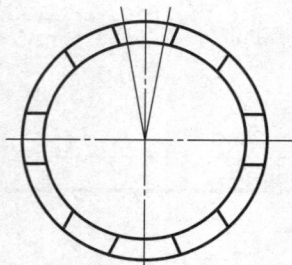

图 4-2-12 "阵列" 结果

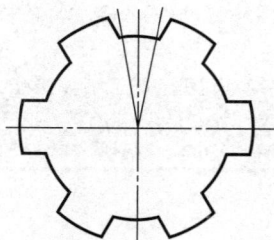

图 4-2-13 分步图 4

五、绘制内部细节并整理图线

在主视图中绘制图 4-2-14 所示图形，不标注尺寸，倾斜直线通过"极轴追踪"模式绘制。再镜像图 4-2-14 所示图形，并进行图案填充。

捕捉左视图中倾斜中心线与圆的交点，绘制两个半径为 4mm 的圆，如图 4-2-15 所示；再绘制两个大圆，半径由"对象捕捉"决定，如图 4-2-16 所示；以两倾斜中心线为剪切边修剪图形，完成后图形如图 4-2-17 所示；环形阵列后如图 4-2-18 所示。

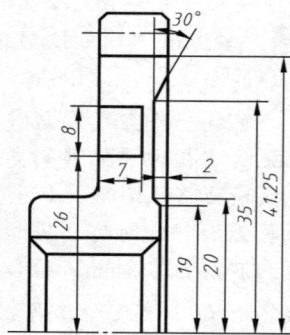

图 4-2-14 分步图 5

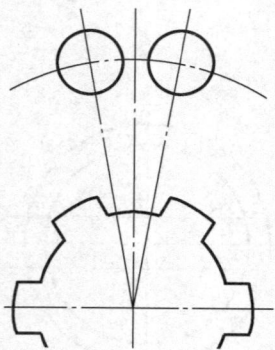

图 4-2-15 分步图 6

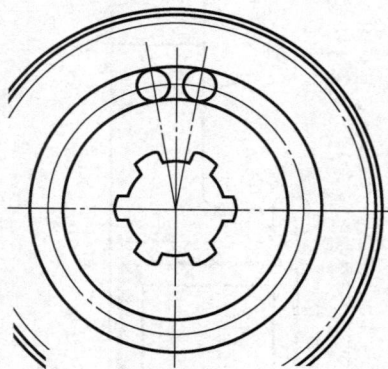

图 4-2-16 分步图 7

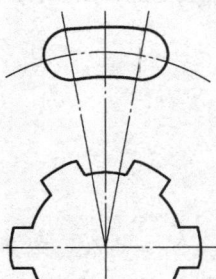

图 4-2-17　分步图 8

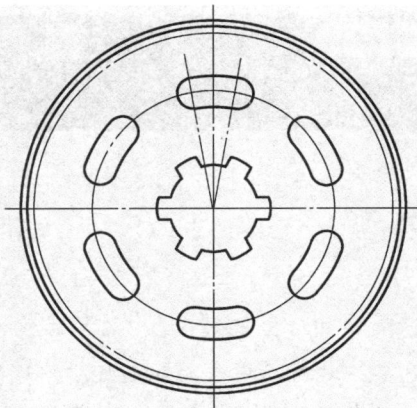

图 4-2-18　左视图

六、标注和技术要求

1. 标注样式的设定

标注前进行标注样式的设定，方法如下：在"注释"选项卡中单击"标注"工具栏右下角的斜箭头，弹出"标注样式管理器"对话框，在打开的"标注样式管理器"对话框中单击 $\boxed{修改(M)\dots}$ 按钮，打开"修改标注样式"对话框，单击"文字"选项卡，注意调整为图 4-2-19 所示参数，观察尺寸标注的效果。其他选项卡的使用方法请自行学习。

2. 多个尺寸前加"ϕ"的方法

如图 4-2-20 所示，在多个线性尺寸标注前需加"ϕ"，在命令行输入"dimedit"，按〈Enter〉键，在提示"输入标注编辑类型［默认（H）/新建（N）/旋转（R）/倾斜（O）］<默认>:"时，输入"N"，按〈Enter〉键；在打开的"文字编辑器"选项卡中，在"0"前输入"%%c"（"0"表示测量值，不能删除），显示如图 4-2-21 所示，单击"关闭文字编辑器"；在提示"选择对象"时，逐一单击需要修改的尺寸，再右击确认。

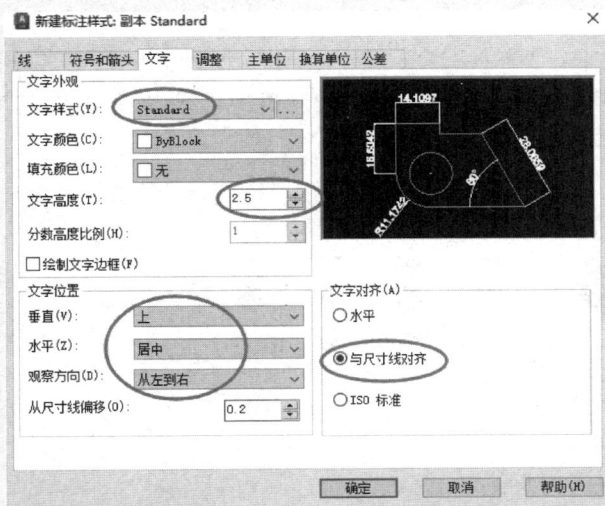

图 4-2-19　修改标注样式—文字

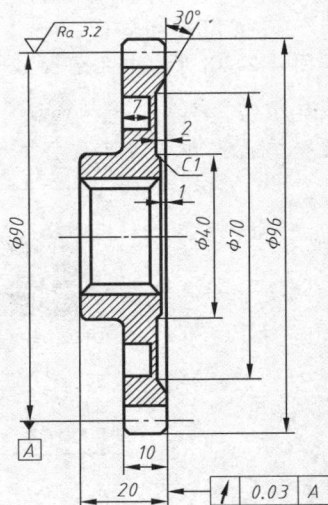

图 4-2-20　主视图

图 4-2-21 "文字编辑器"选项卡

3. 表面粗糙度的标注

图 4-2-20 所示中表面粗糙度 $\sqrt{^{Ra\ 3.2}}$ 的标注方法为：右击状态栏中的"极轴追踪"按钮，单击"正在追踪设置"，打开"草图设置—极轴追踪"对话框，设置"增量角"为"30"，并单击"确定"按钮。在"极轴追踪"模式下，执行"直线"命令，在任意位置单击，将十字光标沿着 60°位置放置，出现追踪线（虚线）时输入"12"，按〈Enter〉键两次，绘出与水平方向成 60°、长度为 12mm 的直线；再绘制如图 4-2-22 所示图形。在"注释"工具栏中单击"多行文字"按钮 $\boxed{A}$，提示"指定第一角点"时，在合适位置单击两个点，打开"文字编辑器"选项卡，输入"Ra3.2"，单击"关闭文字编辑器"；再单击刚刚输入的文字，文字变成被选中状态，单击左上角点，在非"正交"和非"对象捕捉"模式下，可移动文字到合适位置并单击放置。如果要标注的表面粗糙度较少，可通过复制的方法复制到所需的地方，再双击文字进行修改；如果较多，可创建一个块，再多次插入块。

图 4-2-22 表面粗糙度标注

4. 几何公差的标注

图 4-2-20 所示中几何公差 $\boxed{\nearrow\ 0.03\ A}$ 的标注方法为：在"注释"选项卡中单击"标注"工具栏中的"公差"按钮 $\boxed{\oplus 1}$，打开"形位公差 $^{\ominus}$"对话框，按照图 4-2-23 所示设置，在合适位置单击，即完成几何公差的框格图。

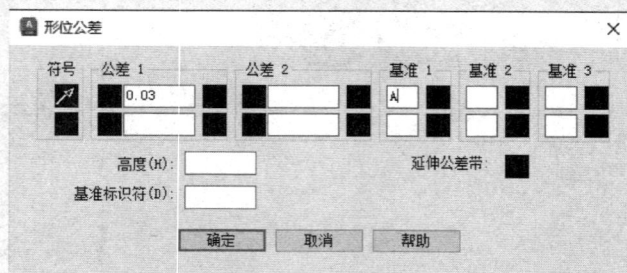

图 4-2-23 "形位公差"对话框

○ 国家标准中应为几何公差，为与软件统一，本书采用形位公差。

创建箭头的方法有多种，为了与尺寸标注的箭头一致，可将一个尺寸标注分解，提取其中的箭头，具体方法为：取任意两点作为尺寸界线创建一个线性尺寸标注，在"修改"工具栏中单击"分解"按钮，在提示"选择对象"时，选取刚创建的线性尺寸标注，即将该尺寸标注分解为独立的对象，删掉除箭头外的对象，如图 4-2-24 所示，即创建好了一个箭头。

图 4-2-24 删掉除箭头外的标注对象

再将创建的箭头整体移动到公差框格图合适位置，即完成几何公差的标注。几何公差基准的标注是先输入字母"A"，再绘制方框和直线，其尺寸应与字母高度协调。如果有多个基准，可复制并双击编辑字母进行修改。

5. 尺寸极限偏差的标注

1）在左视图中需将直径标注"$\phi 23$"修改为"$\phi 23^{+0.05}_{0}$"，方法为：在命令行输入"dimedit"，按〈Enter〉键，在提示"输入标注编辑类型［默认（H）/新建（N）/旋转（R）/倾斜（O）]〈默认〉："时，输入"N"，按〈Enter〉键；在打开的"文字编辑器"选项卡中的"0"后输入"+0.05^0"，并单击选择输入字符，如图 4-2-25 所示；单击"堆叠"按钮，即显示为上、下极限偏差方式，单击"关闭文字编辑器"；选择对象，单击需要修改的尺寸标注"$\phi 23$"，再右击即可。

2）将线性标注"6"修改为"6 ± 0.05"，只需在图 4-2-25 所示"文字编辑器"选项卡中的"0"后输入"%%p0.05"即可。

$0+0.05^\wedge 0$

图 4-2-25 尺寸极限偏差的标注

6. 技术要求的书写

若有技术要求，可使用"多行文字"命令书写，注意在选择该命令之前应先选择"文字样式"。根据表 4-2-2，设置使用"中文"样式书写技术要求：单击"注释"选项卡中的"文字样式" Standard，选择"中文"作为"多行文字"的样式。分解多行文字，可得到独立的单行文字，从而方便进行单行文字位置和大小的调整。单行文字位置的调整使用"移动"命令；单行文字大小的调整使用"缩放"命令。例如，需将"技术要求"文字大小扩大 1.5 倍：在"修改"工具栏中单击"缩放"按钮，在提示"选择对象"时，选中文字"技术要求"，右击；在提示"指定基点"时，在文字中下部单击一点；在提示"指定比例因子"时，输入"1.5"，按〈Enter〉键即可。

【知识链接】

一、重画、重生成

"视图"下拉菜单中的"重画"和"重生成"两个命令均可刷新显示图形，"重生成"命令还将重新计算所有对象的屏幕坐标，重新创建图形数据库索引，从而优化对象显示和选择的性能，如图 4-2-26 所示。当打开 BLIPMODE（点标记模式）时，将从所有视口中删除编辑命令留下的点标记。一般而言，长时间绘图过程中，尤其是频繁使用缩放显示时，必须执行"重画"或"重生成"命令。需要指出的是，"重生成"命令比"重画"命令消耗的计算机资源要多，需要更长时间才能完成。

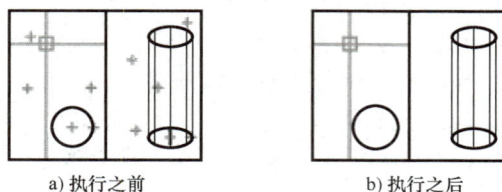

a) 执行之前　　　　　　　　　b) 执行之后

图 4-2-26　"重生成"命令的执行效果

二、缩放

使用"缩放"命令可以将对象按统一比例放大或缩小。在"修改"工具栏中单击"缩放"按钮，提示如下：

选择对象：　　　　　　　　　　　　　　（使用选择对象方法并在完成时按〈Enter〉键）

指定基点：　　　　　（指定点，基点表示选定对象的大小发生改变时位置保持不变的点）

指定比例因子或 [复制 (C)/参照 (R)]：　　　　　（指定比例、输入"C"或输入"R"）

1. 比例因子

可按指定的比例放大或缩小选定对象的尺寸，大于 1 的比例因子使对象放大，0~1 之间的比例因子使对象缩小，如图 4-2-27 所示；也可以拖动光标使对象变大或变小。

2. 复制

创建要缩放的选定对象的副本。

3. 参照

按指定的参照长度和指定的新长度缩放所选对象。

指定参照长度 <1.0000>：（指定选定缩放对象的起始长度）

指定新的长度或 [点 (P)]：（指定将选定对象缩放到的最终长度，或输入"P"，使用两点来定义长度）

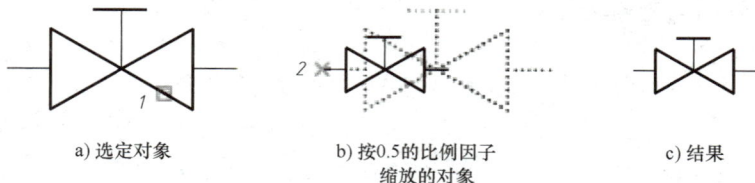

a) 选定对象　　　　　　b) 按0.5的比例因子　　　　　c) 结果
　　　　　　　　　　　　缩放的对象

图 4-2-27　"缩放"命令

三、阵列

"阵列"命令可以在矩形或环形（圆形）阵列中创建对象的副本。

对于矩形阵列，可以控制行和列的对象副本的数目以及它们之间的距离，如图 4-2-28 所示。对于环形阵列，可以控制对象副本的数目并决定是否旋转副本。创建多个定间距的对象

图 4-2-28　"矩形阵列"工具栏

时，阵列比复制执行得要快。执行"阵列"命令后，显示"阵列创建"选项卡，选择相应的选项可以创建矩形或环形阵列。可以单独操作阵列中的每个对象，如果选择多个对象，则在进行复制和阵列操作过程中，这些对象将被视为一个整体进行处理。

1. 创建矩形阵列

将沿当前捕捉旋转角度定义的基线创建矩形阵列。该角度的默认设置为 0°，因此矩形阵列的行和列分别与图形的 X 轴和 Y 轴正交，如图 4-2-29 所示。默认角度 0° 的方向设置可以在"UNITS"命令中修改，修改角度后的阵列如图 4-2-30 所示。可以通过指定矩形对角点的形式一次性给定行间距和列间距。

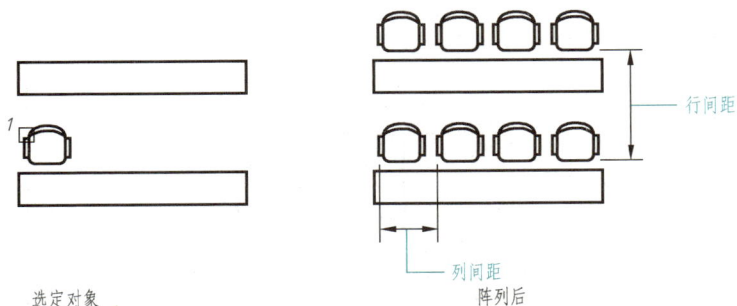

图 4-2-29　矩形阵列—行、列

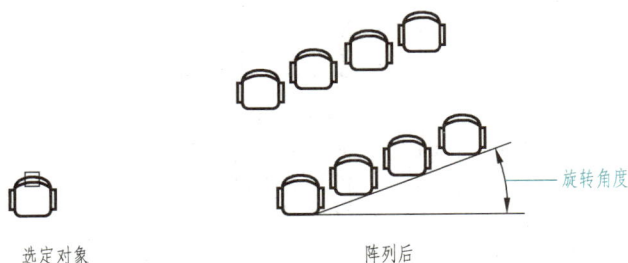

图 4-2-30　矩形阵列—阵列角度

2. 创建环形阵列

创建环形阵列时，阵列按逆时针或顺时针方向绘制，这取决于设置填充角度时输入的是正值还是负值，工具栏如图 4-2-31 所示。阵列后的图形如图 4-2-32 所示。

图 4-2-31　"环形阵列"工具栏

阵列的半径由指定中心点与参照点或与最后一个选定对象上的基点之间的距离决定。可以使用默认参照点（通常是与捕捉点重合的任意点），或指定一个要用作参照点的新基点。

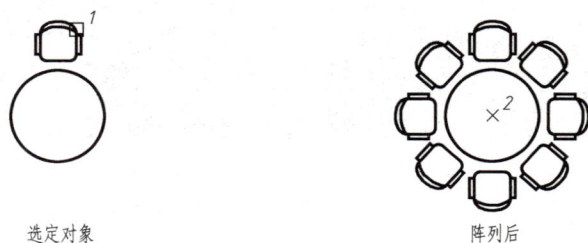

图 4-2-32　环形阵列

选定对象　　　　　　　　　　阵列后

【强化练习】

绘制图 4-2-33 所示蜗轮图形。

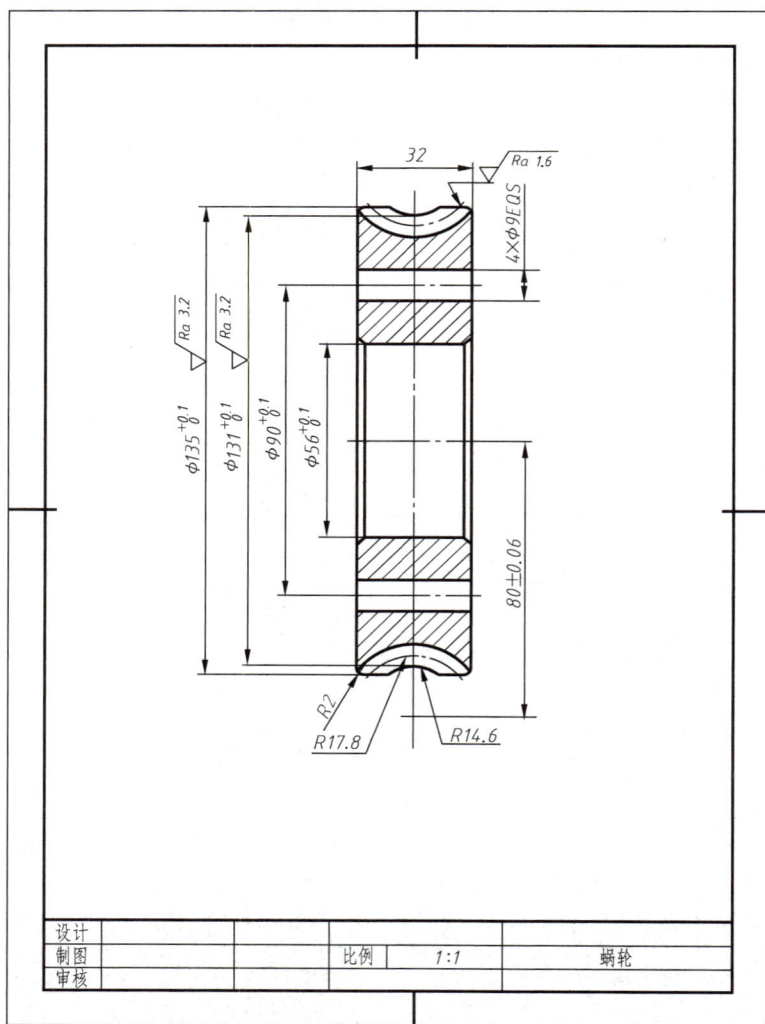

图 4-2-33　蜗轮

复杂零件图的绘制

学习目标

1. 进一步熟练掌握 AutoCAD 2024 的基本绘图命令。
2. 掌握三视图的绘制方法，养成三个视图协同绘制的习惯。
3. 掌握局部放大图、向视图的绘制方法。
4. 进一步掌握复杂尺寸、表面粗糙度的标注方法。
5. 掌握正多边形的绘制方法。
6. 了解 AutoCAD 2024 与其他程序的数据交换方式及作用。
7. 能够利用布局功能绘制、输出和打印图形。

任务一 绘制螺母块零件图

【工作任务及分析】

首先绘制出 A4 图纸图框和标题栏备用，再绘制图 5-1-1 所示螺母块的所有视图；然后根据图 9-1-1 所示机用虎钳装配图的安装和使用要求对图形进行标注，并提出必要的技术要求；最后使用 A4 图纸横放，输出完整的符合 ISO 标准的工程图（简易标题栏）。

本任务不是直接抄绘图形，包含 3 个子任务：

1）绘图：绘图比例为 1：1，三个视图同时绘制，注意相同部分结构可用复制、镜像等方法完成；根据不同线型、线宽和用途等设置图层。本部分内容与前面各任务基本相同，注意多视图的对应关系，一般以主视图为主，多个视图同时绘制。

2）标注：标注包含基准选择、尺寸公差、几何公差和表面粗糙度的确定等内容，标注元素应满足使用要求和工艺要求，同时考虑产品的经济性。本部分内容没有统一的标准答案，能体现设计者的设计水平，一般从使用要求、制造要求、成本要求三个方面进行设计。

3）成图：要求最终 CAD 成图布局合理、规范，符合 ISO 标准。本部分一般与工厂（车间）标准相对接，同时应满足客户（合同）要求。

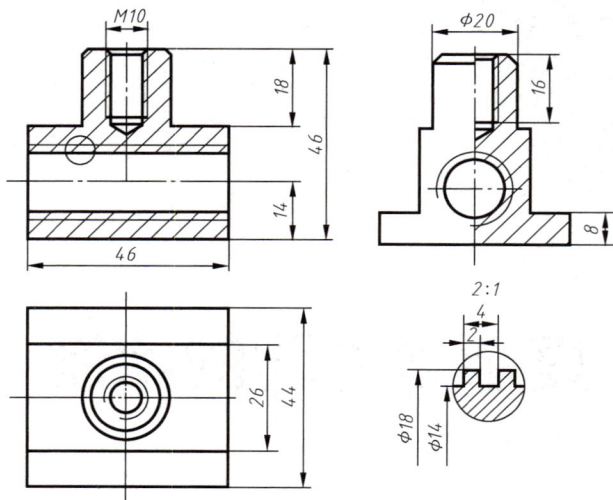

图 5-1-1　螺母块

【任务操作步骤】

一、创建文档与基本操作

1. 创建文档

启动 AutoCAD 2024，新建文件，选择样板文件"acadISO -Named Plot Styles"，如图 5-1-2 所示，将该文件命名为"螺母块"。

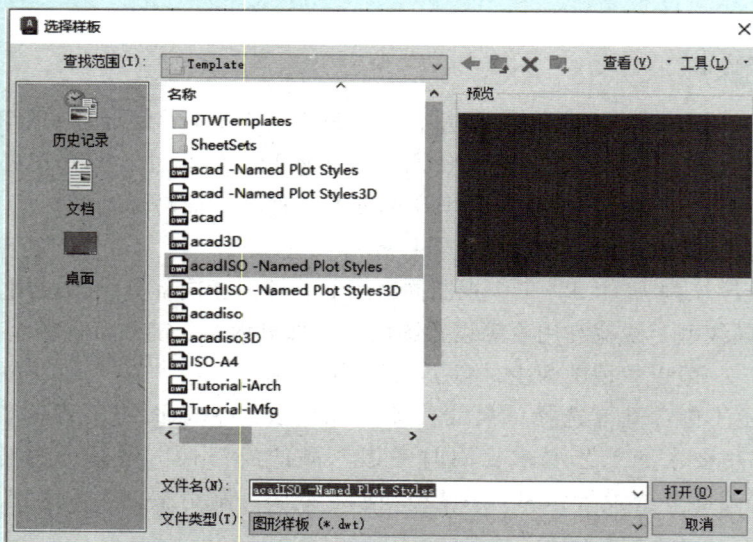

图 5-1-2　ISO 样板文件

2. 新建图层

在"默认"选项卡中单击"图层特性"按钮 ，在"图层特性管理器"对话框中单击"新建图层"按钮 ，建立表 5-1-1 所列的图层，单击"关闭"按钮。

表 5-1-1 图层设置（黑色背景，空白栏为默认设置）

图层名称	颜色	线型	线宽	用途
0				系统自动生成的图层，一般作为临时图层用
Defpoints				系统自动生成，一般不放置图形，其上图形默认状态下不会被打印
中心线	红色	CENTER2		放置中心线
轮廓线			0.5mm	放置轮廓线
细实线				放置细实线，如剖面线等
标注	黄色			放置尺寸、表面粗糙度和技术要求等标注说明
图样				放置图样和标题栏等

3. 绘制图框和标题栏

在"注释"选项卡中单击"文字"工具栏右下角斜箭头 ，打开"文字样式"对话框，将样式"Standard"修改为如图 5-1-3 所示，单击"应用"和"关闭"按钮。

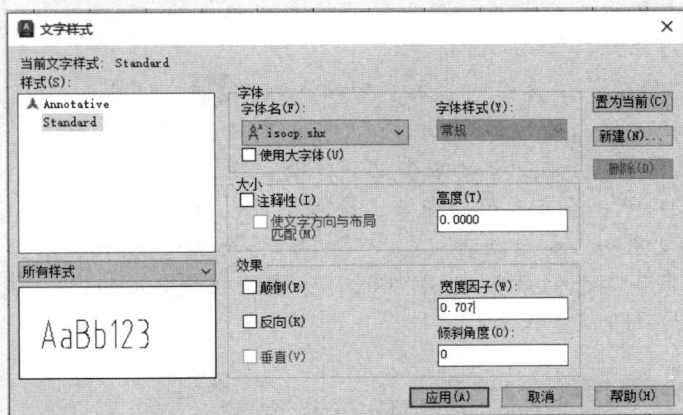

图 5-1-3 修改文字样式"Standard"

单击"图层"工具栏 ，选取"图样"图层为当前图层，绘制 A4 图纸标准图框及标题栏，注意标题栏中的文字使用"Standard"文字样式，完成后如图 5-1-4 所示。然后将图样设置成图形样板文件，命名为"ISO- A4"备用。

二、绘制中心线

单击相应按钮，设置为"正交""对象捕捉"和"线宽"模式，其中"对象捕捉"设置为"全部选择"，"线宽"设置为"显示线宽"，默认线宽值设置为"0.25mm"。设置"中心线"图层为当前图层，在图幅外适当位置绘制图 5-1-5 所示中心线（尺寸不标），图中尺寸作为参考，未注尺寸根据大致位置自行确定。

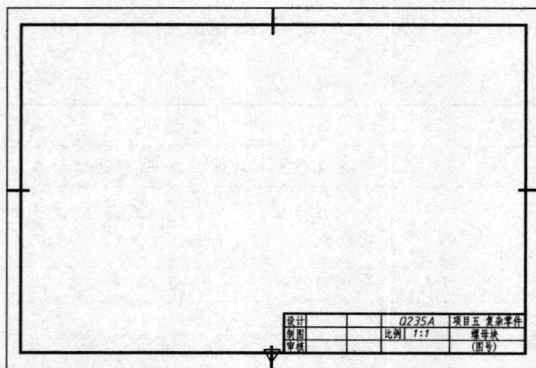

图 5-1-4　ISO-A4 图样横放

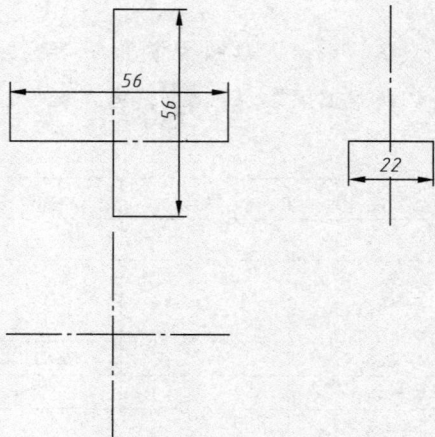

图 5-1-5　中心线

三、绘制三视图外轮廓线

1. 绘制主视图（单侧）

1）设置"轮廓线"图层为当前图层，在主视图位置绘制图 5-1-6 所示图线（尺寸不标注，箭头不画），图中箭头表示绘制直线的顺序和方向，标注的尺寸表示直线长度，直线用"标向键取"的方式绘制。

2）倒角。在"修改"工具栏中单击"倒角"按钮 ，如图 5-1-7 所示，在文本框提示中第一行提示"当前倒角距离 1 = 2.0000，距离 2 = 2.0000"，不符合要求，必须修改。由于第二行提示中有"距离（D）"，表示要修改距离，输入"D"，按〈Enter〉键后提示"指定第一个倒角距离〈2.00〉"（<>内为默认值），输入"1"并按〈Enter〉键，此时提示"指定第二个倒角距离〈1.00〉"，直接按〈Enter〉键，再分别单击两条直线作为倒角的两条边，即完成倒角。

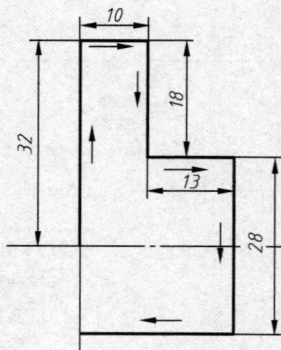

图 5-1-6　分步图 1

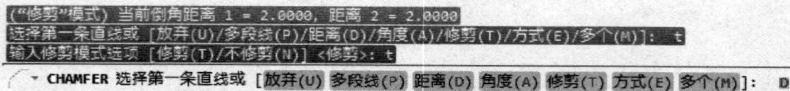

图 5-1-7　"倒角"提示

3）删除与竖直中心线重合的长 32mm 的粗实线。用窗口方式选取此直线，注意窗口的大小要正好将该线全部置于窗口内，而使中心线的一部分位于窗口外。当此直线呈被选状态时，在"修改"工具栏中单击"删除"按钮 ，即可将其删除。

2. 绘制左视图

设置"轮廓线"图层为当前图层，在左视图位置绘制图 5-1-8 所示图线（图中箭头表示绘制直线的顺序和方向，尺寸表示直线长度），直线用"标向键取"的方式绘制。然后完成"距离"为 1mm 的倒角，删除中心线上的粗实线。

在"修改"工具栏中单击"镜像"按钮 ，在文本框提示"选择对象"时，单击需要镜像的对象，如图 5-1-8 所示的粗实线，完成后右击，在文本框提示"指定镜像线的第一点"时，在竖直中心线上任意位置单击两次（在"对象捕捉"状态），在文本框提示"要删除源对象吗？"时，直接按〈Enter〉键或右击确认，完成后的图形如图 5-1-9 所示。

3. 绘制俯视图及整理图形

设置"轮廓线"图层为当前图层，在俯视图位置绘制图 5-1-10 所示图形。先绘制右上部分，再分别以两条中心线作为镜像线进行镜像。

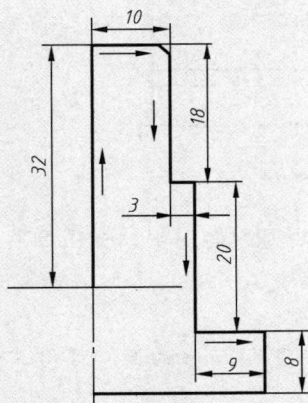

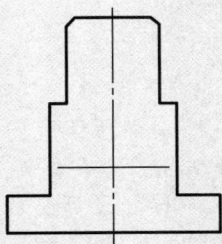

图 5-1-8　分步图 2　　　　图 5-1-9　分步图 3　　　　图 5-1-10　分步图 4

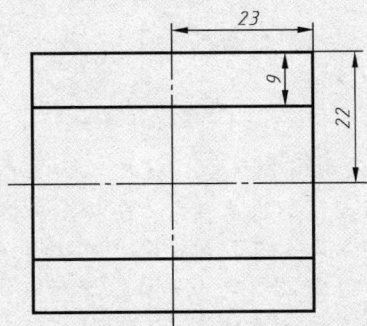

四、绘制内部轮廓和螺纹孔

1）将"轮廓线"图层设置为当前图层，在主视图上部中心线上绘制图 5-1-11 所示图形。

2）绘制钻头锥部分。右击状态栏中的"极轴追踪"按钮，单击"正在追踪设置"，弹出"草图设置—极轴追踪"对话框，设置如图 5-1-12 所示。在"极轴追踪"模式下绘制直线，如图 5-1-13 所示。使用夹点编辑将所画直线下方端点拖至中心线交点上。

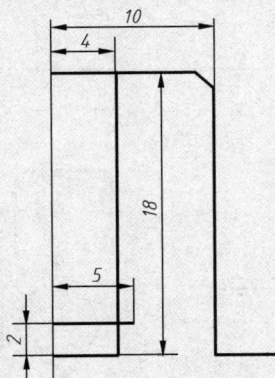

图 5-1-11　分步图 5

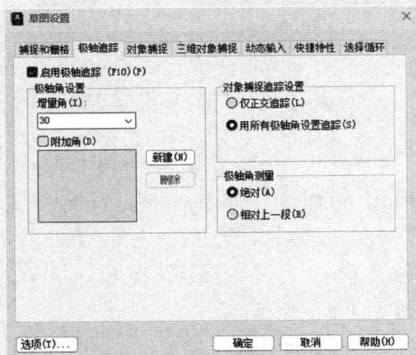

图 5-1-12　"草图设置—极轴追踪"对话框

3）绘制并整理主视图，如图 5-1-14 所示，其中所有细实线置于"细实线"图层；上部螺纹孔的倒角使用"极轴追踪"模式完成，增量角设置为"45"，直线的一个端点为牙底圆线（细实线）的上端点。

4）以竖直中心线为对称轴，镜像主视图所有轮廓线和细实线，即完成主视图的绘制，如图 5-1-15 所示。

5）绘制左视图。上部螺纹孔部分可以由主视图复制而成，单击"修改"工具栏中的

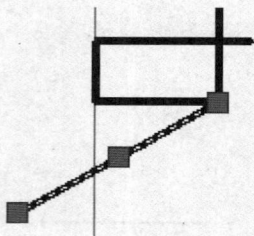

图 5-1-13　分步图 6

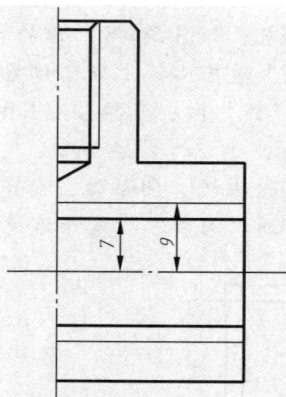

图 5-1-14　分步图 7

"复制"按钮 [图标]，在文本框提示"选择对象"时以窗口方式选择要复制的图形，如图 5-1-15 所示，右击后在文本框提示"指定基点"时单击主视图两中心线交点，当文本框提示"指定第二个点"时，单击左视图两中心线交点，右击确认，完成复制。

　　螺纹牙底 3/4 圆的绘制方法为：在"细实线"图层上绘制半径为 9mm 的圆，再用"修剪"命令进行修剪，完成后的左视图如图 5-1-16 所示。

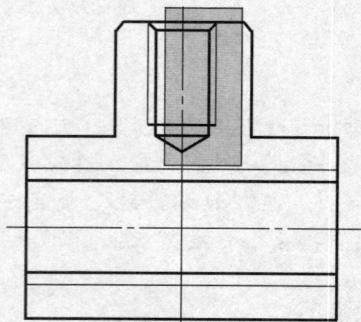

图 5-1-15　"复制"选择对象窗口

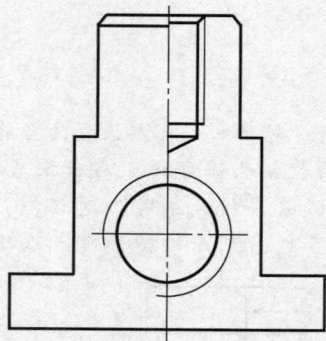

图 5-1-16　左视图

　　6）绘制俯视图。俯视图上由小到大四个圆的半径分别为 4mm、5mm、9mm、10mm。

　　将"细实线"图层设置为当前图层，分别在主视图和左视图上进行图案填充，完成的三视图如图 5-1-17 所示。

五、绘制局部放大图

　　1）将"轮廓线"图层设置为当前图层，在适当位置连续绘制长度为 4mm 的水平线和竖直线，如图 5-1-18 所示。将"细实线"图层设置为当前图层，在非"对象捕捉"模式下，在合适位置绘制一个细实线圆，圆的半径自行确定，使用夹点编辑进行整理，并进行图案填充，完成后如图 5-1-19 所示。

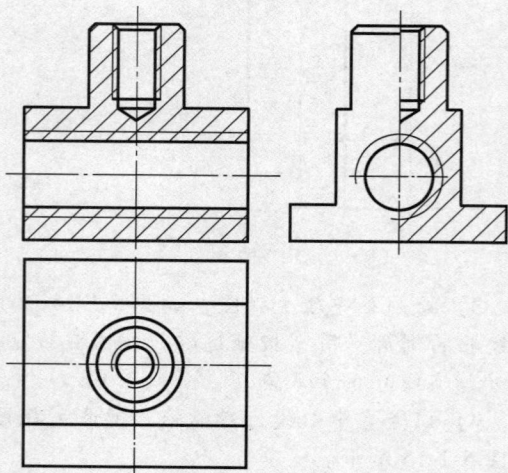

图 5-1-17　三视图

2）将所绘制的三视图和局部放大图移到图框内，并调整到合适位置。注意：调整单个视图时，必须在"正交"模式下移动。

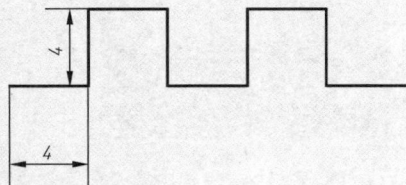

图 5-1-18　局部放大图分步图 1

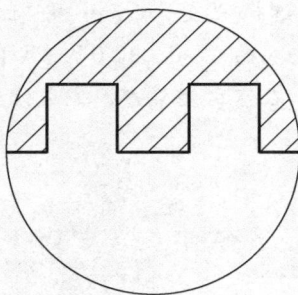

图 5-1-19　局部放大图分步图 2

六、标注

图 5-1-1 所示为尺寸示意图，不能直接用于工程图标注。图形尺寸分为定位尺寸和定形尺寸，零件图上标注的定位尺寸所使用的基准为设计基准。设计基准的选择与加工方式和加工工艺密切相关，根据基准重合原则，一般设计基准与工艺基准相一致，即工程图所标注的尺寸基准必须充分考虑加工工艺要求，也就是说零件图上长度、宽度和高度三个方向上所标注的尺寸必须方便加工和测量。

由于螺母块在长度和宽度方向呈轴对称结构，故在这两个方向上选择对称中心线作为基准，即可标注"46"长度方向尺寸和"26""44"两个宽度方向上的尺寸；高度方向上选择顶面作为基准，即可标注"18""32""46""16""38"等高度方向上的尺寸。具体操作如下：

1. 基本尺寸标注

将"标注"图层设置为当前图层。在"注释"工具栏中单击"线性"按钮▣，在"对象捕捉"模式下单击尺寸标注对象的两个界线点，在提示"指定尺寸线位置"时，选择合适位置单击即完成一个尺寸的标注。

2. 尺寸精度标注

尺寸精度的确定首先应考虑工件具体部位的使用性能，其次要考虑工件结构的工艺性能，一般装配后与其他零件形成配合的部位应有尺寸精度要求，如圆柱面"$\phi20$"与活动钳身孔形成间隙配合，考虑到铣削工艺能够达到的经济精度，一般选择 H8/f7 配合精度等级，其中孔尺寸 $\phi20$H8 查询相应国家标准，极限尺寸为"$\phi20^{+0.033}_{0}$"。矩形螺纹为非标准螺纹，由于螺纹孔与螺杆轴之间形成较精密的间隙配合，其大径相当于基准孔，确定精度为"$\phi18$H8"，小径相当于基孔制配合中的轴，确定精度为"$\phi14$f7"，查询相应国家标准，查得极限尺寸分别为"$\phi18^{+0.027}_{0}$"和"$\phi14^{-0.016}_{-0.034}$"。以上均为 IT7 级或 IT8 级精度，为车削加工和铣削加工的经济加工精度，加工成本可控制在一定范围内，其余未注公差按 GB/T 1804—m 级（普通级）加工，有利于加工总成本的控制。

对于普通螺纹孔 M10 的标注，结合此处螺纹用途和攻螺纹工艺，确定使用螺距为 1mm 的细牙螺纹，精度为 7H，即标注为"M10×1-7H"。具体标注方法如下：

1）"M10×1-7H"的标注方法：首先标注 M10 处线性尺寸"10"，双击所标注的尺寸，即可直接修改标注的数字为"M10×1-7H"，单击绘图区空白处退出尺寸修改。

按同样的方法完成局部放大图中尺寸"4"和"2"的修改。

2）"$\phi 20^{+0.033}_{0}$"的标注方法：双击需要修改的尺寸，在打开的选项卡中，选择"Standard"文字格式，将光标移至默认值前（默认值为自动生成的有蓝色背景的"0"），单击图标"@"，选择"直径%%c"即插入符号"ϕ"，将光标移至默认值后，输入"+0.033 0"，选中刚刚输入的"+0.033 0"，再单击"堆叠"按钮 ，如图5-1-20所示，单击后文字呈上下标状态，在空白处单击，完成修改。

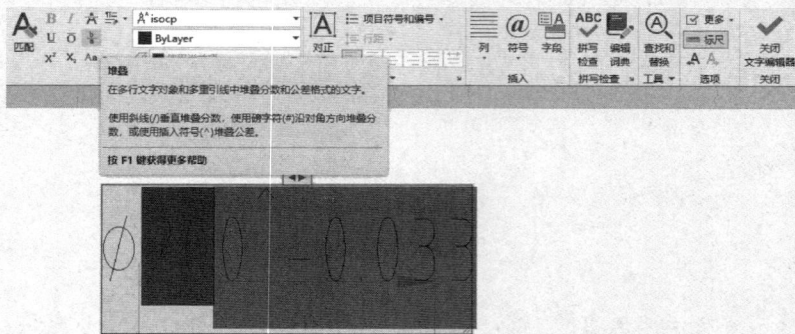

图 5-1-20　"$\phi 20^{+0.033}_{0}$"的编辑

3）局部放大图中不完全尺寸的标注方法。在局部放大图中标注两个线性尺寸，尺寸的另一个端点任选，再应用步骤2）中的方法修改成图5-1-21所示。单击"修改"工具栏中的"分解"按钮 ，在提示"选择对象"时，选择刚刚编辑的两个尺寸，即对这两个尺寸进行分解，再将下部箭头和尺寸界线删去，即完成操作。

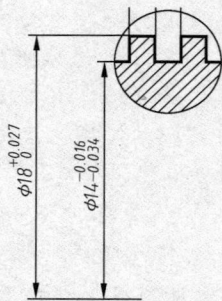

图 5-1-21　不完全尺寸的标注

3. 表面粗糙度的标注

一般基准面或与其他零件配合的部分有表面质量要求，车削和铣削加工工艺的经济表面粗糙度值为 $Ra1.6 \sim 3.2\mu m$，磨削为 $Ra0.8 \sim 1.6\mu m$，粗加工一般为 $Ra6.3 \sim 12.5\mu m$。本任务将基准面（图5-1-1所示顶面）和配合圆柱面"$\phi 20^{+0.033}_{0}$"的表面粗糙度值定为 $Ra1.6\mu m$ 即可满足要求，同时不致增大加工成本；矩形螺纹大径和小径、与轨道接触部分等处的表面粗糙度值也定为 $Ra1.6\mu m$，其余定为 $Ra6.3\mu m$ 或不进行切削加工。由于表面粗糙度要标注多处，故一般将表面粗糙度符号定义为块，然后按要求插入块，具体操作如下：

1）绘制图形：在"标注"图层绘制表面粗糙度符号，如图5-1-22所示，增量角设为30°，在"极轴追踪"模式下绘出长度为14mm的长斜线，短斜线长度为7mm。

单击"插入"选项卡"块定义"工具栏中的"定义属性"按钮 设置如图5-1-23所示，单击"确定"按钮，在图形长横线下方放置文字，完成后如图5-1-22所示。

2）在"插入"选项卡"块定义"工具栏中单击"创建块"按钮 ，在弹出的如图5-1-24所示"块定义"对话框中，单击"基点—拾取点"按钮 ，再单击图5-1-22所示的三角形下顶点作为块基点；单击"对象—选择对象"按钮 ，以窗口方式选择图5-1-22所示图形作为块对象，其他设置如图5-1-24所示，单击"确定"按钮。

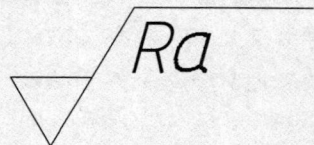

图 5-1-22　表面粗糙度符号

3）在"插入"选项卡"块"工具栏中单击"插入块"按钮，直接在合适位置单击，弹出"编辑属性"对话框，修改数值后确定，即插入一个块。

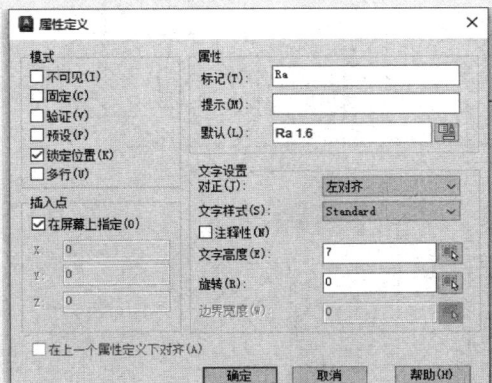

图 5-1-23 "属性定义"对话框

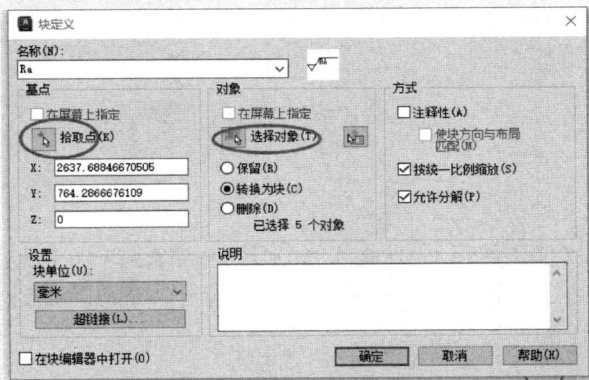

图 5-1-24 "块定义"对话框

4. 几何公差的标注

几何公差要求根据装配精度和产品功能提出，本任务由于要保证一定的装配精度，ϕ20mm 圆柱轴线必须与矩形螺纹轴线有垂直度要求，同时与固定钳座轨道接触部分必须有平面度要求。

调整工程图在 A4 图样中的位置，完成后的工程图如图 5-1-25 所示。

素养园地：条理分明，摆放有序

尺寸标注应"横成行、纵成列"，行间距和列间距尽量保持一致，尺寸一般布置在图形附近，且一般布置在图形之外，小尺寸靠内侧、大尺寸靠外侧，依次放置；表面粗糙度和几何公差标注要符合国家标准，位置明显，整体布局合理。各类标注位置应协调，摆放有序。

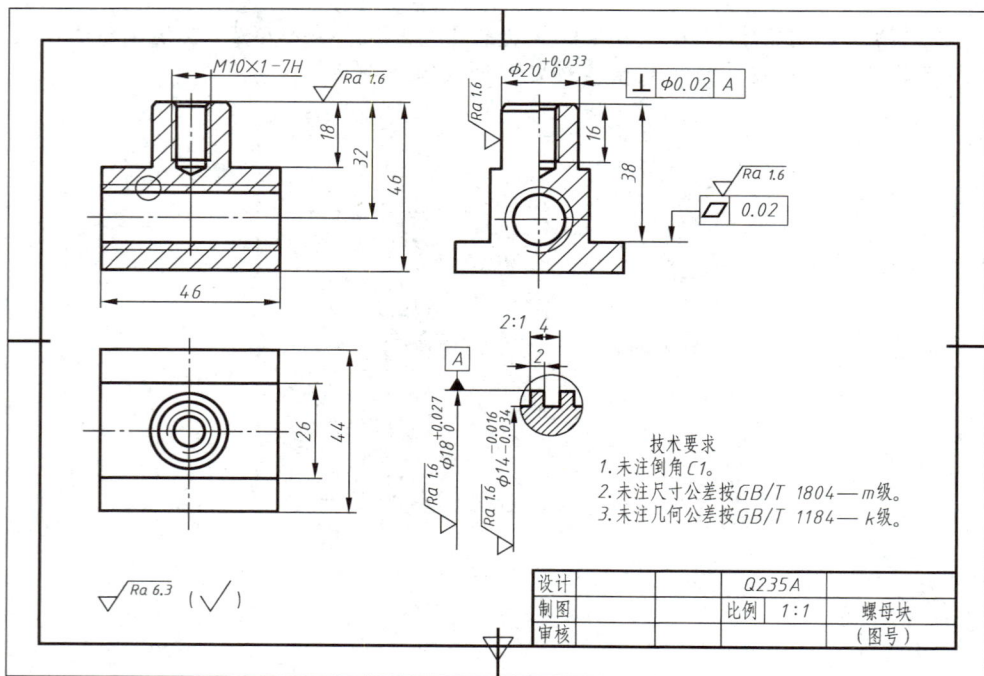

图 5-1-25　螺母块工程图

【知识链接】

CAD 成图技术

CAD 成图技术并不仅仅是使用 CAD 技术抄绘图形，而是综合考虑产品使用性能、工艺性能、生产成本等因素，确定产品结构、材料、技术要求等，最终生成符合国家相关标准的工程图。具体成图过程如下：

1. 满足产品的使用要求

一般根据产品在装配体中的位置、作用和载荷情况设计产品结构（如图 5-1-26 所示螺母块结构），并选择合适的材料和热处理方式，对于配合部分一般根据产品功能确定配合类型是间隙配合、过渡配合，还是过盈配合，凭经验给出大致的配合精度，确定配合基准制、表面质量、几何公差要求等，这样就满足了产品的使用要求。

2. 满足车间的制造要求

根据产品结构特点、批量情况等确定产品的加工方式，调研生产车间的设备和人工能否满足生产条件，确定初步加工工艺，结合生产实际优化加工工艺。对于切削加工，要在便于加工和测量的基础上确定工艺基准，结合使用要求，按照基准统一原则确定设计基准，充分保证优化后加工工艺能够满足设计要求；最后进一步确认表面质量和几何公差在加工工艺中得到落实。

3. 满足客户的成本要求

在产品设计上，工艺过程的成本控制原则是在满足使用要求的前提下，选择尽可能低的精度要求。尺寸公差、

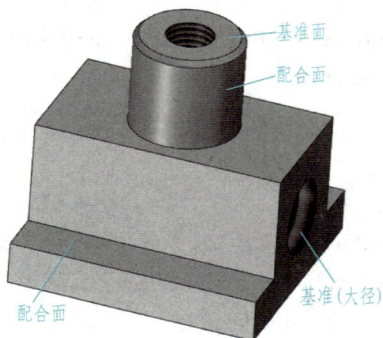

图 5-1-26　螺母块结构图

几何公差、表面粗糙度等精度要求常常出现在基准位置、配合位置处，一般尺寸精度要求较高的结构应考虑给出必要的几何公差和表面粗糙度。精度要求的提高一般会增加加工成本，所以必须根据生产实际提出合理的要求。

> **思考：** 如图 5-1-25 所示，为什么与轨道配合的平面只给定了平面度和表面质量要求，定位尺寸"38"没有给出尺寸精度要求？

素养园地：工程思维，质量效益
　　在实际工作岗位中 CAD 成图的关键是建立工程思维。工程得以实施的关键一是讲求质量，即满足使用要求；二是讲求效益，即满足成本要求。

【强化练习】

　　抄绘图 5-1-27 所示螺母图形。

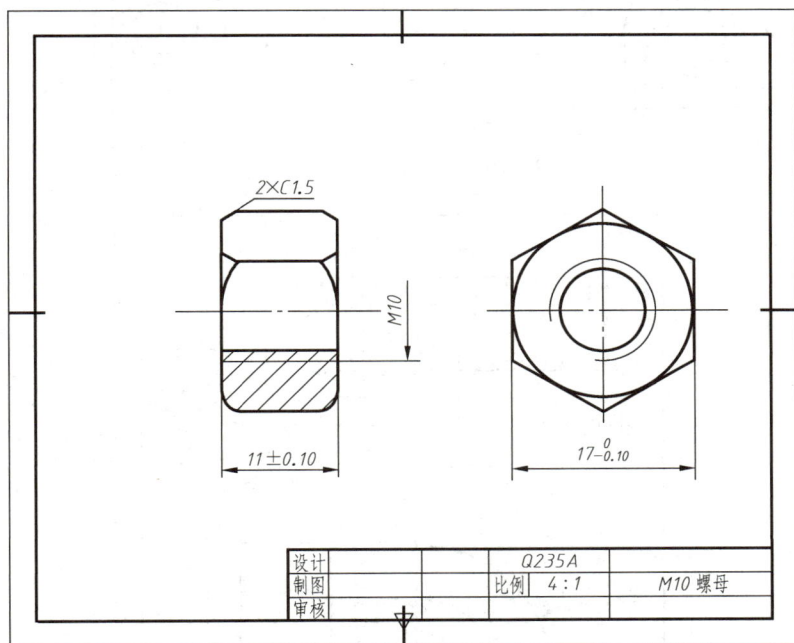

图 5-1-27　螺母

任务二　绘制活动钳身零件图

【工作任务及分析】

　　根据图 9-1-1 机用虎钳装配图所示的安装和使用要求，为图 5-2-1a 所示活动钳身结构选择合适的表达方式，绘制活动钳身零件图。

1. 工艺分析

　　如图 5-2-1a 所示，该零件一般由铸造毛坯件加工而成，一般切削加工工序为：铣顶面基

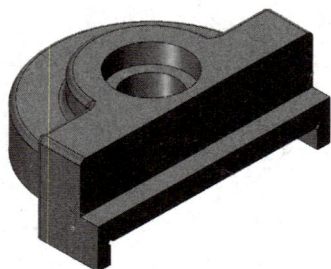

a) 结构图

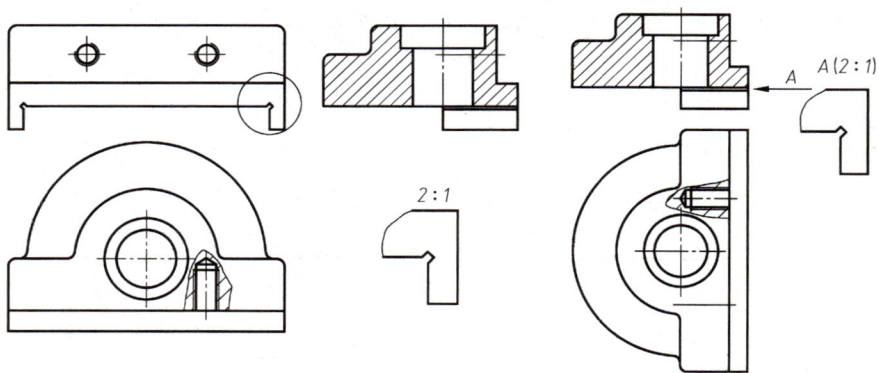

b) 方案1

c) 方案2

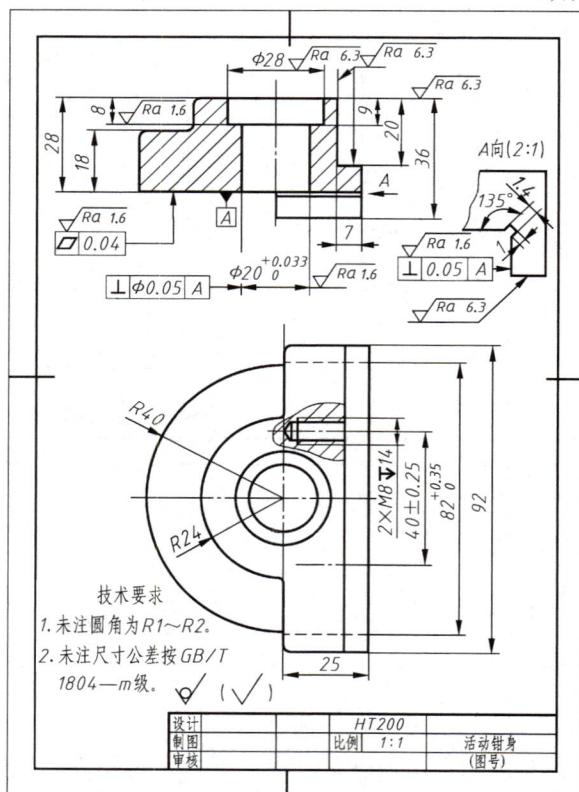

技术要求

1. 未注圆角为R1~R2。

2. 未注尺寸公差按GB/T 1804—m级。

设计		HT200	
制图		比例	1:1	活动钳身
审核			（图号）

d) 工程图

绘制活动钳身

图 5-2-1　活动钳身

准—铣底部滑轨面—铣钳口板安装面—钻、扩台阶孔—钻螺纹孔—磨底部滑轨面—磨定位孔，加工过程中多次变换加工位置，因此主视图一般采用工作位置，投射方向按图 5-2-1b 和图 5-2-1c 所示选取均可以。

2. 视图表达分析

视图表达有图 5-2-1b 和图 5-2-1c 所示两套方案：方案 1 在主视图中直观反映特征面（滑轨面），俯视图加局部剖视图反映整体轮廓和螺纹孔细节，左视图为全剖视图，反映定位孔结构，局部放大图便于标注细节，整体表达完整；方案 2 主视图同时反映定位孔和滑轨面等关键部位，俯视图和向视图与方案 1 相同。综合比较两种方案：方案 2 使用了更简洁的图形，同时完整表达了产品结构，决定选择方案 2。

3. 技术要求分析

分析本零件在装配图中与其他零件的装配关系，结合加工工艺，确定顶面为高度方向的定位基准，定位孔轴线为长度和宽度方向的基准；下方轨道面与定位孔均要有较小的表面粗糙度值（$Ra1.6\mu m$），同时轨道面作为另外两要素的定位基准，本身有平面度要求，除此之外需要切削加工的部分要有一定的表面粗糙度值（$Ra6.3\mu m$），其余表面可保持铸造毛坯表面。

综合考虑以上因素，绘制活动钳身工程图，如图 5-2-1d 所示。

【任务操作步骤】

一、创建文档与基本操作

1. 创建文档

启动 AutoCAD 2024，新建文件，将文件命名为"活动钳身"。

2. 新建图层、绘制图框和标题栏

新建表 5-1-1 所示的图层。新建文字样式"西文"和"中文"，各文字样式参数及用途见表 4-2-2。

在"图样"图层上绘制 A4 图纸标准图框及标题栏，完成后如图 5-2-2 所示。

> **注意：** 标题栏内中文使用"中文"文字样式，字符（包括字母和数字）使用"西文"文字样式。

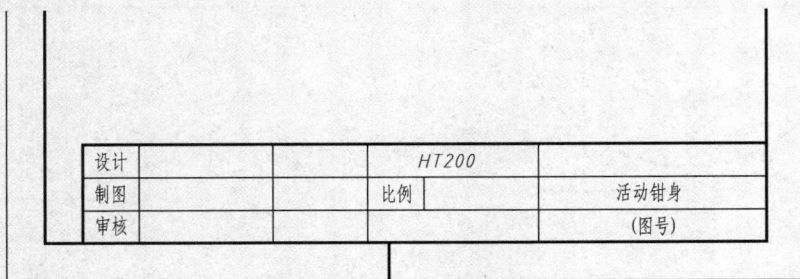

设计		HT200	
制图		比例	活动钳身
审核			（图号）

图 5-2-2　图幅 A4（竖）

二、绘制中心线

单击相应按钮，设置为"正交""对象捕捉"和"线宽"模式，其中"对象捕捉"设置为"全部选择"，"线宽"设置为"显示线宽"，默认线宽值设置为"0.25mm"。设置"中心线"

图层为当前图层，在图幅外适当位置绘制中心线（尺寸不标），尺寸根据大致位置自行确定。

三、绘制三视图外轮廓线

1. 绘制主视图

1）选择"中心线"图层，在图幅外合适位置绘制中心线，长度约为40mm。

2）设置"轮廓线"图层为当前图层，在主视图位置绘制图 5-2-3 所示粗实线（尺寸不标，箭头不画），图中箭头表示绘制直线的顺序和方向，尺寸表示直线长度，直线用"标向键取"的方式绘制。

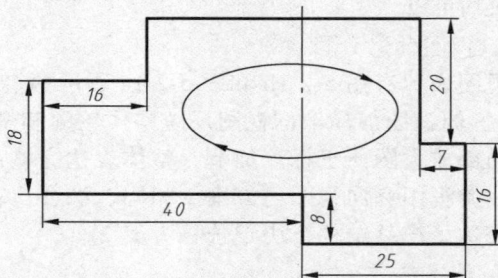

图 5-2-3 主视图分步图 1

2. 绘制俯视图及整理图形

1）选择"中心线"图层，在俯视图位置绘制十字交叉的中心线。

2）设置"轮廓线"图层为当前图层，绘制图 5-2-4 所示粗实线。

3）在"修改"工具栏中单击"修剪"按钮 ，当提示"选择要修剪的对象"时，逐一单击两圆上需去除部分，右击确认，绘制上、下两条直线。将刚刚绘制的两条直线的线型修改为名称为"HIDDEN2"的虚线：单击"特性"工具栏"线型"下拉框 ——ByLayer ——"其他"，在弹出的"线型管理器"对话框中，单击"加载"按钮，在弹出的"加载或重载线型"对话框中单击线型"HIDDEN2"，单击"确定"按钮两次，即完成虚线"HIDDEN2"的加载，在 ——ByLayer 下即有线型"HIDDEN2"；选择两条直线，再单击 ——ByLayer ，在下拉线型中单击线型"HIDDEN2"，完成线型的修改。采用同样的方法可修改颜色和线宽。完成后的图形如图 5-2-5 所示。

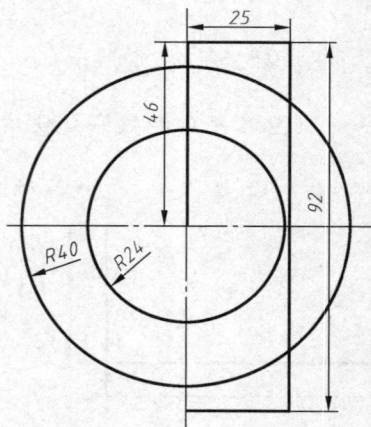

图 5-2-4 俯视图分步图 1

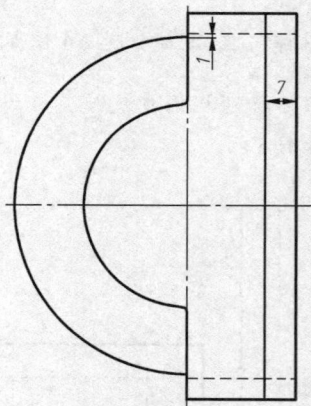

图 5-2-5 俯视图分步图 2

四、绘制内部轮廓和螺纹孔

1）将"轮廓线"图层设置为当前图层，选择主视图下部长度为40mm的轮廓线，使用夹点拉伸至右侧竖直轮廓线，绘制图 5-2-6 所示的内部轮廓线；以竖直中心线为对称轴，镜像主视图内部轮廓线。在"修改"工具栏中单击"圆角"按钮 ，注意当提示圆角半径不为

2mm 时，必须修改，输入"R"（不分大小写）并按〈Enter〉键，当提示"指定圆角半径"时输入"2"，按〈Enter〉键，再分别单击需圆角连接的两条边，即完成一个圆角。按同样方法完成其他圆角，如图 5-2-7 所示。

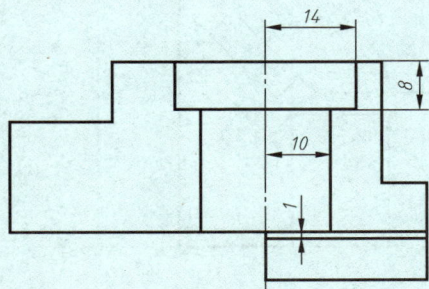

图 5-2-6　主视图分步图 2

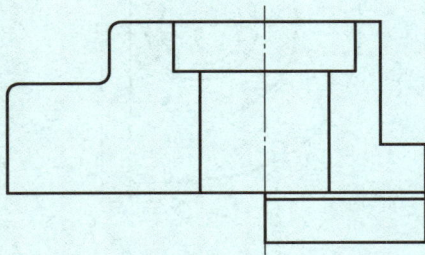

图 5-2-7　主视图分步图 3

2）在俯视图位置绘制图 5-2-8 所示两圆和螺纹孔的一半，螺纹孔的绘制方法参照本项目任务一；进行"镜像""圆角"（半径为 2mm）等操作后整理图形。

3）将"细实线"图层设置为当前图层，在"默认"选项卡中的"绘图"工具栏中单击"样条曲线拟合"按钮，在非"正交""对象捕捉"模式下，依次在图 5-2-9 所示 8 个点附近单击，绘制结束后右击并确认，同时观察所得样条曲线形态，完成剖切线绘制。

4）在"细实线"图层上分别完成主视图和俯视图的图案填充：图案设为"ANSI31"，比例为"1"，注意俯视图中螺纹外径和内径之间必须进行填充，整理图形后如图 5-2-10 所示。

五、绘制 A 向视图

A 向视图比例为 2∶1。将"轮廓线"图层设置为当前图层，在适当位置绘制图 5-2-11 所示的视图，按图中标注的尺寸绘制；图中 135°直线运用"极轴追踪"模式绘制，增量角为 45°；剖切线参照图 5-2-9 所示绘制。

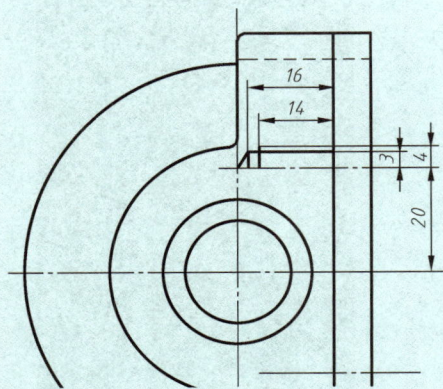

图 5-2-8　俯视图分步图 3

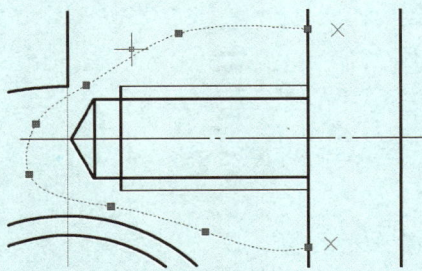

图 5-2-9　绘制剖切线

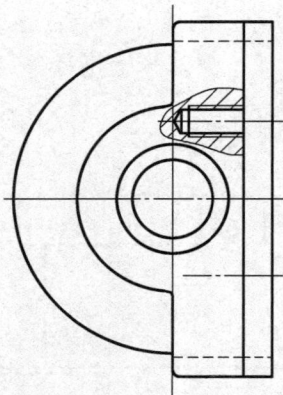

图 5-2-10　俯视图分步图 4

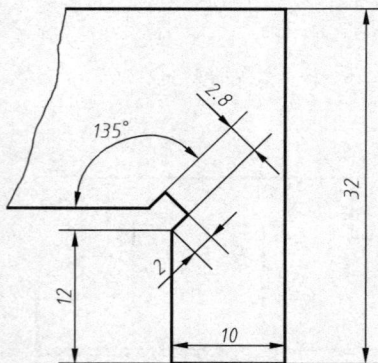

图 5-2-11　A 向视图

六、标注

1. 尺寸标注

　　将"标注"图层设置为当前图层。在"注释"选项卡的"标注"工具栏中单击"线性"按钮 ⊟，在"对象捕捉"模式下单击尺寸标注对象的两个界线点，在提示"指定尺寸线位置"时，选择合适位置单击即完成一个尺寸的标注。

　　参照本项目任务一中复杂尺寸标注的方法编辑相应尺寸。例如，A 向视图中线性标注"5"可以使用其特性进行修改：选中该标注的线性尺寸"10"，右击在打开的快捷菜单中单击"特性"，如图 5-2-12 所示，在打开的"特性"对话框中，拖动滚动条，在如图 5-2-13 所示"文字替代"中输入"5"，按〈Enter〉键，关闭对话框，按〈Esc〉键取消选择。按同样方法操作，编辑其他尺寸。

　　标注"2×M8 ▼ 14"时，由于软件中没有深度符号 ▼，必须用手工方法绘制：可以输入"2×M8 ↓ 14"，再在其上添加直线，或在深度符号处留出空格，再手工绘制符号。

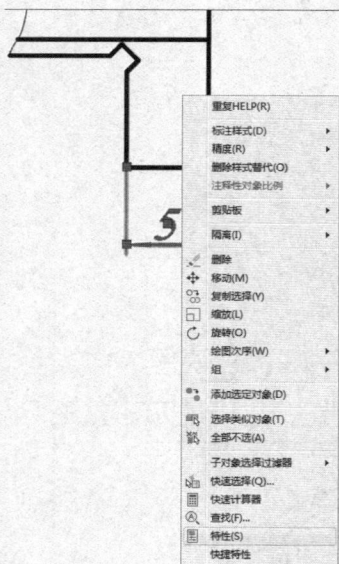

图 5-2-12　标注快捷菜单

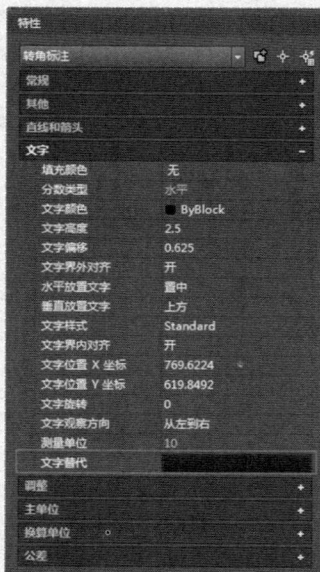

图 5-2-13　标注特性—文字替代

2. 表面粗糙度的标注

参照本项目任务一创建表面粗糙度符号块"$Ra6.3$",在所有符号位置插入符号块。符号块可通过"分解"命令进行分解,分解后可双击文字编辑成其他 Ra 值(注意:表面粗糙度符号或文字如果通过图线,则图线必须被打断)。

完成后的活动钳身工程图视图表达和整体布局如图 5-2-1d 所示。

【知识链接】

零件图表达

为了把零件的内外结构和形状正确、完整、清晰地表达出来,要灵活运用机件的表达方法,选取一组恰当的视图,并力求做到视图数量少、读图方便、制图简便。为达到这个要求,首先应对该零件进行结构分析,了解它的作用,在此基础上确定表达方案,包括主视图的选择、其他视图的数量和表达方法的选择。

1. 主视图的选择

所选主视图应该是零件一组视图中表达信息量最多的视图。主视图的选择是否恰当关系到能否清楚表达零件的内外结构和形状,并影响其他视图的选择,影响看图是否方便,甚至影响画图时图幅的合理利用。在选择主视图时要考虑以下两个方面。

1)零件的摆放位置。

零件的加工位置原则:主视图的位置应尽量反映零件主要表面的加工状态,即主视图按零件在机床上的主要加工状态画出。如轴套类零件和轮盘类零件的主视图是将轴线水平放置,符合轴在车床上装夹和加工时的位置,便于加工时看图和测量尺寸。

零件的工作位置原则:对于叉架类和箱体类零件,主视图的位置应尽量反映零件在机器中的工作状态。这些零件加工工序较多,需要在不同的机床上加工,不便于按加工位置确定主视图,这时主视图可考虑按反映该零件在机器上的工作状态来选择,使主视图便于与装配图直接对照,有利于机器的装配工作。

2)主视图的投射方向。主视图的投射方向以最能反映零件的形状特征为原则,即能明显地反映该零件各部结构的形状及其相对位置。

综上所述,主视图应能反映该零件在机床上的主要加工位置或反映该零件在机器中的工作位置,并能反映零件的结构形状特征。

2. 其他视图的选择

选择其他视图时,应根据零件内外结构形状的复杂程度来决定其他视图的数量和画法,以完整、清晰地表达出零件的结构形状为原则。应使所选择的每个视图都有其表达的重点内容和独立存在的意义。为此,在选择其他视图时,应考虑以下几个问题。

1)首先应考虑除主视图已表达的结构形状外,还需要哪些必要的基本视图和其他视图来进行补充完善。

2)根据零件的内部结构,选择恰当的剖视图或断面图,且投影图应尽可能按投影关系配置在有关视图附近。

3)对细小结构,可采用局部放大图。

4)每一个视图都应有表达的重点,各个视图要互相配合、补充而不简单重复。

零件表达方案的选择是一个具有灵活性的问题。在确定视图表达方案时,可做多种方案进行比较,然后改进,最后从中选取最佳的表达方案。

【强化练习】

抄绘图 5-2-14 所示螺杆图样，并将图 5-2-15 所示钳口板图形配上标准 A4 图纸图框。

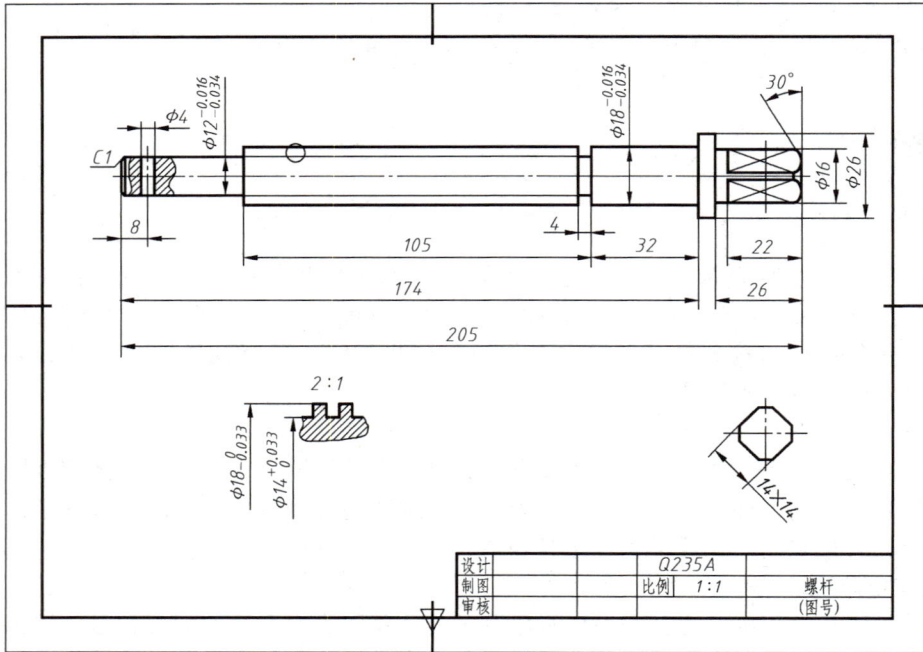

图 5-2-14　螺杆

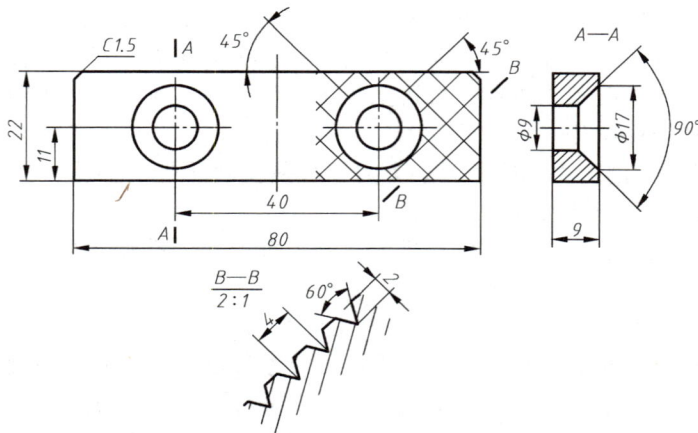

图 5-2-15　钳口板

任务三　绘制固定钳座零件图

【工作任务及分析】

根据图 9-1-8 所示固定钳座结构，结合图 9-1-1 所示装配关系，绘制固定钳座工程图，要求使用 A4 图纸横放，比例为 1：2，输出 PDF 格式工程图，如图 5-3-1 所示。

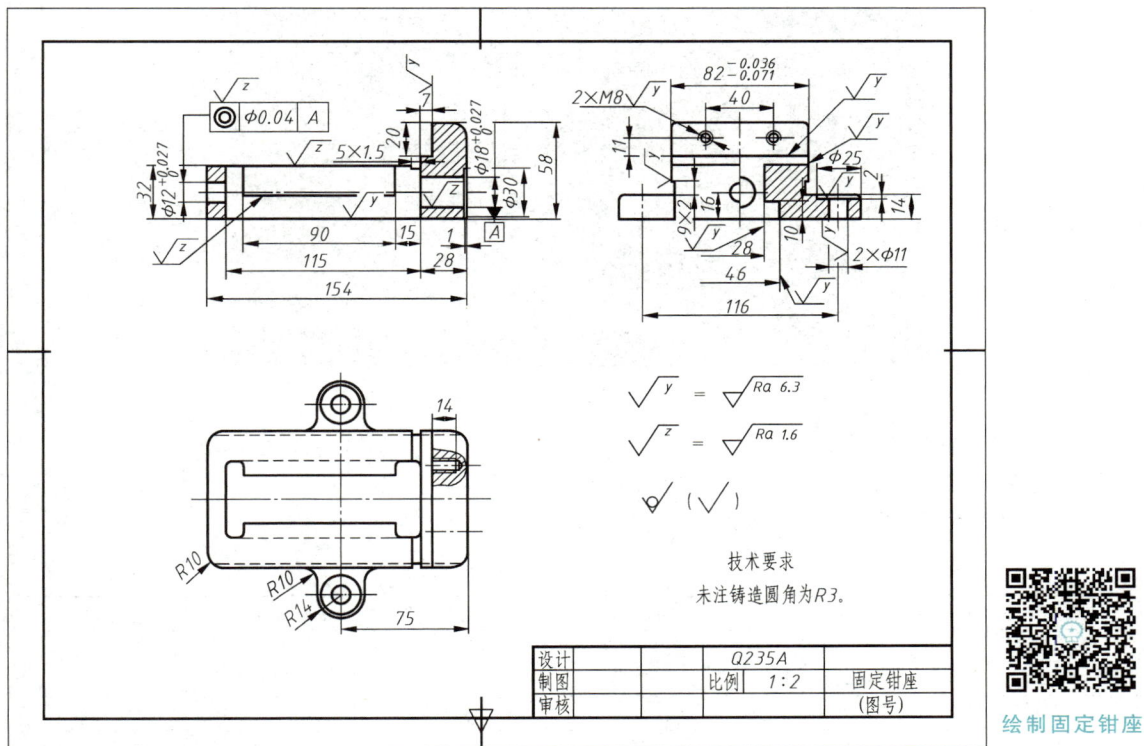

图 5-3-1　固定钳座

任务分析：

选择工作位置绘制主视图，主视图采用全剖形式，左视图采用半剖形式同时表达内部和外部结构，俯视图中采用局部剖视表达螺纹孔细节。

由于零件前后对称，所以宽度方向以对称轴为基准，高度方向以底面为基准，长度方向以轨道右极限位置为主要基准；由于轨道宽度方向与活动钳身形成间隙配合、螺杆孔与螺杆形成间隙配合，要求较高的尺寸精度和表面质量（$Ra1.6\mu m$），其他切削加工表面采用较低的表面质量（$Ra6.3\mu m$），剩余表面为铸造毛坯表面；与螺杆配合的左右两个孔可以给出一定的几何公差。

三个视图同时绘制，注意相同部分结构可用复制、镜像等方法完成。根据不同线型、线宽和用途等设置图层。

【任务操作步骤】

一、创建文档与基本操作

1. 创建文档

启动 AutoCAD 2024，新建文件，将文件命名为"固定钳座"。

2. 新建图层

新建五个图层："中心线"图层、"轮廓线"图层、"细实线"图层、"标注"图层和"图纸"图层，如图 5-3-2 所示。

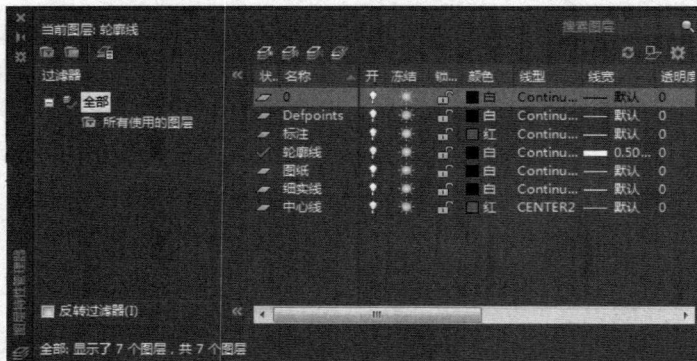

图 5-3-2　图层特性管理器

3. 绘制图框和标题栏

新建和设置文字样式，参数及用途见表 5-3-1。

绘制横放的 A4 图纸标准图框，标题栏如图 5-3-1 所示。

表 5-3-1　文字样式参数及用途

样式名	字体名	高度/mm	宽度比例	倾斜角度/(°)	用途
Standard		0.0000			系统生成
标注	Times New Roman	3.5	1	15	尺寸标注
西文		5.0			非中文输入
中文	仿宋	5.0	0.7	0	中文输入

二、绘制中心线

单击相应按钮，设置为"正交""对象捕捉"和"线宽"模式，其中"对象捕捉"设置为"全部选择"，"线宽"设置为"显示线宽"，默认线宽值设置为"0.25mm"。设置"中心线"图层为当前图层，在图幅外适当位置绘制图 5-3-3 所示中心线（尺寸不标），注意三视图的对应关系，图中尺寸作为参考，未注尺寸根据大致位置自行确定。

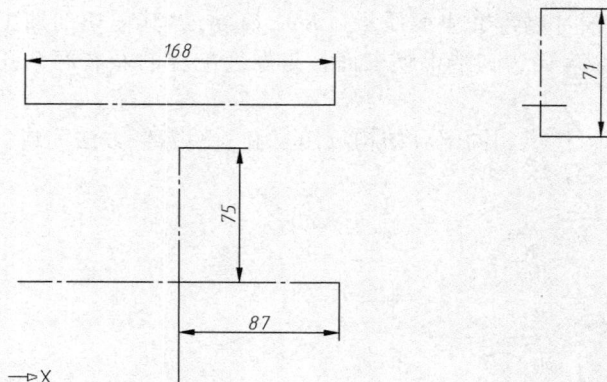

图 5-3-3　中心线

三、绘制三视图外轮廓线

1. 绘制俯视图外轮廓

设置"轮廓线"图层为当前图层，在俯视图位置绘制图 5-3-4 所示图线。

2. 绘制主视图外轮廓

设置"轮廓线"图层为当前图层,在主视图位置绘制图 5-3-5 所示图线(标注不画)。注意:图形最左端线与俯视图最左端线对齐(长对正),直线用"标向键取"的方式绘制。

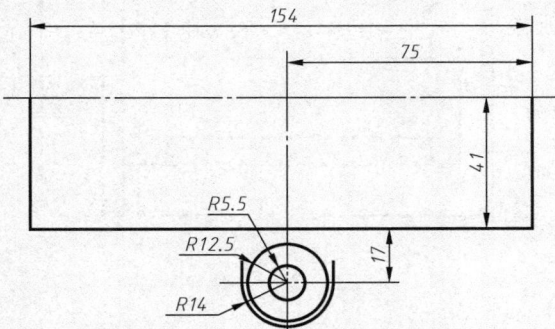

图 5-3-4　俯视图分步图 1

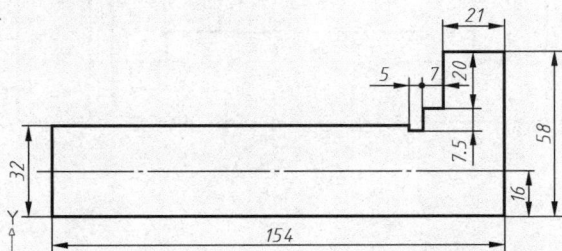

图 5-3-5　主视图分步图 1

3. 绘制左视图外轮廓

设置"轮廓线"图层为当前图层,在左视图位置绘制图 5-3-6 所示图形,图中数字表示直线长度,直线用"标向键取"的方式绘制。

四、绘制内部轮廓

1. 绘制主视图内部轮廓

将"轮廓线"图层设置为当前图层,在主视图上绘制图 5-3-7 所示图形中的轮廓线。

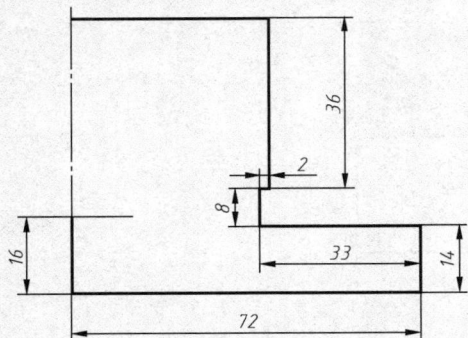

图 5-3-6　左视图分步图 1

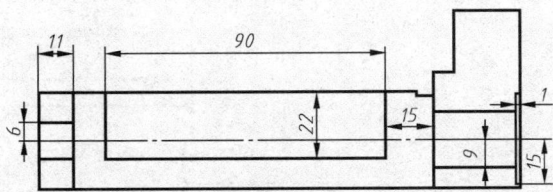

图 5-3-7　主视图分步图 2

2. 绘制俯视图内部轮廓

将"轮廓线"图层设置为当前图层,在俯视图上绘制图 5-3-8 所示图形中的轮廓线。将图中不可见轮廓线线型修改为"JIS-02-2.0",线宽修改为 0.25mm,经过倒角、整理图线并镜像后如图 5-3-9 所示。再绘制图 5-3-10 所示螺纹孔,并绘制剖面线。

3. 绘制左视图内部轮廓

将"轮廓线"图层设置为当前图层,在左视图上绘制图 5-3-11 所示图形中的轮廓线,经过倒角、整理图线并镜像后如图 5-3-12 所示。注意:在构造镜像选择集时,应去除内部轮廓线,其方法为按下〈Shift〉键,同时单击需从已被选中的构造集中剔除的对象。

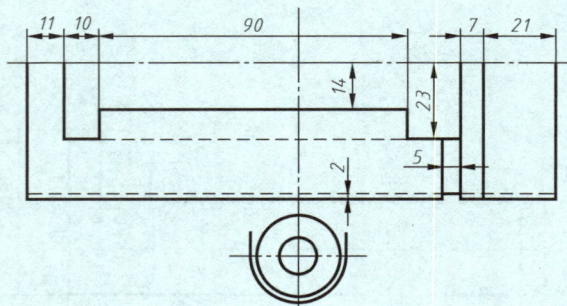
图 5-3-8　俯视图分步图 2

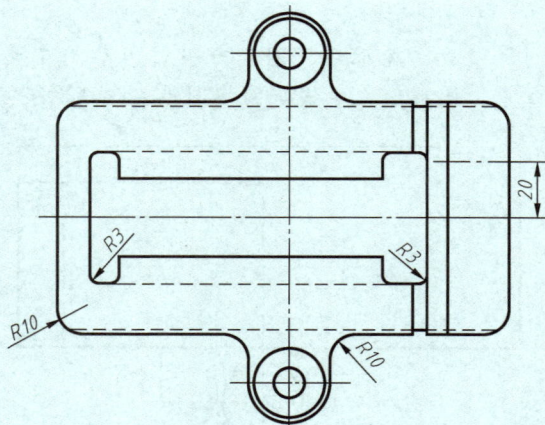
图 5-3-9　俯视图分步图 3

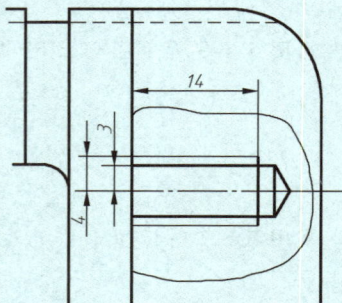
图 5-3-10　俯视图分步图 4

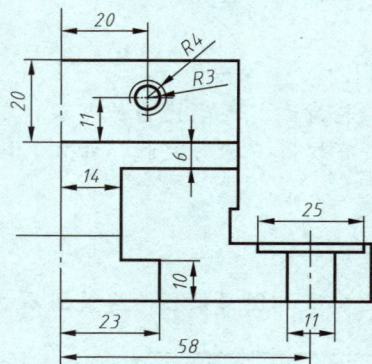
图 5-3-11　左视图分步图 2

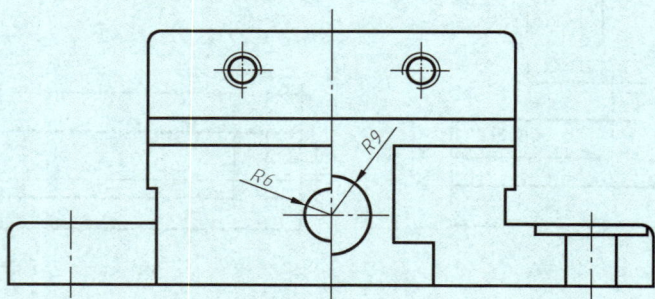
图 5-3-12　左视图分步图 3

五、放大图形和布图

在"修改"工具栏中单击"缩放"按钮□，选中所绘制的三视图，不要选中图框，按〈Enter〉键，在合适位置单击一点作为基点，输入比例因子"0.5"，再按〈Enter〉键，则将所绘制三视图缩小至原来的 1/2。

在"修改"工具栏中单击"移动"按钮✛，选中所绘制的三视图，不要选中图框，按〈Enter〉键，在合适位置单击一点作为基点，将主视图移至图纸内部适当位置，注意在移动时要关闭"正交""对象捕捉""对象捕捉追踪"模式，避免正交线和捕捉点对位置造成影响；重复"移动"命令，在"正交"模式下分别移动俯视图和左视图至合适位置。三视图的位置要充分考虑尺寸标注的布置，也可在标注过程中进行调整，在调整位置时不要改变主、俯视图和主、左视图在竖直方向和水平方向上的对应关系。布图后如图 5-3-13 所示。

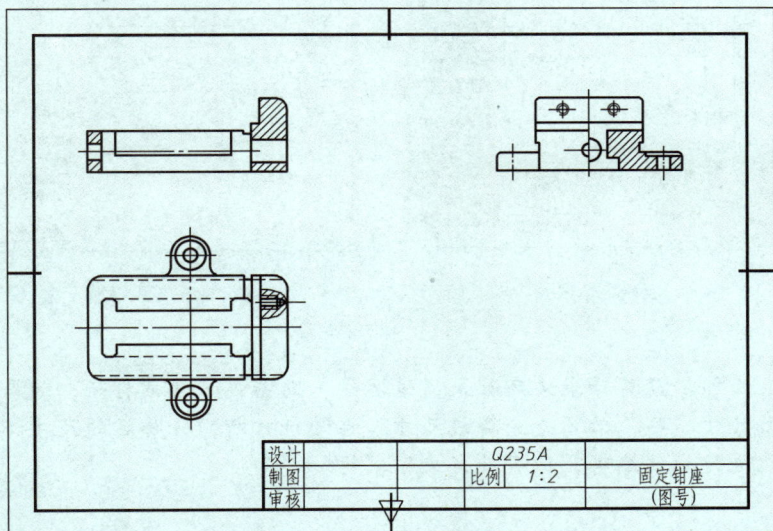

图 5-3-13 布图

六、标注

1. 基本尺寸标注

布图时，为了将图形放置在 A4 图纸中，将按 1:1 绘制的图形缩小了 1/2，因此标注时必须将尺寸放大为图形的 2 倍，操作如下：单击下拉式菜单"格式"→"标注样式"，在打开的"标注样式管理器"对话框中选中正在使用的标注样式"Standard"，单击"修改"按钮，如图 5-3-14 所示，弹出"修改标注样式"对话框，打开"主单位"选项卡，将"比例因子"改为"2.0000"，单击"确定"按钮，如图 5-3-15 所示，然后关闭对话框。

将"标注"图层设置为当前图层，在"注释"工具栏中单击"线性"按钮 ![线性图标]，在"对象捕捉"模式下单击尺寸标注对象的两个界线点，在提示"指定尺寸线位置"时，选择合适位置单击即完成一个尺寸的标注。注意：尺寸位置尽量与图 5-3-1 中相应尺寸位置一致。

2. 复杂尺寸标注

1）$82_{-0.071}^{-0.036}$ mm、$\phi 12_{0}^{+0.027}$ mm、$\phi 18_{0}^{+0.027}$ mm、$2\times\phi 11$ mm、$2\times M8$ 等尺寸可双击所标注的尺寸进行修改或者在命令行输入"DIMEDIT"命令，在原尺寸的基础上进行修改。

2）左视图不完全尺寸 28mm、46mm 的标注方法：首先标注两个线性尺寸，其次使用"修改"工具栏"分解"命令将其进行分解，再将右方箭头和尺寸界线删去，最后编辑数值即完成操作。

3. 表面粗糙度的标注

本任务中的表面粗糙度标注较多，但重复也多，可使用本项目任务一中的方法进行标注，也可使用"修改"工具栏中的"复制"命令和"旋转"命令进行操作。

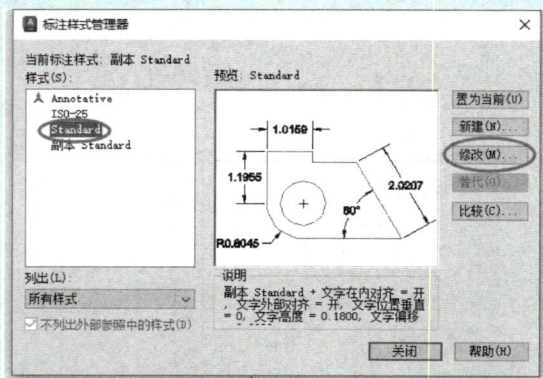

图 5-3-14　标注样式管理器

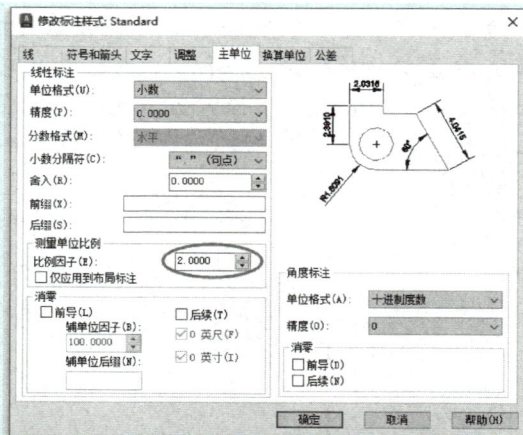

图 5-3-15　修改标注比例因子

> **注意**：表面粗糙度符号或文字如果通过图线，则图线必须被打断；如果通过尺寸标注的尺寸线或尺寸界线，必须先分解该尺寸，再进行打断，分解后的尺寸标注不再是一个整体，不能进行标注编辑，但可进行文字编辑。

七、绘制图样

单击布局 1，打开布局 1 的图纸空间，右击布局 1，在打开的快捷菜单中单击"页面设置管理器"，如图 5-3-16 所示，弹出"页面设置管理器"对话框，如图 5-3-17 所示，单击"修改"按钮，打开"页面设置—布局 1"对话框，如图 5-3-18 所示，选择所安装的打印机，选择合适纸张（A4），选择 2∶1 的比例，横向布置，单击"确定"按钮退出。

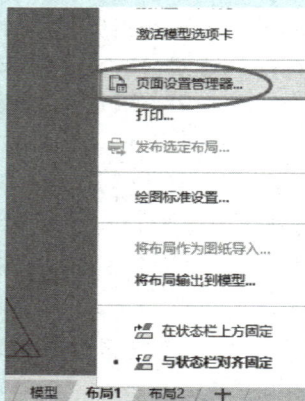

图 5-3-16　布局 1 的快捷菜单

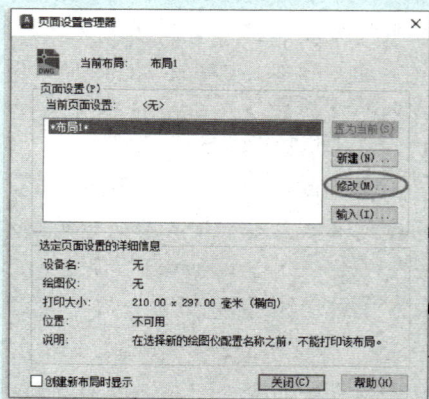

图 5-3-17　"页面设置管理器"对话框

单击状态栏中的"模型"按钮，转化为模型空间，此时模型空间的图形处于不能被编辑状态，新建一个名为"图样"的图层，按图 5-3-1 所示绘制图样，在图纸空间绘图与在模型空间完全一样，可利用各种工具进行绘图。

为方便看图，可先在图纸空间双击滚轮，最大化显示图样；再转换到模型空间（单击状态栏"模型"），双击滚轮，可在空间内最大化显示图形。

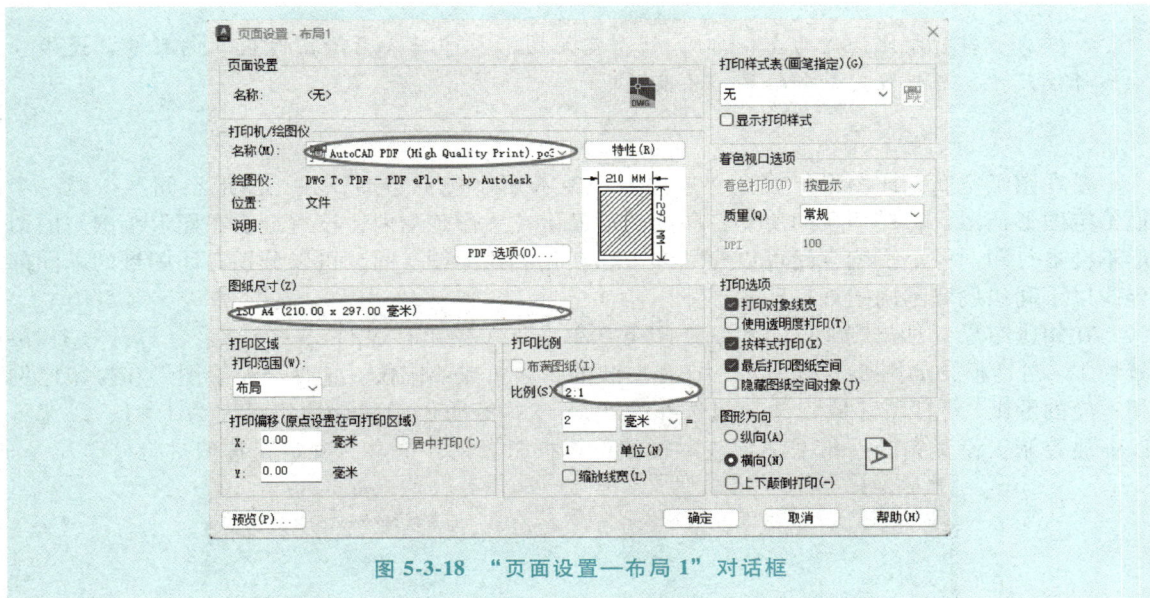

图 5-3-18　"页面设置—布局 1"对话框

【知识链接】

一、图形打印

1. 模型空间打印

　　要在模型空间打印图形，可单击下拉菜单中的"文件"→"打印"，打开"打印-模型"对话框，如图 5-3-19 所示。选择安装的打印机或绘图仪；选择与所绘图形和打印比例相适应的图纸；"打印区域"选项组一般选择"窗口"，会返回模型空间，可以框选图形的一部分或全部进行打印，生成预览；"打印比例"选项组优先选择 1∶1 的比例，但图纸太小或图形过小时，勾选"布满图纸"复选框，可自动缩放图形以适应图纸；设置完成后单击"预览"按钮检查打印效果，单击"确定"按钮进行打印。

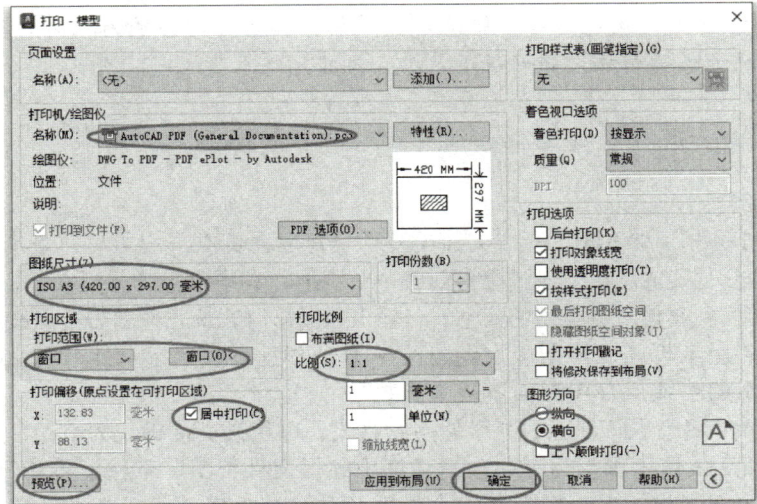

图 5-3-19　"打印-模型"对话框

注意：当打印比例设为 1：1 时，模型空间图形打印结果为绘图时输入的尺寸，是否为标注尺寸，与标注比例和绘图单位有关。

2. 图纸空间打印

要在图纸空间打印图形，首先必须按图 5-3-18 所示进行布局，并在图纸空间至少画一个框给定图形范围，将模型空间所要打印的图形显示在图形范围内，没有显示在图形范围内的图形不会被打印。一个模型空间可以建立多个相互独立的图纸空间，可以分别打印图形的不同部分或以不同比例和不同图纸打印图形。

在相应布局（如布局 1）的图纸空间下，单击下拉菜单"文件"→"打印"，打开"打印-布局 1"对话框，如图 5-3-20 所示，选择安装的打印机或绘图仪；选择与所绘图形和打印比例相适应的图纸；"打印区域"选项组选择"布局"；"打印比例"选项组设定为 1：1；线宽可以缩放控制；设置完成后单击"预览"按钮检查打印效果，单击"确定"按钮进行打印。

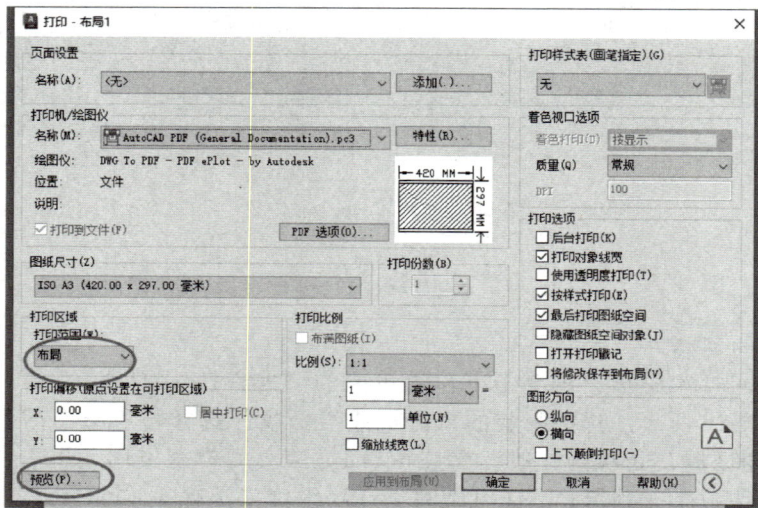

图 5-3-20 "打印-布局 1"对话框

注意：按 1：1 的比例进行打印的结果，图纸空间的图形为输入尺寸，而模型空间的图形由于显示时进行了缩放，故一般不是输入尺寸。

二、AutoCAD 与其他程序的数据交换

1. 以早期版本保存图形

使用"图形另存为"对话框中的"文件类型"下拉框，可以采用与早期版本相兼容的格式保存由当前版本的程序创建的图形。该过程将创建一个图形，其中包含当前版本所特有的信息，这些信息是被剥离或转换到其他对象类型的信息。当输出该图形时，日志将列出经修改或丢失的信息。

如果使用当前版本打开以早期版本创建的图形，并且不在当前版本中添加任何特定信息，那么能以早期版本的格式保存图形而不丢失数据。

如果需要保留早期版本中创建的图形的初始格式，可将该文件标记为只读，或者在当前版本中打开该文件，然后使用"图形另存为"对话框中的"文件类型"下拉框将其保存为初始格式。

因为以早期的版本格式保存图形可能会导致某些数据丢失，所以务必指定一个不同的名称以避免覆盖当前图形。如果覆盖了当前图形，可以通过保存过程中创建的备份文件

（filename. bak）来恢复被覆盖的版本。

2. 输出 DXF 文件

使用"图形另存为"对话框中的"文件类型"下拉框，可以将图形输出为 DXF（图形交换格式）文件。DXF 文件是文本或二进制文件，其中包含可由其他 CAD 程序读取的图形信息。如果其他用户正使用能够识别 DXF 文件的 CAD 程序，那么以 DXF 文件保存图形就可以共享。

控制 DXF 格式的浮点精度最多可达 16 位小数，并可以 ASCII 格式或二进制格式保存该图形。如果使用 ASCII 格式，将生成可读取和编辑的文本文件；如果使用二进制格式，生成的文件会小得多，且使用该文件时速度较快。

如果不希望保存整个图形，可以选择只输出选定对象，可以使用此选项从图形文件中删除无关的部分。

3. 输出其他格式文件

如果在另一个应用程序中需要使用图形文件中的信息，可将其转换为特定格式输出。单击下拉菜单"文件"→"另存为"，弹出"另存为"对话框，如图 5-3-21 所示，输入文件名，选定文件类型，单击"保存"按钮，选取输出对象，按〈Enter〉键完成输出。

输出文件有以下类型：

1）DWF 文件（∗.dwf）：Autodesk Web 图形格式。

2）图元文件（∗.wmf）：Microsoft Windows ® 图元文件。

3）ACIS（∗.sat）：ACIS 实体对象文件。

4）平板印刷（∗.stl）：实体对象立体平板印刷文件。

5）封装 PS（∗.eps）：封装的 PostScript 文件。

6）DXX 提取（∗.dxx）：属性提取 DXF 文件。

7）位图（∗.bmp）：设备无关位图文件。

8）块（∗.dwg）：图形文件。

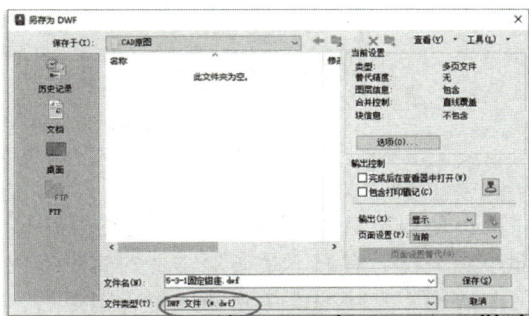

图 5-3-21　"另存为"对话框

另外，在命令行输入"tifout"，可以输出 TIFF 文件（∗.tif）；在命令行输入"jpgout"，可以输出 JPEG 文件（∗.jpg）；在命令行输入"pngout"，可以输出便携式网络图形文件（∗.png）。这些都是常用的图片格式文件，当使用这些格式文件输出时，可能有些部分不能被输出，需要反复检验才能得到满意的结果。

4. 抓图

当需要的图形较小，且在一个计算机屏幕上可清晰显示时，可以使用抓图程序直接抓图。抓图程序可以从网上选取，大多能免费下载，所抓图形为像素图，可保存为".bmp"".jgp"".gif"".png"".tif"".ico"等格式文件，也可保存在剪贴板中。

5. 复制—粘贴图形

选取图形后右击，在快捷菜单中单击"复制"或"带基点复制"命令，图形即被保留在剪贴板中，可以在其他 AutoCAD 文件或 Word 文档中粘贴。

1）在其他 AutoCAD 文件中粘贴时，图层、文字样式和标注样式等也会被粘贴，但文字样式受不同计算机所装字体的影响有可能显示不正确，需重新设置。

2）在 Word 文档中粘贴时，线宽显示常常会失效，大小也需要进行裁剪和调整，如图 5-3-22 所示；使用"裁剪"工具，当光标显示为时，可拖动图形边界控制点裁剪图形；单击图形，

当光标显示为　　时，可拖动图形边界控制点缩放图形显示，当图形大小合适后，双击图形，将打开 CAD 源程序，可在 CAD 程序中对图形进行编辑，完成后单击状态栏中的"线宽"按钮让线宽显示。

> **注意：** 在 CAD 程序中，不要进行"缩放"操作，可单击"保存"按钮📄，然后关闭 CAD，将 CAD 图形转移到 Word 中。

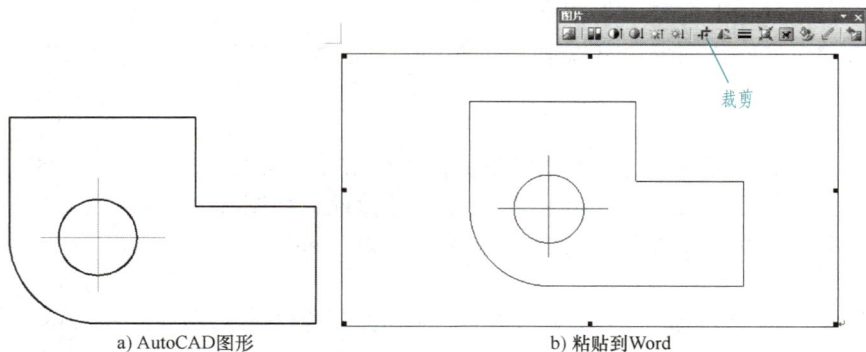

a) AutoCAD图形   b) 粘贴到Word

图 5-3-22　与 Word 文档交换数据

6. 导入图片

可以使用菜单栏中的"插入"→"光栅图像参照"命令将图片放到 CAD 图形文件中，但与外部参照一样，它们不是图形文件的实际组成部分。图像通过路径名链接到图形文件，可以随时更改或删除链接的图像路径。附着图像后，可以像块一样将其多次重新附着。每个插入的图像都有其剪裁边界和亮度、对比度、褪色度、透明度设置。附着图像的步骤如下：

1）在菜单栏依次单击"插入"→"光栅图像参照"，或在命令行输入"IMAGEATTACH"。

2）在"选择参照文件"对话框中，从列表中选择文件名或在"文件名"文本框中输入图像文件名称，单击"打开"按钮。

3）在"附着图像"对话框中，使用以下方法之一指定插入点、比例或旋转角度：

① 选择"在屏幕上指定"，可以使用定点设备在所需位置、按所需比例或角度插入图像。

② 清除"在屏幕上指定"，然后在"插入点""缩放比例"或"旋转角度"栏输入值。

4）要查看图像测量单位，可单击"显示细节"按钮。

5）最后单击"确定"按钮。

素养园地：国产软件，实现超越

目前国产 CAD 软件呈现出良好的发现势头，其中中望 CAD、浩辰 CAD、CAXA CAD 是优秀代表。

这三款产品的界面都保留了 AutoCAD 经典操作界面，均能进行常用的二维图形绘制，如绘制点、线、曲线、多段线、多线、样条曲线、矩形、多边形、圆环等，操作方式也都类似。在对象编辑操作上，也都能提供常用的所有编辑命令，包括复制、缩放、倒角、圆角、对齐、移动、镜像、旋转、阵列、裁剪、延伸、拉伸等。

与 AutoCAD 相比，国产软件在基本功能上已经不相上下，在适应我国国家标准方面，国产软件实现了全面超越，特别是近几年国产 CAD 有很大的发展，相信肯定能给用户带来更好的使用体验。

【强化练习】

抄绘图 5-3-23 所示泵体图形。

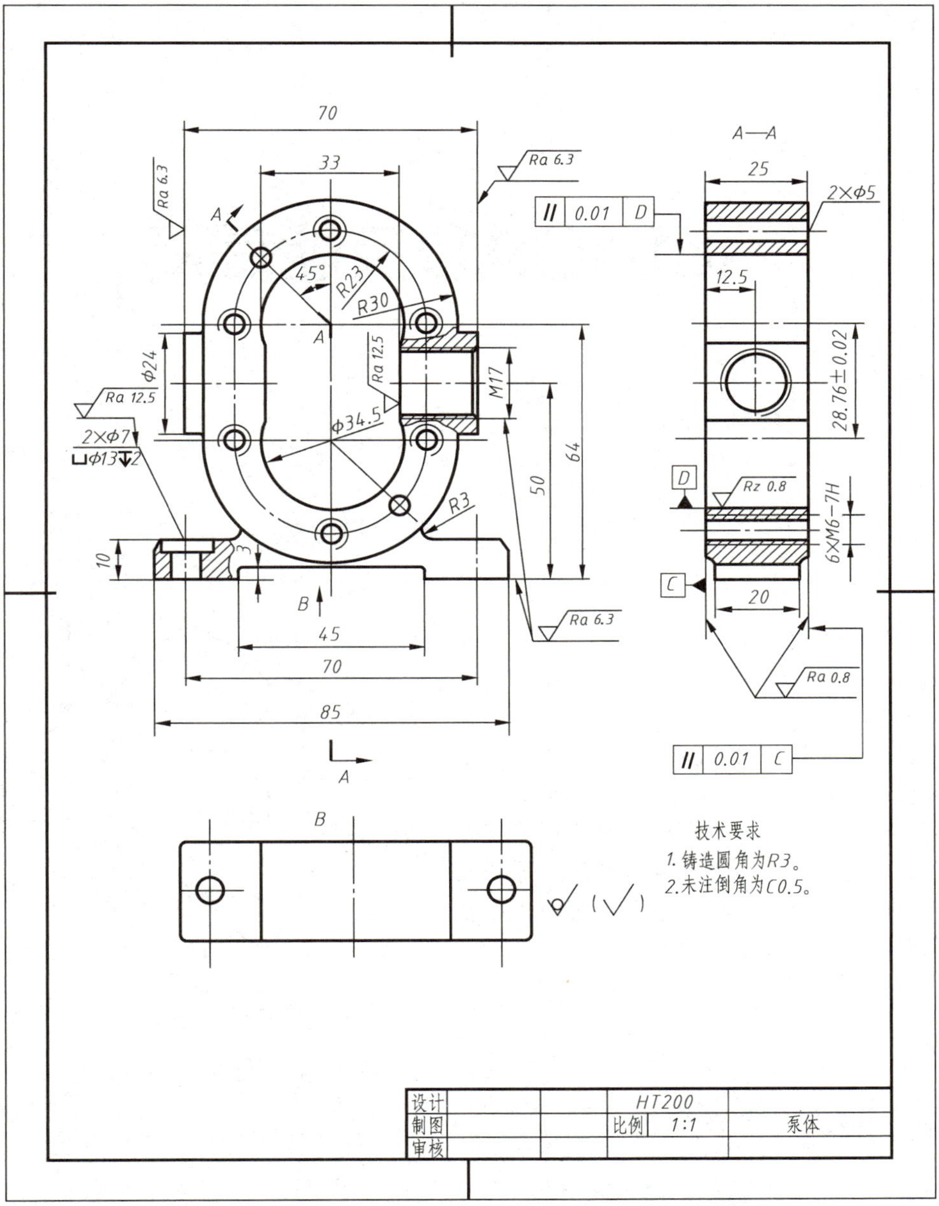

图 5-3-23　泵体

AutoCAD技能提高

学习目标

1. 学会绘制正等轴测草图。
2. 了解参数化设计思想，掌握参数化绘图方法。

任务一　绘制轴测图

【工作任务及分析】

绘制如图 6-1-1 所示组合体的正等轴测图（包含标注）。

该组合体由底板、支承板和肋板三部分组成，绘制时依次进行。其中图形的水平面、正面、左侧面视图分别对应等轴测草图的顶部等轴测平面、右等轴测平面、左等轴测平面。等轴测图中圆的绘制是在等轴测草图模式下使用菜单栏中的"椭圆"→"轴，端点"命令。

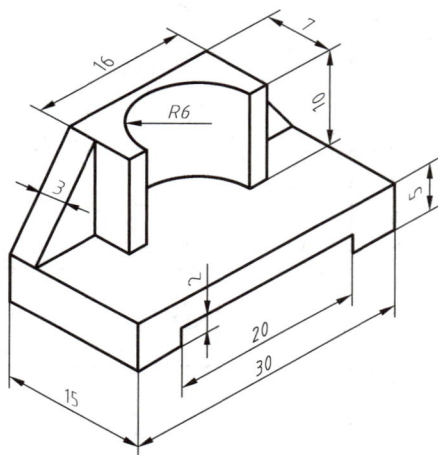

图 6-1-1　组合体

【任务操作步骤】

1. 启动 AutoCAD 2024，设置等轴测草图、图层等绘图环境

1）双击桌面上的图标 [A]，启动 AutoCAD 2024，并将输入法置于英文输入状态。

2）打开图层特性管理器，设置好图层、线宽、线型等绘图环境，并将"轮廓线"图层设置为当前图层，打开"正交"及"对象捕捉"模式。

3）右击状态栏中的"极轴追踪"按钮 [⊙▾]，打开图 6-1-2 所示快捷菜单，单击"正在追踪设置"，打开"草图设置"对话框，单击"捕捉与栅格"选项卡，在"捕捉类型"选项组依次选中"栅格捕捉"和"等轴测捕捉"单选按钮，如图 6-1-3 所示，单击"确定"按钮，进入等轴测草图绘制环境。

4）单击状态栏中的"等轴测草图"按钮右侧的下拉箭头 ⁄ ▼，可切换不同等轴测平面，如图6-1-4所示。切换平面后，注意观察绘图区栅格和光标形态变化。检查状态栏其他按钮状态，如图6-1-4所示。

图 6-1-2　"极轴追踪"快捷菜单

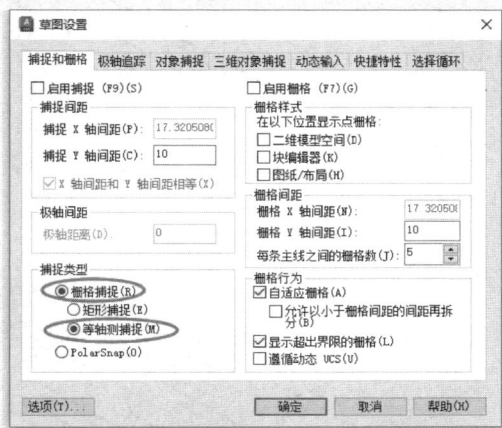

图 6-1-3　等轴测草图绘图环境设置

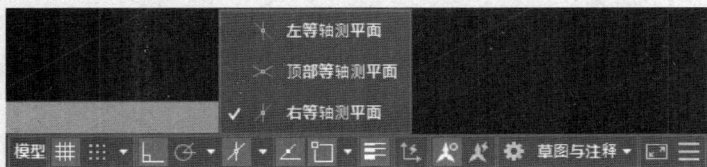

图 6-1-4　切换等轴测平面

2. 绘制图形

1）绘制底板。按 模型 ⊞ ⠿ ▼ ⌐ ⟳ ▼ ⁄ ▼ ∠ ⊡ ▼ ☰ 设置状态栏，将"轮廓线"图层设置为当前图层。输入"L"并按〈Enter〉键，执行"直线"命令，运用"标向键取"方式绘制底板前面图形，如图6-1-5a所示。

2）单击"等轴测草图"按钮右侧下拉箭头，切换到"左等轴测平面" ⁄ ▼。输入"L"并按〈Enter〉键，执行"直线"命令，运用"标向键取"方式绘制图6-1-5b所示图形；重复执行"直线"命令，继续绘制图形，如图6-1-5c所示。

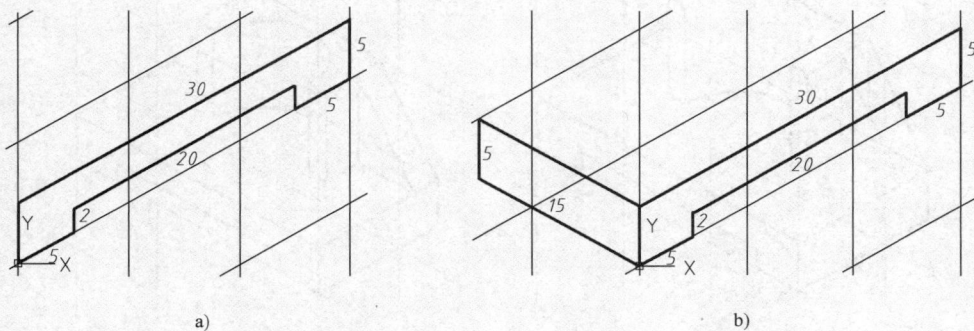

a)

b)

图 6-1-5　分步绘图

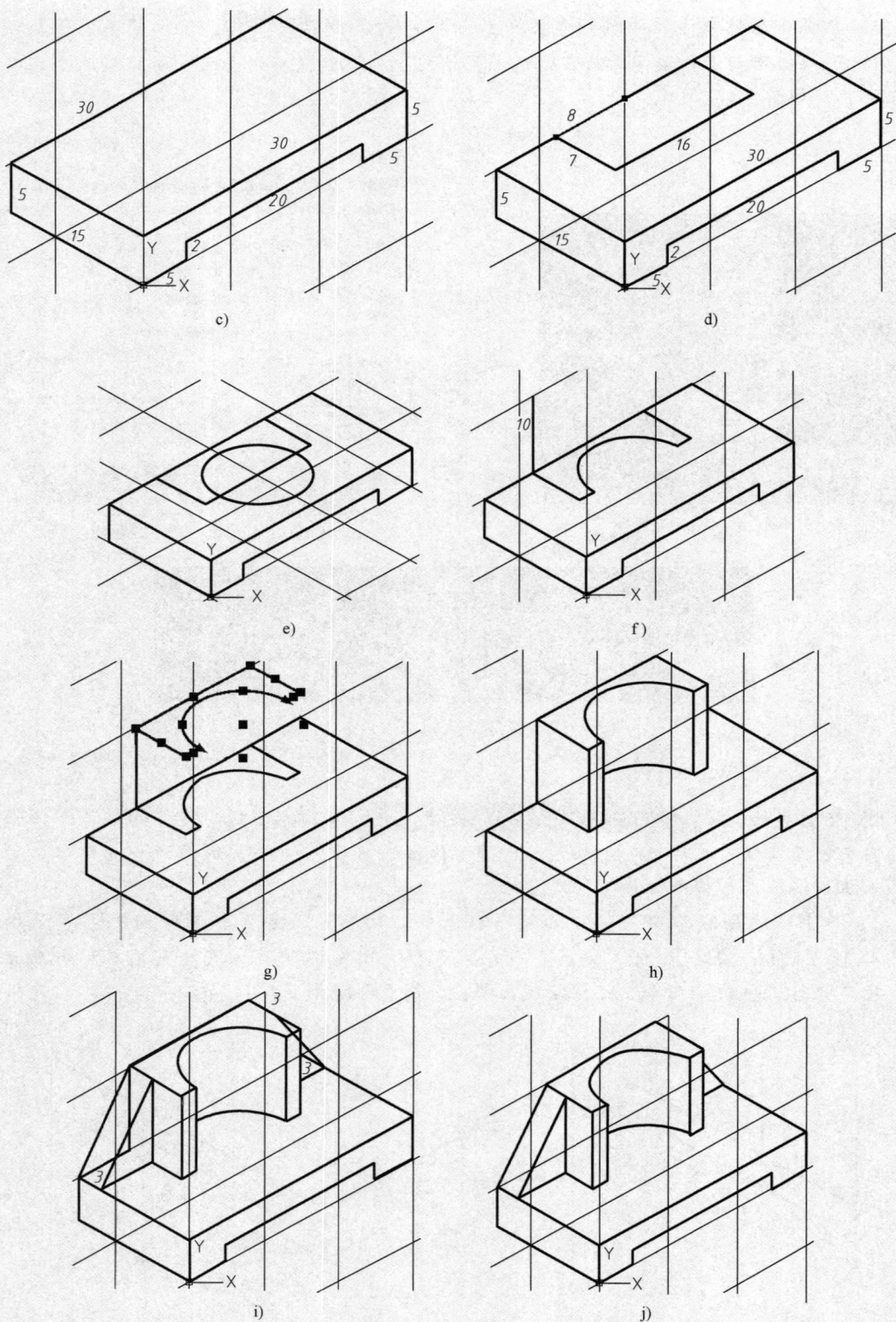

图 6-1-5　分步绘图（续）

3）单击"等轴测草图"按钮右侧的下拉箭头，切换到"顶部等轴测平面" 。输入"L"并按〈Enter〉键，执行"直线"命令，运用"标向键取"方式绘制图6-1-5d所示图形，图中长度为8mm的直线为辅助线。单击"椭圆弧"按钮右侧的下拉箭头 ，在展开的菜单中单击 按钮，注意命令行提示：

ELLIPSE 指定椭圆轴的端点或 [圆弧（A）/中心点（C）/等轴测圆（I）]：输入"I"；

ELLIPSE 指定等轴测圆的圆心：捕捉长度为16mm直线中点；

ELLIPSE 指定等轴测圆的半径或 [直径（D）]：输入"6"。

完成等轴测圆的绘制，如图6-1-5e所示。执行"修剪"命令，结果如图6-1-5f所示。

4）单击"等轴测草图"按钮右侧下拉箭头，切换到"左等轴测平面" 。绘制长度为10mm的直线，如图6-1-5f所示。输入"CP"并按〈Enter〉键，或单击"默认"选项卡中的"复制"按钮 ，执行"复制"命令：选择上步绘制的图形作为复制对象，选择长度为10mm的直线下端点为基点，选择长度为10mm的直线上端点为目标点，复制对象，如图6-1-5g所示，再绘制直线并修剪，整理图线后如图6-1-5h所示。

5）绘制图6-1-5i所示直线，合理使用偏移、辅助线、夹点编辑等方式绘图。

6）完成图6-1-5j所示图形，合理使用修剪、夹点编辑等方式绘图。

3. 尺寸标注

1）使用前述方法打开图6-1-3所示对话框，选中"矩形捕捉"单选按钮，退出等轴测草图绘制环境。

2）执行"对齐"命令：在命令行输入"DAL"，按〈Enter〉键两次，选择要标注的对象，放置在合适位置，再按〈Enter〉键两次，选择另一标注对象，依次完成所有对象，如图6-1-6a所示。

3）执行"倾斜"命令：在命令行输入"DED"，按〈Enter〉键，在快捷菜单中选择"倾

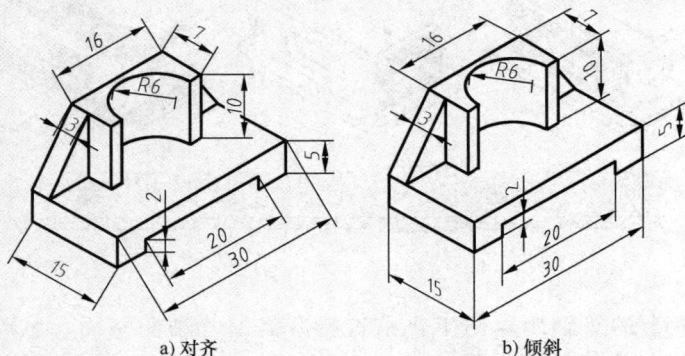

a）对齐　　　　　　　　　　b）倾斜

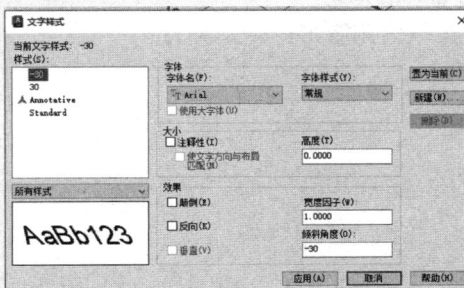

c）标注文字样式

图6-1-6　轴测图标注

斜"；选择对象为"15""20""30"三个尺寸，按〈Enter〉键，输入倾斜角度时单击某竖直直线上的两个端点，即单击引出尺寸界线的直线竖直方向上的两个点，可将尺寸界线竖直对齐；采用同样的方法将其余尺寸的尺寸界线按要求对齐；选择尺寸，移动尺寸控制点，调整各尺寸的放置位置，完成后如图 6-1-6b 所示（R6 为直接修改尺寸）。

4）倾斜文字角度：在命令行输入"STY"并按〈Enter〉键，打开"文字样式"对话框，如图 6-1-6c 所示：新建两个文字样式"30"和"-30"，将倾斜角度分别改为"30"和"-30"，关闭对话框；选择图 6-1-6b 中的尺寸"20""30""7"，在"注释"选项卡中将文字样式改为"30"；选择尺寸"15""2""5""10""16"，将文字样式改为"-30"；尺寸"3"文字样式不修改，完成后如图 6-1-1 所示（R6 为分解删除部分元素而成）。

【知识链接】

1. 二维等轴测图形

二维等轴测图形是三维等轴测投影的平面表示方法，可以快速创建设计简单的等轴测视图。三个等轴测平面如图 6-1-7 所示，其具体定义为：

1）**右等轴测平面**：捕捉和栅格沿 30°和 90°轴对齐。

2）**左等轴测平面**：捕捉和栅格沿 90°和 150°轴对齐。

3）**顶部等轴测平面**：捕捉和栅格沿 30°和 150°轴对齐。

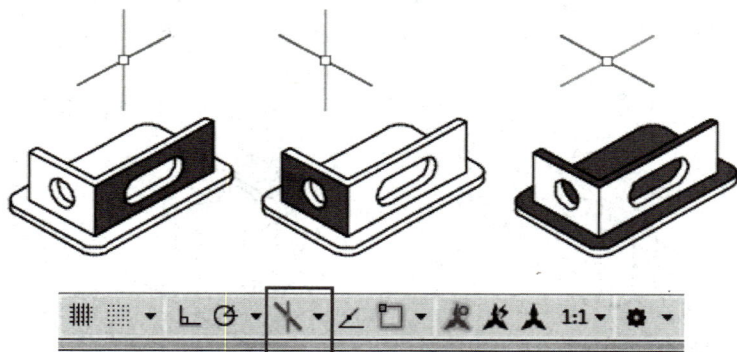

图 6-1-7　三个等轴测平面

可以使用状态栏上的等轴测草图工具来选择所需的等轴测平面，也可以按〈F5〉键或〈Ctrl+E〉组合键循环浏览等轴测平面。

下列命令和功能常用来在等轴测图形中保持精度：

① 极轴追踪和直接距离输入。

② 对象捕捉和栅格捕捉。

③ 对象捕捉追踪。

④ 移动和复制。

⑤ 修剪和延伸。

2. 绘制等轴测圆

在等轴测平面上作图模拟三维空间，使用椭圆表示从倾斜角度观察的等轴测圆。

1）单击菜单栏中的"工具"→"绘图设置"命令。

2）在"草图设置"对话框中"捕捉和栅格"选项卡的"捕捉类型"选项组下，选中

"等轴测捕捉"单选按钮,单击"确定"按钮。

3)单击"默认"选项卡中"绘图"工具栏中的"椭圆弧"按钮右侧下拉箭头,单击"轴,端点"按钮⬭,绘制椭圆。

4)输入"I"(等轴测圆)。

5)指定圆的圆心。

6)指定圆的半径或直径。

【强化练习】

绘制图 6-1-8 和图 6-1-9 所示图形,不要求标注尺寸。

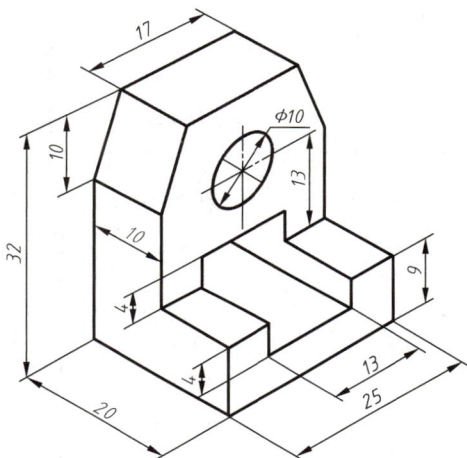

图 6-1-8　练习图 1

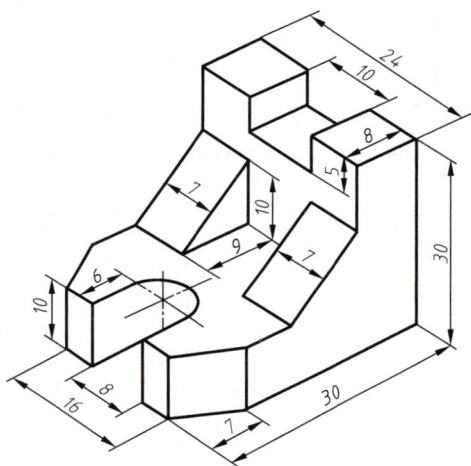

图 6-1-9　练习图 2

任务二　参数化绘图

【工作任务及分析】

绘制图 6-2-1 所示图形。该图形已知尺寸较少,约束较多,通过正常绘图方法难以完成,而通过参数化方法可以很方便地完成图形绘制。

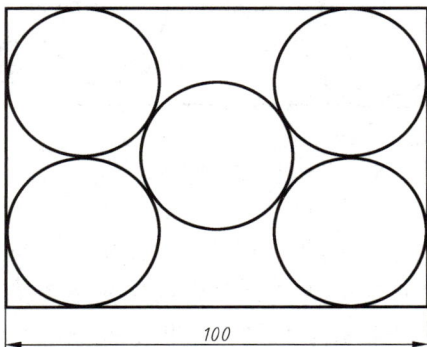

参数化绘图

图 6-2-1　参数化绘图实例

【任务操作步骤】

1. 绘制初始图形

使用"矩形"和"圆"命令绘制图 6-2-2a 所示图形，要求所绘矩形长度大致为 100mm，圆的大小和位置与所要绘制的最终图形相差不要太大。

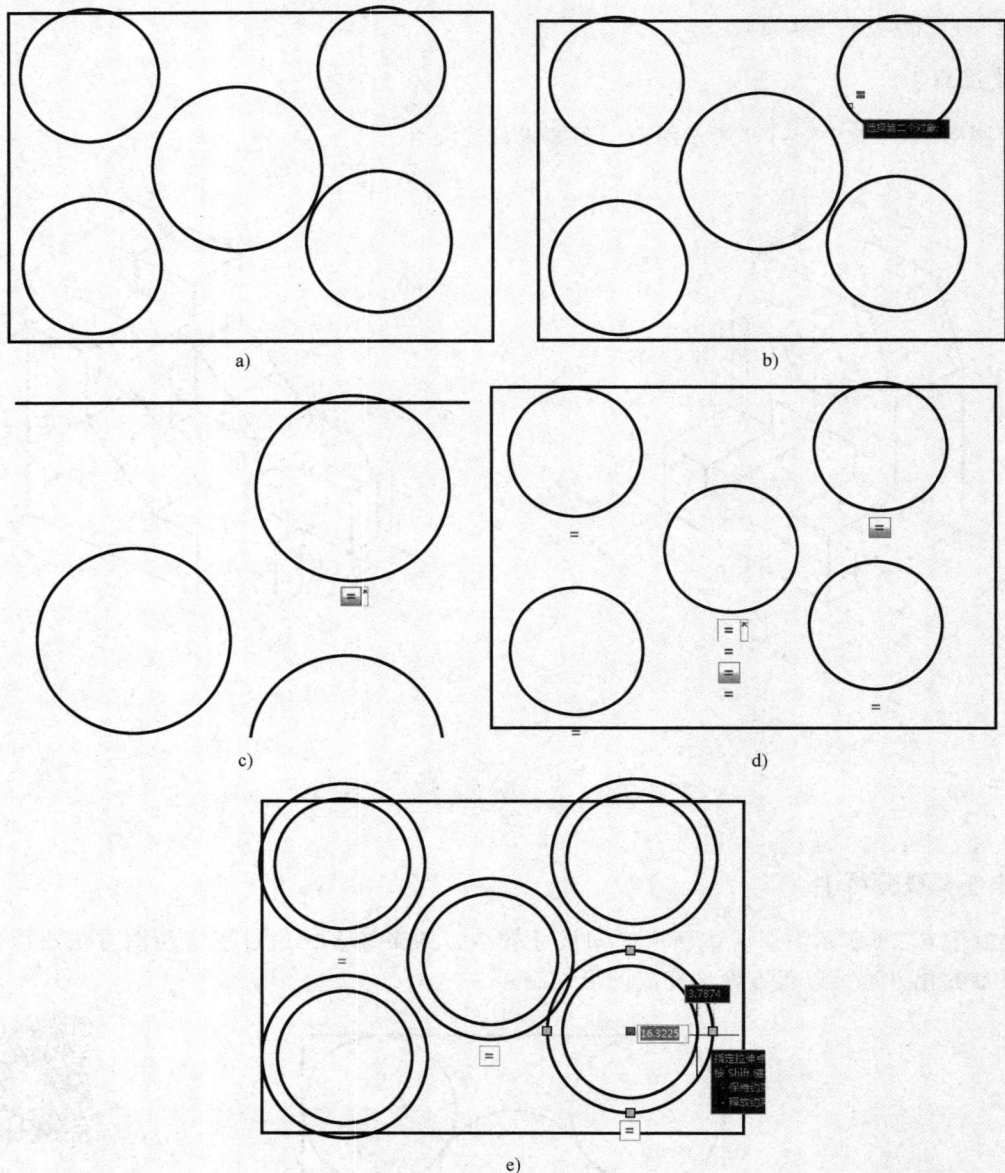

图 6-2-2　添加相等约束

2. 添加圆的相等约束，使五个圆直径相等

单击"参数化"选项卡，在"几何"工具栏中的单击"相等"按钮 ▤，依次单击中心位置圆和右上角位置圆，如图 6-2-2b 所示，即完成这两个圆直径相等约束。单击"几何"工具栏中的 ▤ 全部显示按钮，可以看到图形附近显示相等符号，将光标置于相等符号上可以对约束进行删除，如图 6-2-2c 所示。执行三次"相等"命令，完成所有圆直径相等约束，如

图 6-2-2d 所示。这时如果夹点编辑任一圆的直径，可以看到其他圆直径也相应改变，如图 6-2-2e 所示。

3. 添加圆的相切约束

单击"几何"工具栏中的"相切"按钮 ◯，依次在两个圆切点位置附近单击，完成两个圆的相切约束，观察图形变化和相切图标的显示，如图 6-2-3a 所示。重复执行"相切"命令，完成所有圆的相切约束，如图 6-2-3b 所示。

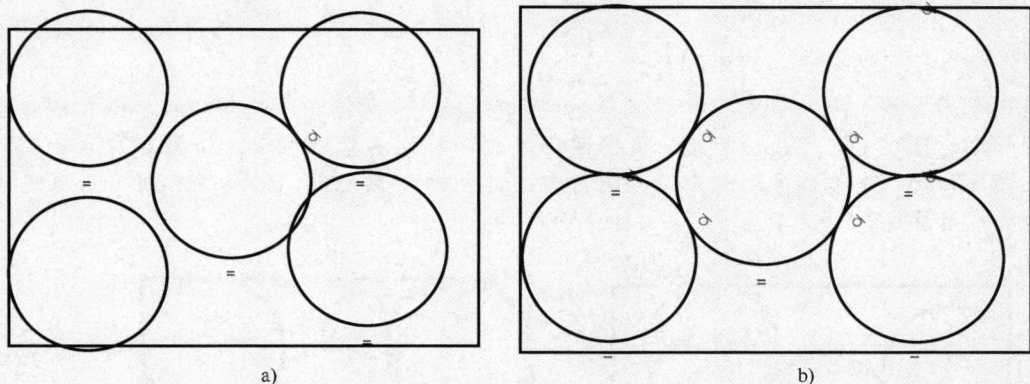

图 6-2-3　圆的相切约束

4. 添加矩形约束

1）对边平行约束：单击"几何"工具栏中的"平行"按钮 ⫽，依次单击矩形对边，完成两直线的平行约束，观察图形变化和平行图标的显示。重复执行"平行"命令，完成另两条对边直线的平行约束，如图 6-2-4a 所示。

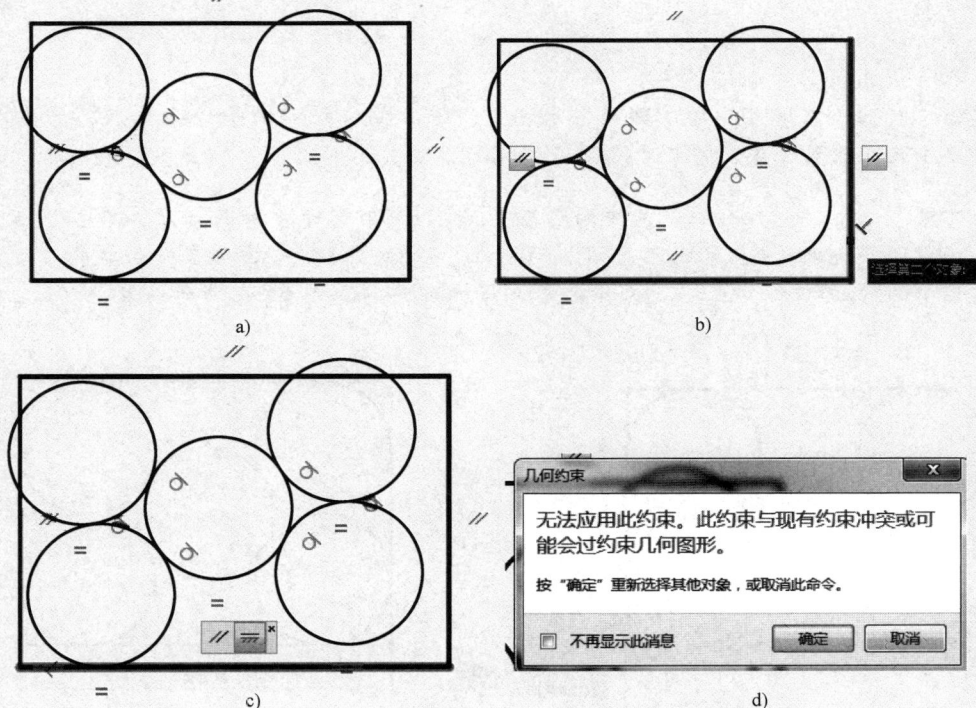

图 6-2-4　矩形约束

2）邻边垂直约束：单击"几何"工具栏中的"垂直"按钮，依次单击矩形相邻两边，完成两直线的垂直约束，观察图形变化和垂直图标的显示，如图6-2-4b所示。

3）长边水平约束：单击"几何"工具栏中的"水平"按钮，单击矩形长边，完成直线的水平约束，观察图形变化和水平图标的显示，如图6-2-4c所示。

> **注意：** 当添加的约束与已存在的约束相冲突时，会导致无法添加约束，并弹出提示对话框，如图6-2-4d所示。

5. 添加圆与矩形相切约束

单击"几何"工具栏中的"相切"按钮，依次单击圆和与之相切的矩形边切点位置附近，完成圆与直线的相切约束，观察图形变化和相切图标的显示，如图6-2-5a所示。重复执行"相切"命令，直到无法添加圆与直线的相切约束为止，完成所有圆与矩形边的相切约束，如图6-2-5b所示。

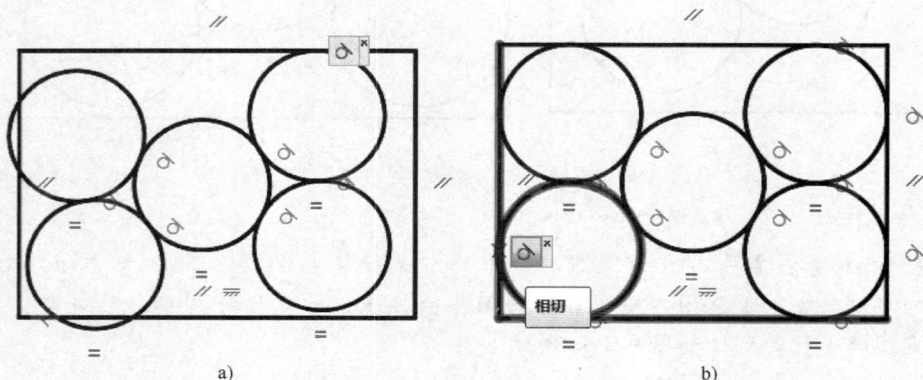

图 6-2-5　圆与矩形相切约束

6. 添加矩形的长度尺寸约束

单击"标注"工具栏中的"线性"按钮，依次单击矩形水平边两端点，如图6-2-6a所示。单击尺寸放置位置，将尺寸修改为"100"，观察图形变化，如图6-2-6b所示。

> **注意：** 单击"标注"工具栏中的 全部显示按钮可以显示添加的标注；单击"标注"工具栏中的 全部隐藏按钮可以隐藏添加的标注，但标注仍然有效。本任务单击"标注"工具栏中的 全部隐藏和"几何"工具栏中的 全部隐藏即得到图6-2-1所示结果。

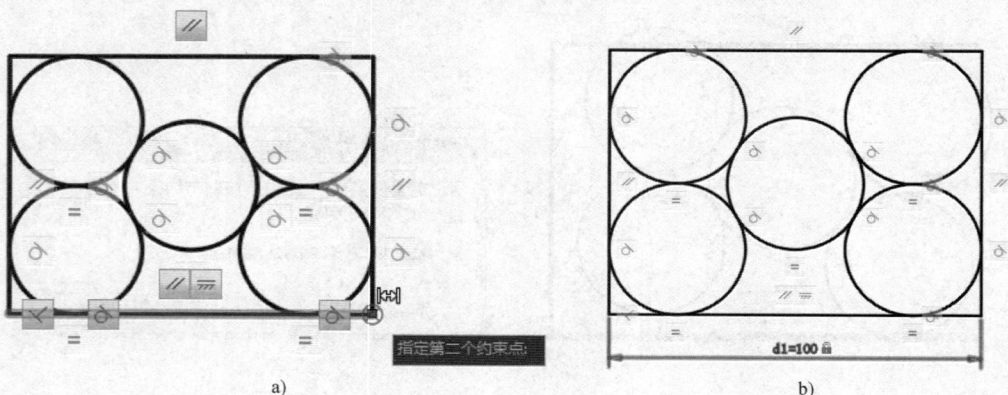

a)　　　　　　　　　　　　　　　　　　b)

图 6-2-6　添加矩形长度尺寸约束

【知识链接】

一、参数化绘图和约束

参数化绘图是一项用于使用约束进行设计的技术，约束是应用于二维几何图形的关联和限制。有两种常用的约束类型：几何约束用于控制对象彼此间的关系；标注约束用于控制对象的距离、长度、角度和半径值。

图 6-2-7 显示了使用默认格式和可见性的几何约束和标注约束。

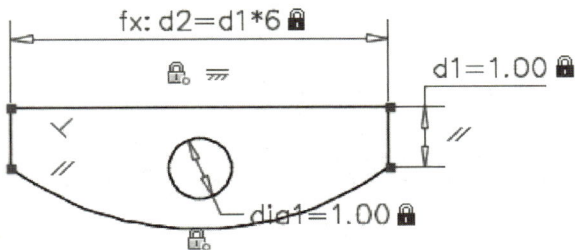

图 6-2-7　几何约束和标注约束

使用约束进行设计时，图形会有未约束、欠约束和完全约束三种状态。未约束：未将约束应用于任何几何图形；欠约束：将某些约束应用于几何图形，但未完全约束；完全约束：将所有相关几何约束和标注约束应用于几何图形，并且完全约束的一组对象还需要包括至少一个固定约束，以锁定几何图形的位置。当图形处于未约束或欠约束状态时，可以使用编辑命令和夹点的组合，添加或更改约束。

当需要对设计进行更改时，有两种方式可取消约束效果。

1）单独删除约束，然后应用新约束。将光标停在几何约束图标上时，可以使用〈Delete〉键或快捷菜单删除该约束。

2）临时释放选定对象上的约束以进行更改。已选定夹点或在执行编辑命令期间指定选项时，可按〈Shift〉键以交替使用释放约束和保留约束。

进行编辑期间不保留已经释放的约束。编辑过程完成后，约束会自动恢复，不再有效的约束将被删除。

> **素养园地：约束得当，松紧有度**
>
> 参数化绘图的关键是约束得当，即约束的类型和个数必须恰到好处：约束过多，约束间会发生干涉，使约束不成功；约束过少，会使图形有多种可能性，不能唯一确定。如同我们在社会生活中享有的自由和权利，自由必须在规章制度、公序良俗约束下才能真正享受得到。

二、约束设置

单击"参数化"选项卡"几何"工具栏中右下角的斜箭头 ，弹出"约束设置"对话框，如图 6-2-8 所示，可以对几何约束和标注约束进行设置。

【强化练习】

1. 运用参数化绘图的方法，添加图 6-2-9 所示的约束，完成图形并测量圆的直径。

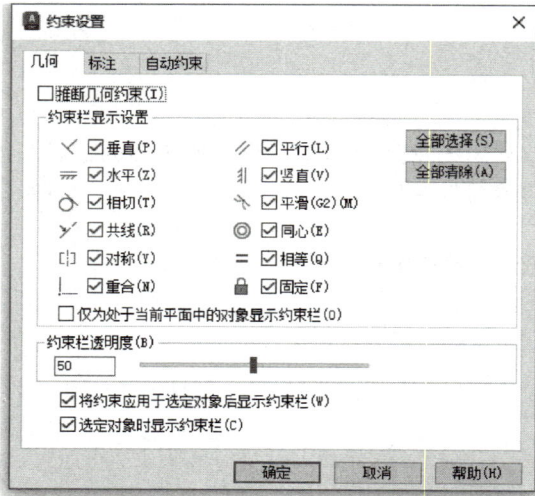

a)

b)

图 6-2-8 "约束设置"对话框

2. 绘制图 6-2-10 所示图形。

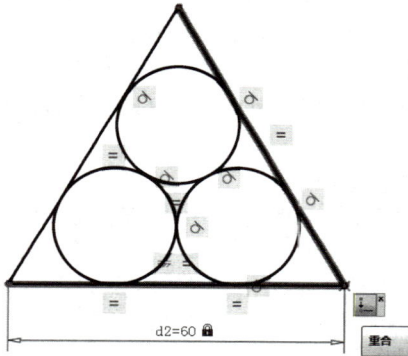

图 6-2-9 练习图 1

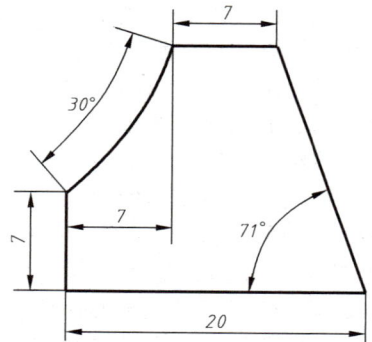

图 6-2-10 练习图 2

简单零件三维建模

学习目标

1. 在 AutoCAD 2024 中能正确使用图层组织视图。
2. 能够建立空间概念，掌握三维视图的使用及转换方法。
3. 掌握三维图形的观察及视觉样式的使用方法。
4. 掌握三维用户坐标系的使用方法。
5. 能准确地在三维空间中拾取点。
6. 掌握基本实体的绘制命令及运用布尔运算创建复杂实体的方法。

任务一　三通管道建模

【工作任务及分析】

如图 7-1-1 所示的三通管道，管道外径为 40mm，内径为 36mm，总长为 120mm，接头处外径为 50mm，创建其三维模型。建模时创建"中心线"图层和"粗实线"图层，其余参数不变。

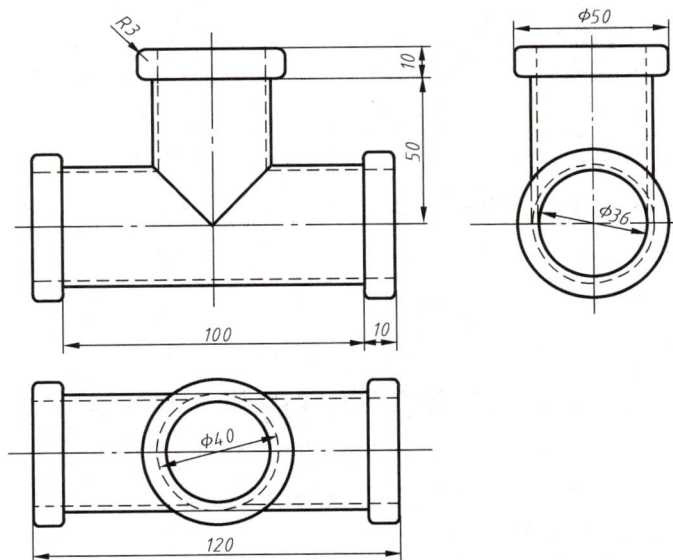

三通管道建模 1

图 7-1-1　三通管道

【任务操作步骤】

一、创建文档与基本操作

1. 创建文档

启动 AutoCAD 2024，新建文件，将文件命名为"三通管道"。

2. 基本操作

单击"图层特性"按钮🗐，在"图层特性管理器"对话框中单击"新建图层"按钮🗐，建立图 7-1-2 所示的图层，再单击"关闭"按钮。

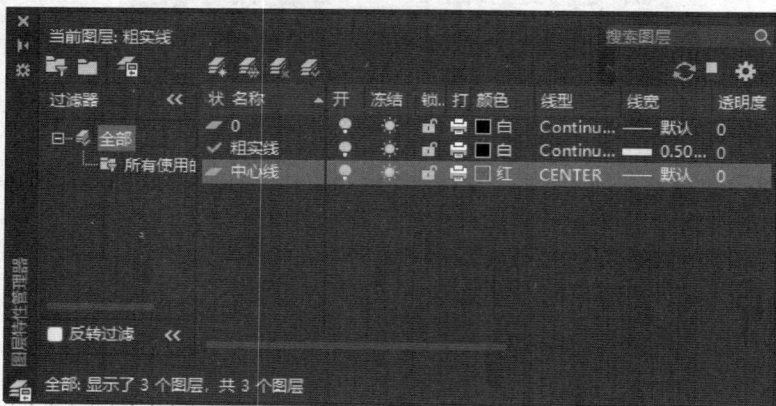

图 7-1-2　图层特性管理器

二、绘制图形

1. 创建三维视图

将工作空间切换成"三维建模"空间，如图 7-1-3 所示，单击"常用"选项卡"视图"工具栏"恢复视图"下拉框，选择"西南等轴测"视图，创建三维视图。创建后西南等轴测视图坐标轴和光标如图 7-1-4 所示。

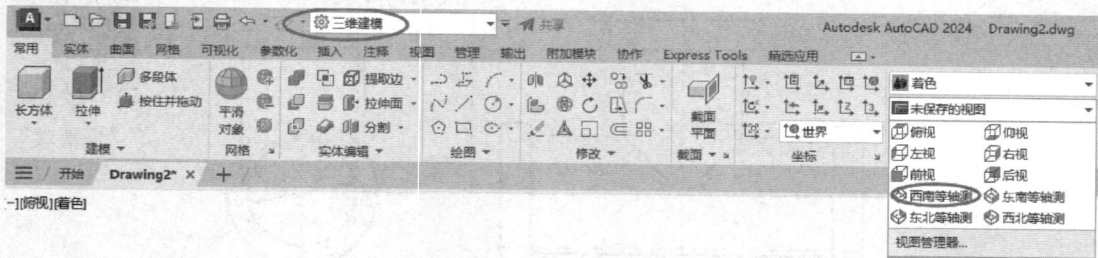

图 7-1-3　创建三维视图

2. 绘制中心线

单击"图层"工具栏中的 🔽 ，选择"中心线"图层作为当前图层。单击"常用"选项卡"绘图"工具栏中的"直线"按钮✏️，在绘图区合适位置单击，得到直线的一个端点，在"正交"模式下向上移动光标，输入中心线高度"100"，按〈Enter〉键两次，得到主视图中心线。

3. 绘制圆柱体

切换"粗实线"图层为当前图层,使用"CYLINDER"命令或单击"实体"选项卡"图元"工具栏中的"圆柱体"按钮,启动"圆柱体"绘制命令,如图 7-1-5 所示。

图 7-1-4　西南等轴测视图坐标轴和光标

启动"对象追踪"和"对象捕捉"功能,捕捉中心线下端点,向上移动光标,在追踪状态下输入追踪值"10",向外移动光标,输入圆柱底面半径"20",绘制圆柱底面圆,如图 7-1-6 所示。

图 7-1-5　"图元"工具栏—"圆柱体"按钮

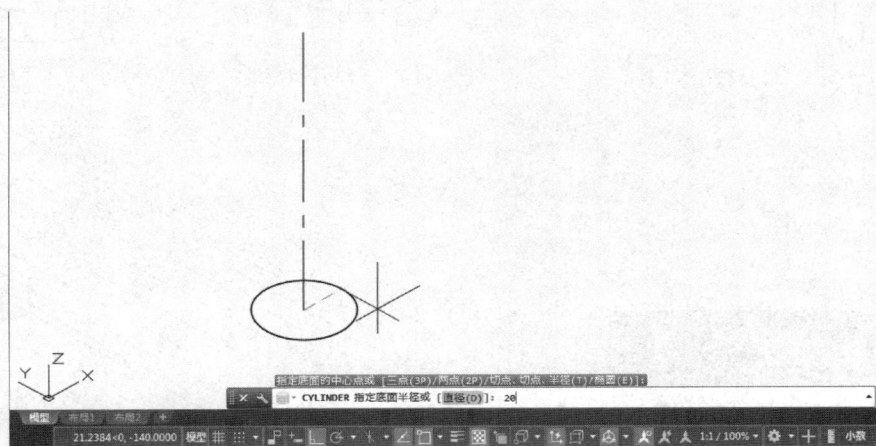

图 7-1-6　绘制圆柱底面圆

向上移动光标,输入圆柱体高度"100",按〈Enter〉键确认,生成圆柱体,如图 7-1-7 所示。

继续使用"圆柱体"命令,命令行执行如下:

命令:CYLINDER

指定底面的中心点或[三点(3P)/两点(2P)/切点、切点、半径(T)/椭圆(E)]:

(单击捕捉圆柱体底面圆心作为圆柱体的中心点)

指定底面半径或[直径(D)]<20.0000>:25　　　　　　　　(输入底面圆半径25mm)

指定高度或[两点(2P)/轴端点(A)]<100.0000>:10

(向下移动光标,输入圆柱体高度10mm)

得到图 7-1-8 所示组合圆柱体。继续使用"圆柱体"命令,绘制圆柱体上表面处的圆柱体,如图 7-1-9 所示。

注意:按〈Shift〉键+鼠标滚轮(中键)可以动态观察所绘的三维图形。

4. 旋转圆柱体

启动"旋转"命令 Rotate 或单击图 7-1-10 所示"修改"工具栏中的"旋转"按钮,选择圆柱体中心线上端点为基点,旋转角度为 90°,得到图 7-1-11 所示图形。

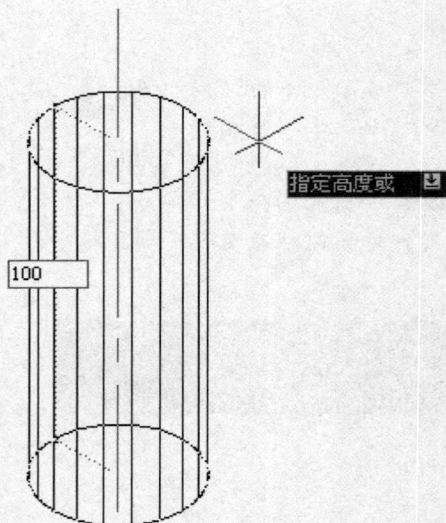

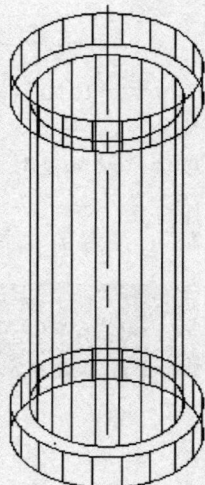

图 7-1-7　绘制圆柱体 1　　　　图 7-1-8　绘制圆柱体 2　　　图 7-1-9　绘制圆柱体 3

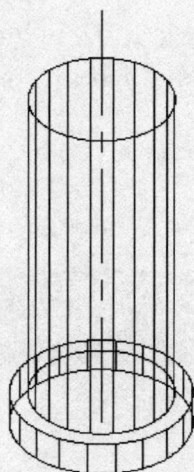

图 7-1-10　"修改"工具栏　　　　　　　图 7-1-11　旋转后的圆柱体

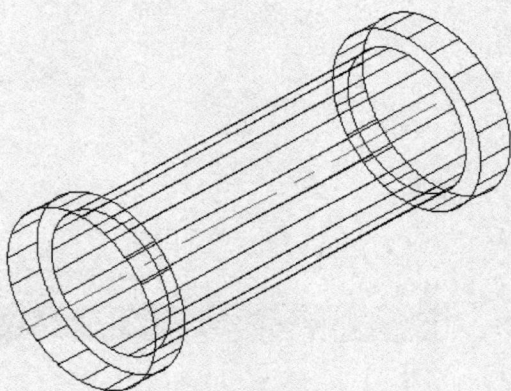

　　此处也可使用 3drotate 命令或单击"建模"工具栏中的"三维旋转"按钮，如图 7-1-12 所示，实现圆柱体旋转操作，此时旋转轴的选择应根据当前坐标系的坐标轴来确定。

　　5. 绘制三通部分的圆柱体

　　在命令行窗口中输入"UCS"命令，或者单击图 7-1-13 所示"坐标"工具栏中的"UCS"按钮，启动用户坐标系，通过命令行窗口中的 UCS 原点指定或绕坐标轴旋转命令等的使用，使 XY 平面与旋转后的圆柱体中心线平行。

　　再次使用"圆柱体"命令，命令行执行如下：

命令：CYLINDER

指定底面的中心点或［三点(3P)/两点(2P)/切点、切点、半径(T)/椭圆(E)］：

　　　　　　　　　　　　　　　　　（单击捕捉中心线中点作为圆柱体的中心点）

指定底面半径或［直径(D)］<20.0000>:20　　　　　　　　（输入底面圆半径 20mm）

指定高度或［两点(2P)/轴端点(A)］<100.0000>:50

　　　　　　　　　　　　　　　　（向上移动光标，输入圆柱体高度 50mm）

　　得到图 7-1-14 所示三通组合圆柱体。再次启动"圆柱体"命令，以竖直方向上的圆柱

图 7-1-12　"建模"工具栏—"三维旋转"按钮

体的上表面圆心作为中心点，绘制直径为 50mm、高度为 10mm 的小圆柱体，如图 7-1-15 所示。

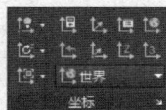

图 7-1-13　"坐标"工具栏—"UCS"按钮

6. 用布尔运算合并实体

在命令行窗口中输入命令"UNION"，或者单击图 7-1-16 所示"布尔值"工具栏中的"并集"按钮，选择所有圆柱体，生成一个实体。

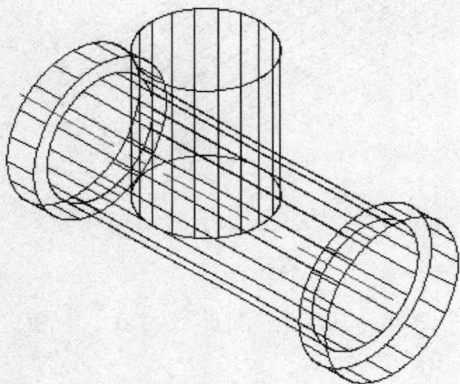

图 7-1-14　三通组合圆柱体分步图 1

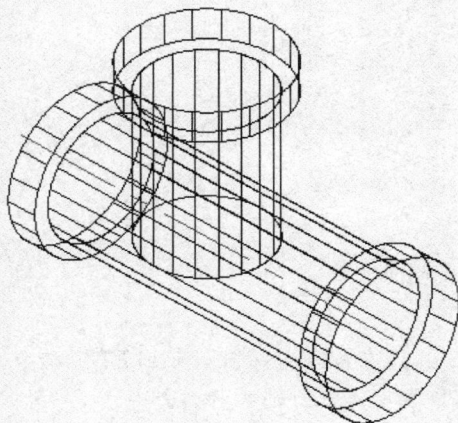

图 7-1-15　三通组合圆柱体分步图 2

图 7-1-16　"布尔值"工具栏—"并集"和"差集"按钮

7. 绘制三通管道内孔

在当前坐标系下先绘制垂直方向的圆柱体内孔，启动"圆柱体"命令，捕捉小圆柱体上表面圆心作为中心点，输入半径"18"，向下移动光标，输入高度"60"，完成圆柱体内孔绘制，如图 7-1-17 所示。

启动"UCS"命令，使坐标轴绕 X 轴旋转 90°，XY 平面与中心线处于垂直状态。再次启动"圆柱体"命令，绘制水平方向内孔，如图 7-1-18 所示，命令行执行如下：

命令：CYLINDER

指定底面的中心点或［三点 (3P)/两点 (2P)/切点、切点、半径 (T)/椭圆 (E)］：

（单击选择水平方向圆柱体底面圆心为中心点）

指定底面半径或［直径 (D) <18.0000>］：18 　　　　　　　（输入半径18mm）

指定高度或［两点 (2P)/轴端点 (A)］<-60.0000>：120

（沿水平方向移动光标，并输入高度120mm）

8. 用布尔运算求差

在命令行窗口中输入"SUBTRACT"命令，或者单击图7-1-16所示"布尔值"工具栏中的"差集"按钮，选择合并后的圆柱体，依次减去步骤7中生成的两个圆柱体内孔，生成三通管道实体，经消隐（HIDE）功能后结果如图7-1-19所示。

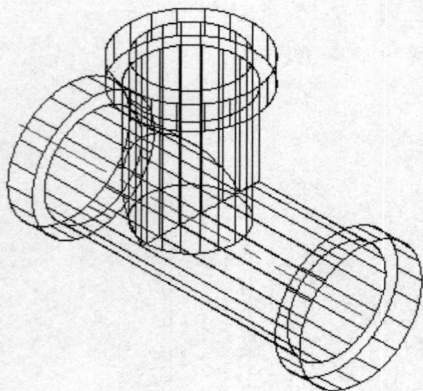

图 7-1-17 三通管道内孔分步图 1　　　　图 7-1-18 三通管道内孔分步图 2

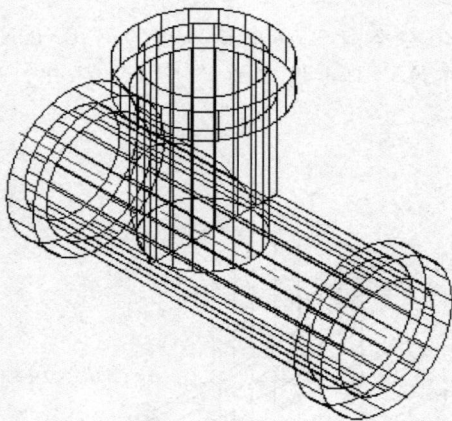

9. 绘制圆角并渲染

1）在命令行输入"FILLET"命令或单击"修改"工具栏中的"圆角"按钮，如图7-1-20所示，进行圆角操作。

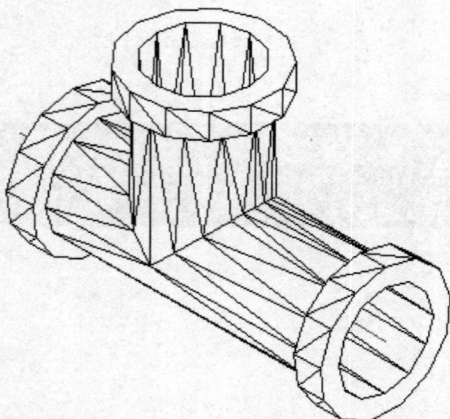

图 7-1-19 差集并消隐后的三通管道　　　图 7-1-20 "修改"工具栏—"圆角"按钮

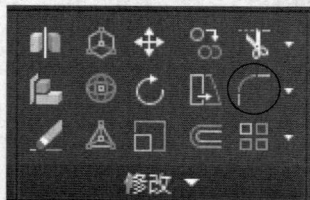

命令行执行如下：

命令：FILLET

当前设置：模式=修剪，半径=0.0000

选择第一个对象或[放弃(U)/多段线(P)/半径(R)/修剪(T)/多个(M)]:R

（输入 R 选项）

指定圆角半径<0.0000>:3(输入圆角半径 3mm)

选择第一个对象或[放弃(U)/多段线(P)/半径(R)/修剪(T)/多个(M)]:

（单击选择实体）

选择边或[链(C)/半径(R)]:已选定 6 个边用于圆角

（依次单击选择需圆角的各边,右击确认,进行圆角操作）

2）单击图 7-1-21 所示"视图"工具栏中的相关按钮,进行渲染操作,结果如图 7-1-22 所示。

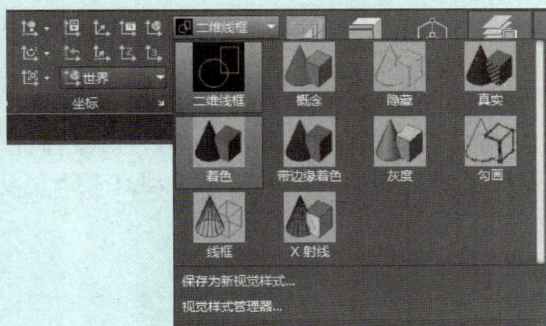

图 7-1-21　"视图"工具栏

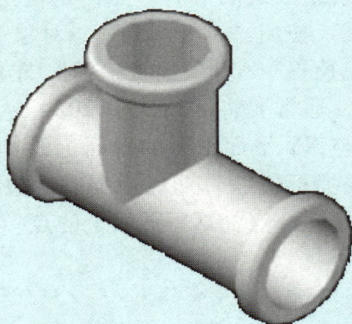

图 7-1-22　渲染后的三通管道

【知识链接】

一、三维视图的表达方式

在 AutoCAD 2024 中,可用如下三种方式创建三维图形。

1）线框模型:由一组轮廓线来表达三维实体,轮廓线可以是直线或曲线。

2）曲面模型:使用多边形网格定义曲面,表达三维视图。

3）实体模型:具有不透明的曲面,包含了空间信息,不同的实体对象间可以进行布尔运算操作,从而创建复杂的实体对象。

二、三维动态观察

使用"视图"菜单中"动态观察"的各子菜单项,可在三维空间中动态观察对象。AutoCAD 2024 有三种动态观察器。

1）受约束的动态观察:此时系统显示三维动态观察图标,图形将沿 XY 平面或 Z 轴约束进行三维动态观察。

2）自由动态观察:不参照平面,在任意方向上进行动态观察。

3）连续动态观察:连续进行动态观察。选择该项后,在绘图区中单击并沿任意方向拖动光标,释放鼠标后,图形开始以动画演示。

三、设置视觉样式

为了能够更好地观察三维视图,AutoCAD 2024 提供了多种视觉样式。在"视图"菜单下有"消隐"选项,在"视图"菜单下的"视觉样式"子菜单项中有"二维线框""概念"和

"真实"等功能选项。

下面介绍消隐视觉样式。通过消隐图形，可将位于三维实体背面看不见的部分遮挡起来，从而使用户更好地观察视图。在命令行窗口中输入"HIDE"命令或者使用"视图"菜单中的"消隐"选项启动"消隐"命令，具体消隐结果可以对比图 7-1-18 和图 7-1-19 所示结果。进行消隐操作后绘图区将无法使用"缩放"和"移动"命令。

其他视觉样式读者可自行使用并对比。

四、三维空间定位点

绘制平面图形时，可以使用"输入坐标""极轴追踪""对象捕捉追踪"等方式来定位点，绘制三维图形时，点的定位主要有以下几种方式。

1）使用"对象捕捉""对象捕捉追踪"方式定位点。在绘制三维图形时，依然可以使用"对象捕捉""对象捕捉追踪"方式来定位点。需要注意的是，在三维视图中使用这种方式绘图时，通常要将 AutoCAD 2024 的"动态 UCS"功能打开，否则将只能在当前坐标系的 XY 平面或与 XY 平面平行的平面上绘图。如图 7-1-23 所示，在当前坐标系下使用"对象捕捉"和"对象捕捉追踪"功能捕捉侧面边线中点，在侧面上绘制图形。如果关闭"动态 UCS"功能，则捕捉到的点为 XY 平面上的点。

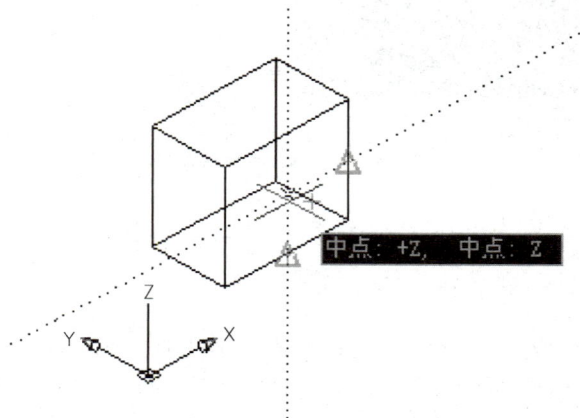

图 7-1-23　打开"动态 UCS"功能绘图

2）使用三维坐标定位点。在绘制三维图形时通过输入三维坐标值来进行三维空间点的定位。例如（20，30，40）指的是 X 轴坐标值为 20mm、Y 轴坐标值为 30mm、Z 轴坐标值为 40mm 的空间点。如果 Z 轴坐标值为 0，则表示在当前坐标系的 XY 平面上绘图。

3）建立用户坐标系定位点。在绘制图形或对三维视图进行标注操作时，为了方便定位，经常进行坐标系的变换，建立用户坐标系。具体操作如下：

在命令行窗口中输入"UCS"命令，或单击"工具"菜单下"新建 UCS"中的各子菜单选项，可以进行用户坐标系的创建操作，如图 7-1-24 所示。

五、基本实体的绘制

在 AutoCAD 2024 中，系统提供了很多基本实体的绘制工具，可以绘制长方体、楔体、圆锥体、圆柱体、球体、圆环体等，可选择"绘图"菜单下"建模"中的各子菜单项，也可以通过"建模"工具栏来绘制基本实体。

1. 绘制长方体

单击"建模"工具栏中的"长方体"按钮█，或在命令行窗口中输入"BOX"命令，启

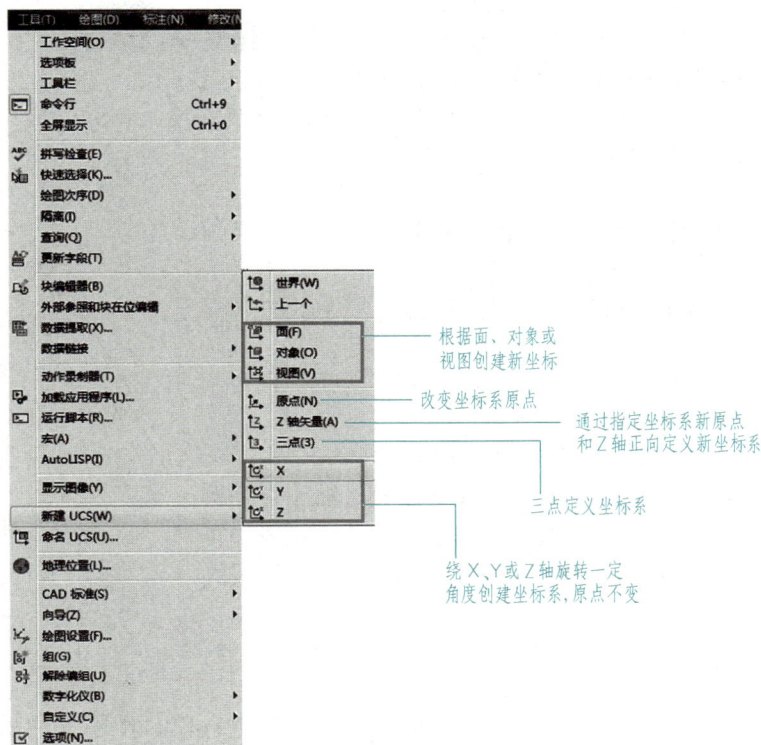

图 7-1-24   建立用户坐标系

动"长方体"命令，命令行提示如下：

指定第一个角点或 [中心(C)]：　　　　　　　　　　（指定点或输入"C"指定中心点）

指定其他角点或 [立方体(C)/长度(L)]：　　　　　（指定长方体的另一角点或输入选项）

各选项含义如下：

1）中心是指使用指定的中心点创建长方体。

2）立方体是指创建一个长、宽、高相同的长方体。

3）长度是指按照指定长、宽、高创建长方体。长度与 X 轴对应，宽度与 Y 轴对应，高度与 Z 轴对应。图 7-1-25 所示为采用三种方式绘制的长方体。

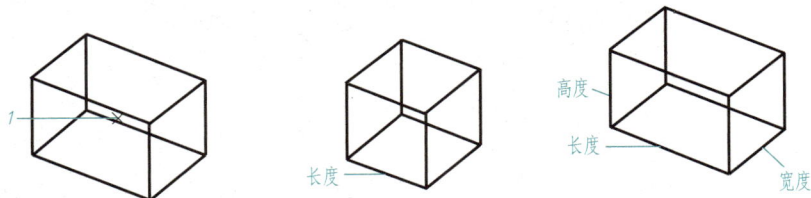

图 7-1-25   绘制长方体

2. 绘制圆锥体

单击"建模"工具栏中的"圆锥体"按钮 ，或在命令行窗口中输入"CONE"命令，启动"圆锥体"命令，命令行提示如下：

指定底面的中心点或[三点(3P)/两点(2P)/切点、切点、半径(T)/椭圆(E)]：

　　　　　　　　　　　　　　　　　　　　（指定底面中心点或输入选项）

指定底面半径或［直径(D)］〈默认值〉：

（指定底面半径、输入"D"指定直径或按〈Enter〉键指定默认的底面半径值）

指定高度或［两点(2P)/轴端点(A)/顶面半径(T)］〈默认值〉：

（指定高度、输入选项或按〈Enter〉键指定默认高度值）

圆锥体形状尺寸如图7-1-26所示。

各选项含义如下：

1）三点（3P）：通过指定三个点来定义圆锥体的底面周长和底面。

2）两点（2P）：通过指定两个点来定义圆锥体的底面直径。

3）切点、切点、半径（T）：定义具有指定半径，且与两个对象相切的圆锥体底面。

4）椭圆（E）：指定圆锥体的椭圆底面。

5）轴端点（A）：指定圆锥体轴的端点位置。轴端点是圆锥体的顶点，或圆台的顶面中心点（"顶面半径"选项），可以位于三维空间的任何位置。轴端点定义了圆锥体的长度和方向。

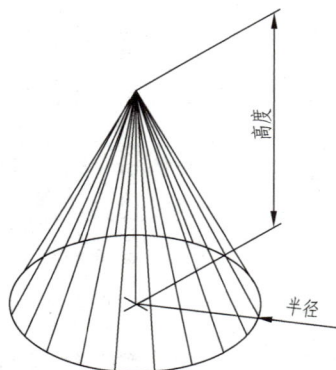

图 7-1-26　圆锥体

6）顶面半径（T）：创建圆台时指定圆台的顶面半径。

3. 绘制球体和圆环体

单击"建模"工具栏中的"球体"按钮 ，或在命令行窗口中输入"SPHERE"命令，可以绘制球体，如图7-1-27a所示，这时只需指定球体球心坐标和球体半径或直径即可。

单击"建模"工具栏中的"圆环体"按钮 ，或在命令行窗口中输入"TORUS"命令，可以绘制圆环体，如图7-1-27b所示。绘图时需要指定圆环体的中心位置、圆环体半径或直径，以及圆管半径或直径。其各选项含义同圆锥体的绘制。

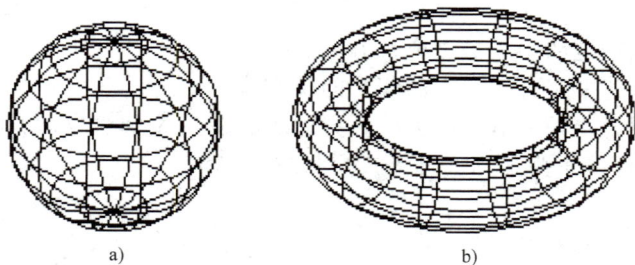

a)　　　　　　　　　　　b)

图 7-1-27　球体和圆环体

素养园地：3D 软件，自主研发

图 7-1-28 所示为中望 3D 软件界面，中望 3D 作为国产 3D 软件的典型代表，早在 2010 年就收购了美国 VX 公司的 VX CAD/CAM 技术及研发团队，开始走上了从引进到研发的发展之路。目前以中望 3D 为代表的 3D 软件在航空航天等高端领域的应用与国外还有一定的差距，但在大众普及化方面取得了长足的进步。中望 3D 的性能与国外主流 3D 软件相比，还存在客观差距。但是，凭借自主知识产权的 2D、3D 几何建模内核，以及多项国内领先的核心技术，中望 3D 正以每年一到两个版本的更新速度快速发展，只有拥有关键技术的自主知识产权，未来才不会被"卡脖子"。

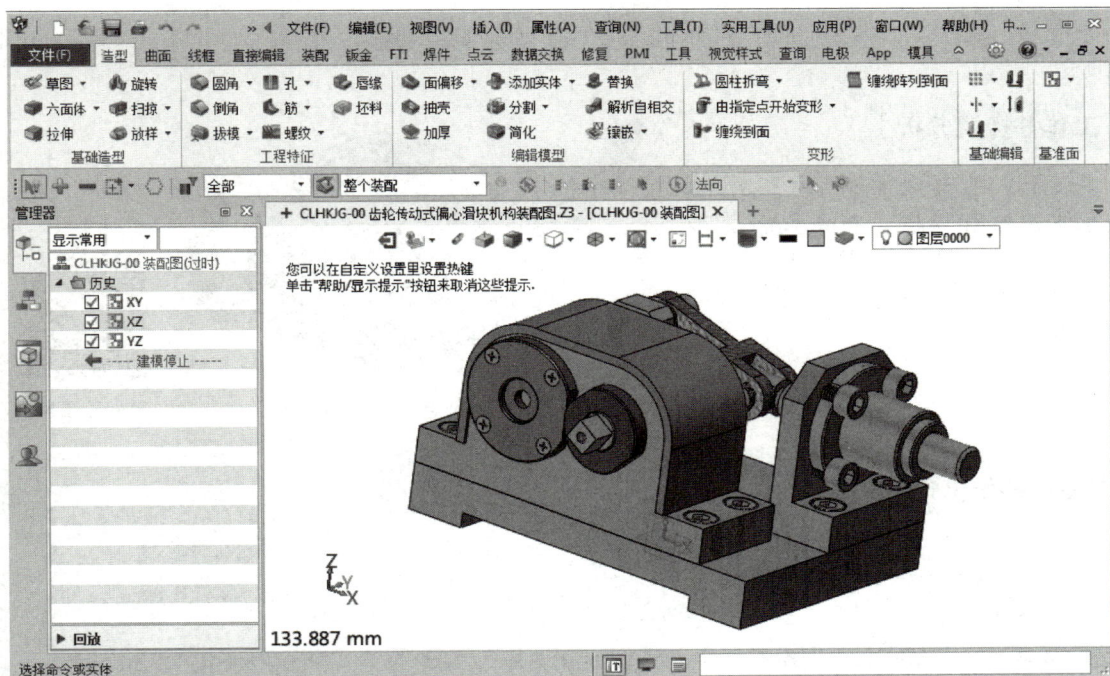

图 7-1-28　中望 3D 软件界面

【强化练习】

1. 使用三通管道绘制过程中使用的命令和方式，绘制图 7-1-29 所示三通管道。

2. 绘制图 1-3-1 所示阶梯轴。

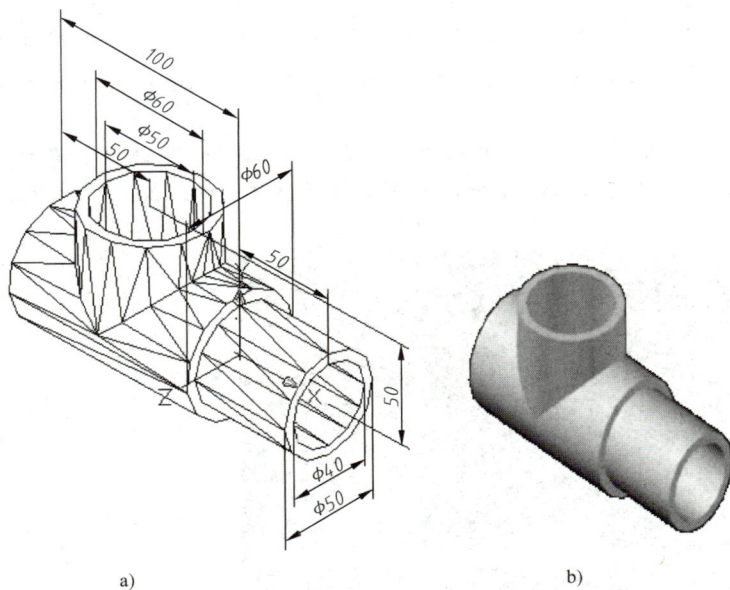

a)

b)

图 7-1-29　练习图

<h1 style="text-align:center">任务二　茶壶建模</h1>

【工作任务及分析】

茶壶三维模型如图 7-2-1 所示，为方便建模和绘图，将茶壶分为壶体、壶盖、壶把、壶嘴、壶底五部分，分别绘制在相应的图层上，尺寸自行确定。

图 7-2-1　茶壶三维模型　　　　茶壶建模

【任务操作步骤】

一、创建文档与基本操作

1. 创建文档

启动 AutoCAD 2024，新建文件，将文件命名为"茶壶"。

2. 基本操作

单击"图层特性"按钮，在"图层特性管理器"对话框中单击"新建图层"按钮，建立图 7-2-2 所示图层，单击"关闭"按钮。

二、茶壶建模操作

1. 绘制中心线

在图层特性管理器中选择"中心线"图层作为当前图层，单击"绘图"工具栏中的"直线"按钮，在绘图区合适位置单击，得到直线的一个端点，在"正交"模式下向下移动光标，并输入中心线长度120mm，按〈Enter〉键两次，得到主视图中心线。

2. 绘制壶体

1）切换当前图层为"壶体"图层，单击"绘图"工具栏中的"样条曲线"按钮，在中心线右侧适当位置（水平距离25mm处）单击确定样条曲线的起点，经修剪后绘制图 7-2-3 所示样条曲线。

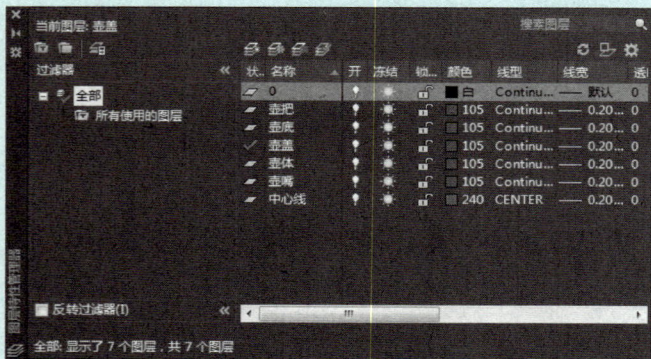

图 7-2-2　图层特性管理器　　　　图 7-2-3　样条曲线

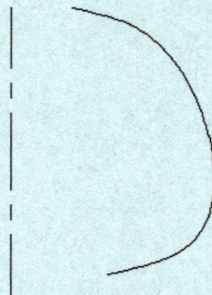

174

2）在命令行窗口中输入"ROTATE"，或单击图7-2-4所示"建模"工具栏中的"旋转"按钮，启动"旋转"命令，选择样条曲线为旋转对象，中心线为旋转轴，旋转角度为360°，得到图7-2-5所示壶体曲面。

图7-2-4 "建模"工具栏—"旋转"按钮

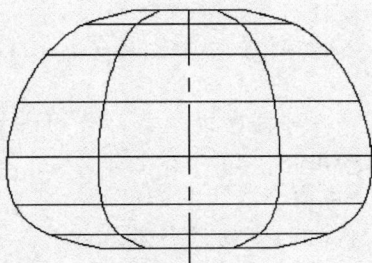

图7-2-5 壶体曲面

3. 绘制壶嘴

1）切换当前图层为"壶嘴"图层，单击"绘图"工具栏中的"样条曲线"按钮，在壶体表面适当处单击，作为样条曲线的起点，绘制如图7-2-6所示样条曲线，在命令行输入"CO"，执行"复制"命令，复制刚刚绘制的样条曲线，放置在原位。

2）在命令行窗口中输入"UCS"命令，以样条曲线起点为坐标原点，建立使样条曲线和XY平面相垂直的用户坐标系，如图7-2-7所示。

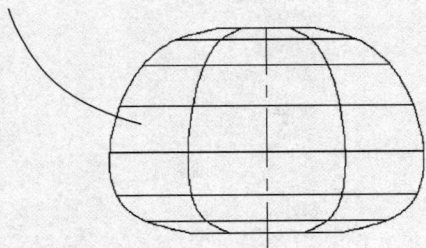

图7-2-6 样条曲线

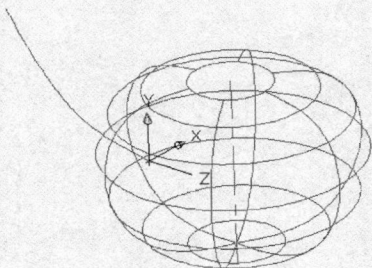

图7-2-7 建立UCS

3）单击"绘图"工具栏中的"圆"按钮 ⊙，启动"圆"命令，捕捉坐标原点为圆心，分别绘制半径为8mm和12mm的两个同心圆，如图7-2-8所示。

4）再次启动"UCS"命令，以样条曲线的另外一个端点为原点，建立图7-2-9所示用户坐标系，重复画圆命令，以新建的用户坐标系原点为圆心，分别绘制半径为5mm和8mm的两个同心圆。

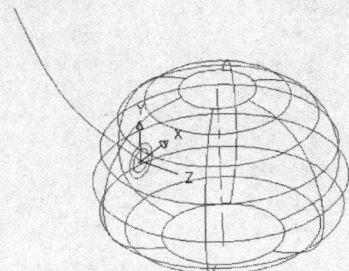

图7-2-8 壶嘴的绘制

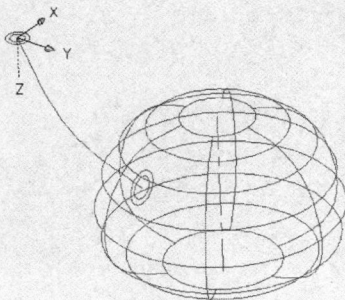

图7-2-9 建立UCS并画圆

5）在命令行窗口中输入"LOFT"命令，或单击"建模"工具栏中的"放样"按钮，如图 7-2-10 所示，启动"放样"命令。依次选择壶嘴样条曲线两端的小圆，命令行提示如下：

按放样次序选择横截面：找到 1 个　　　　　　　　　　　（选择第一个圆）

按放样次序选择横截面：找到 1 个,总计 2 个　　　　　　（选择第二个圆）

按放样次序选择横截面：　　　　　　　（按〈Enter〉键确认截面选择完成）

输入选项[导向(G)/路径(P)/仅横截面(C)/设置(S)]<仅横截面>:P

（输入"P",按路径进行放样）

选择路径轮廓:（选择样条曲线为路径轮廓,执行的结果如图 7-2-11 所示）

6）关闭"壶体"和"中心线"图层，继续以样条曲线两端的小圆进行放样操作，启动"差集"命令，用先生成的大壶嘴实体减去后生成的实体，得到图 7-2-12 所示壶嘴。

7）打开"壶体"图层，单击"修改"菜单中"三维操作"下的"剖切"命令，如图 7-2-13 所示，命令行提示如下：

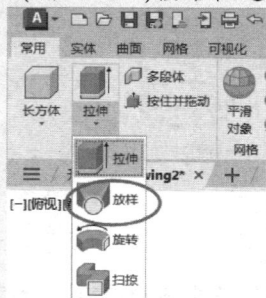

图 7-2-10　"建模"工具栏—"放样"按钮

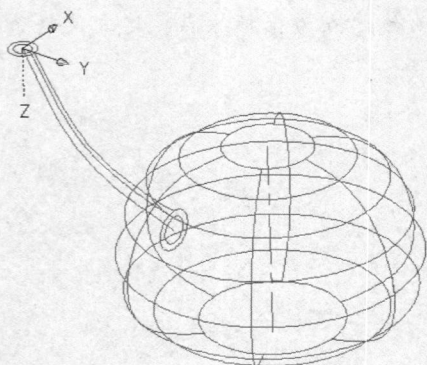

图 7-2-11　壶嘴放样操作

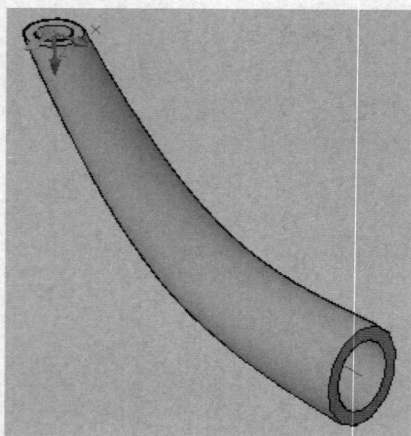

图 7-2-12　壶嘴实体

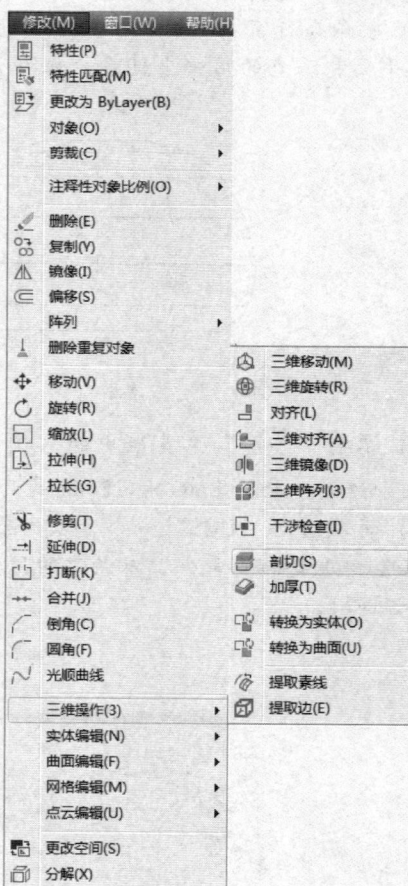

图 7-2-13　"剖切"命令

命令:_SLICE

选择要剖切的对象:找到 1 个　　　　　　　　　　（单击壶嘴部分实体,选中作为剖切对象）

选择要剖切的对象:　　　　　　　　　　　　　　（按〈Enter〉键确认剖切对象选择完成）

指定切面的起点或[平面对象(O)/曲面(S)/z轴(Z)/视图(V)/xy(XY)/yz(YZ)/zx

(ZX)/三点(3)]<三点>:S　　　　　　　　　　（输入"S",选择曲面为切面）

选择曲面:　　　　　　　　　　　　　　　　（单击选择壶体曲面作为切面）

选择要保留的实体或[保留两个侧面(B)]<保留两个侧面>:

　　　　　　　　　　（单击选择要保留的部分实体并按〈Enter〉键确认,完成剖切）

生成图 7-2-14 所示剖切壶嘴实体。

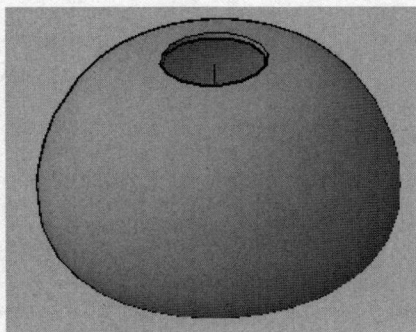

4. 生成壶体实体

关闭"壶嘴"图层,单击"修改"菜单中"三维操作"下的"加厚"命令或者单击"实体编辑"工具栏中的"加厚"按钮 █ ,选中壶体曲面,进行曲面加厚操作,厚度设为3mm,选择"概念"视图样式后,效果如图 7-2-15 所示。

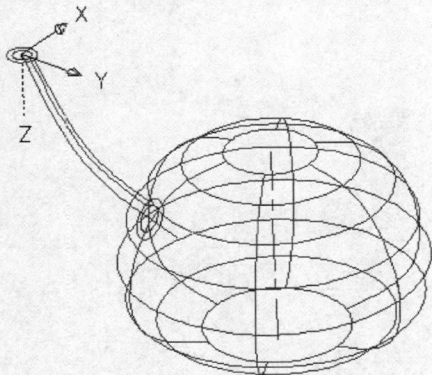

图 7-2-14　剖切壶嘴实体

图 7-2-15　壶体实体视图

5. 绘制壶把

1) 将"壶把"图层设置为当前图层,单击"绘图"工具栏中的"样条曲线"按钮,绘制图 7-2-16 所示样条曲线。

2) 关闭"壶体"图层,在命令行窗口中输入"UCS"命令,以样条曲线起点为坐标原点,建立使样条曲线和 XY 平面相垂直的用户坐标系,绘制长半轴为 8mm、短半轴为 6mm 的椭圆,如图 7-2-17 所示。

图 7-2-16　绘制壶把样条曲线

3) 在命令行窗口中输入"SWEEP"命令,或者单击图 7-2-18 所示"建模"工具栏中的"扫掠"按钮,启动"扫掠"命令,选择椭圆为扫掠对象,样条曲线为扫掠路径,生成壶把。二维线框显示如图 7-2-19 所示。

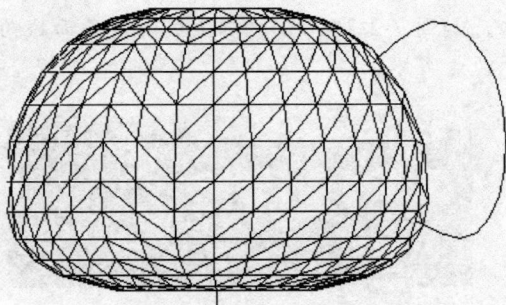

6. 绘制壶盖

1) 将"壶盖"图层设置为当前图层,在壶体上方使用"样条曲线"和"直线"命令绘制图 7-2-20 所示阴影图形。

2) 在命令行窗口中输入"REGION"命令,或单击"绘图"工具栏中的"面域"按钮 ▣ ,启动"面域"命令,将壶盖封闭图形生成面域。

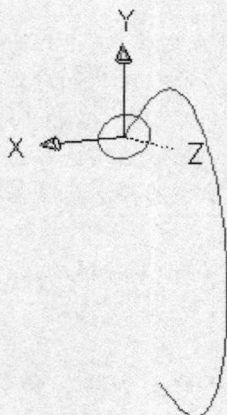

图 7-2-17　绘制椭圆

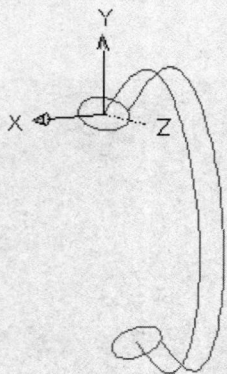

图 7-2-18　"建模"工具栏—"扫掠"按钮

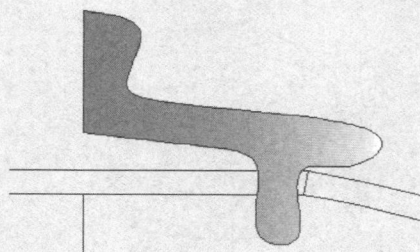

图 7-2-19　生成壶把二维图形

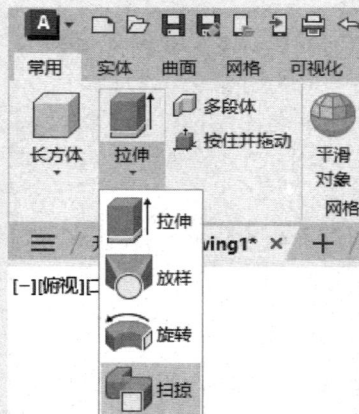

图 7-2-20　绘制壶盖阴影图形

3）在命令行窗口中输入"ROTATE"命令，或单击"建模"工具栏中的"旋转"按钮，如图 7-2-21 所示，以生成的壶盖面域为旋转对象，以中心线为旋转轴，生成图 7-2-22 所示壶盖实体。

图 7-2-21　"建模"工具栏—"旋转"按钮

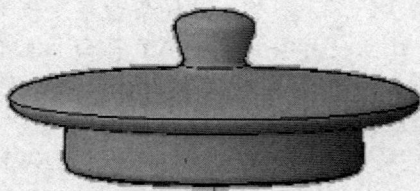

图 7-2-22　壶盖实体

7. 绘制壶底

1）将"壶底"图层设置为当前图层，启动"直线""样条曲线"命令，绘制图 7-2-23 所示阴影框线，并生成面域。

2）使用"建模"工具栏中的"旋转"命令，以中心线为轴线，将壶底面域生成图 7-2-24 所示壶底实体。

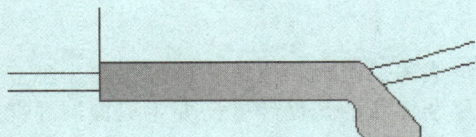

图 7-2-23　壶底面域

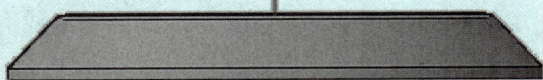

图 7-2-24　壶底实体

8. 布尔运算合成茶壶实体

将所有图层处于显示状态，在命令行窗口输入"UNION"命令或单击"实体"工具栏中的"并集"命令，选择所有绘制的茶壶对象，将所绘实体合成一个整体；选择"视图"菜单中的"概念"视觉样式，得到图 7-2-25 所示茶壶实体。

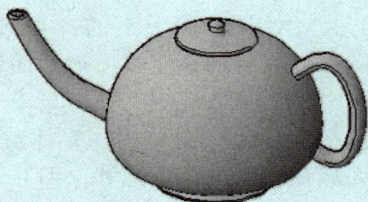

图 7-2-25　茶壶实体

【知识链接】

一、利用布尔运算创建复杂实体

布尔运算通过对两个或两个以上的实体对象进行并集、差集、交集运算，从而得到新的形状更为复杂的实体。

（1）并集运算　使用"并集"（UNION）命令可以通过组合多个实体生成一个新实体。该命令主要用于将多个相交或相接触的对象组合在一起。当组合一些不相交的实体时，其显示效果看起来还是多个实体，但实际上却被当作一个对象。图 7-2-26 显示了将一个圆柱体与一个球体合并的效果。

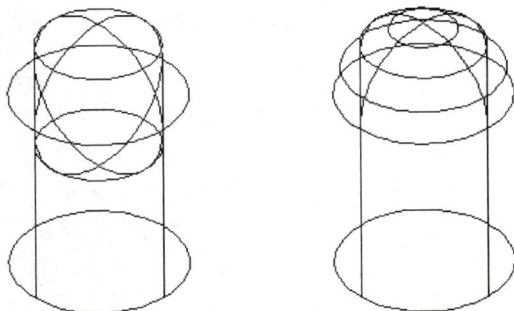

（2）差集运算　使用"差集"（SUBTRACT）命令可以通过从一个或多个实体中减去一个或多个实体而生成一个新的实体。图 7-2-27 显示了从圆柱体中减去球体后的结果。

图 7-2-26　并集运算

如果两个实体对象不相交，那么将删除被减去的实体对象。

（3）交集运算　使用"交集"（INTERSECT）命令可以创建一个实体，该实体是两个或多个实体的公共部分，如图 7-2-28 所示，其结果为圆柱体与球体的公共部分。

如果所选实体对象不相交，那么进行交集运算后，所选实体对象同时被删除。

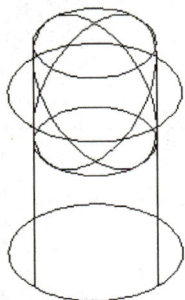

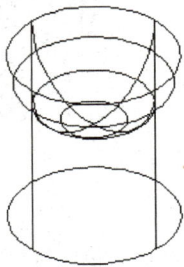

图 7-2-27　差集运算

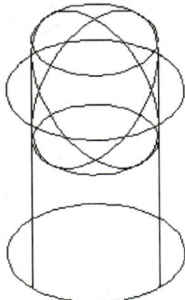

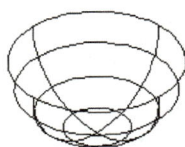

图 7-2-28　交集运算

二、使用面域绘制复杂形状实体

面域是由直线、圆弧、多段线、样条曲线等对象组成的二维封闭实体。面域是一个独立的实体，可以进行布尔运算。在三维实体绘制中，一些复杂形状的截面经常需要生成面域才能进行相关的实体生成操作，如旋转、拉伸等。

1. 创建面域

选择"绘图"菜单下的"面域"选项，或在命令行窗口中输入"REGION"命令，可将封闭图形区域转换为面域。创建面域后，原来的对象生成为一个整体。

2. 面域的布尔运算

选择"修改"菜单中"实体编辑"子菜单项中的"并集""差集"或"交集"选项，可以对面域执行三种布尔运算，即并集、差集和交集。操作时应注意以下几点。

对面域求并集时，即使所选面域并未相交，所选面域也将被合并为一个单独的面域；对面域求差集时，如果所选面域并未相交，所有被减面域将被删除；对面域求交集时，如果所选面域并未相交，将删除所有选择的面域，如图7-2-29所示。

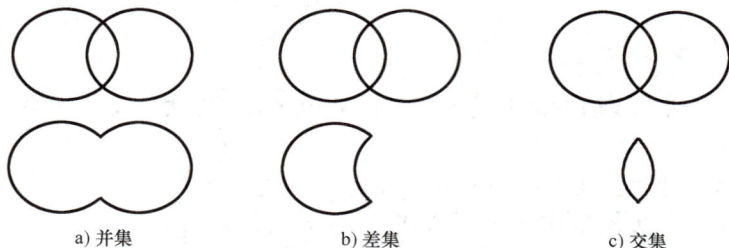

| a) 并集 | b) 差集 | c) 交集 |

图 7-2-29　面域布尔运算

3. 旋转创建实体

使用"旋转"（ROTATE）命令，或单击"建模"工具栏中的"旋转"按钮，启动"旋转"命令，可以将二维对象绕某一轴旋转生成实体或曲面。用于旋转的二维对象可以是封闭多段线、多边形、圆、椭圆、封闭样条曲线、圆环，以及由多个对象组成的封闭区域，并且一次可以旋转多个对象。但是，三维对象、包含在块中的对象、有交叉或自干涉的多段线不能被旋转。

通常情况下，如果要旋转由多个对象组成的封闭区域生成实体，则封闭区域要先转化为面域或封闭多段线。图7-2-30所示为旋转生成轴承端盖实体。

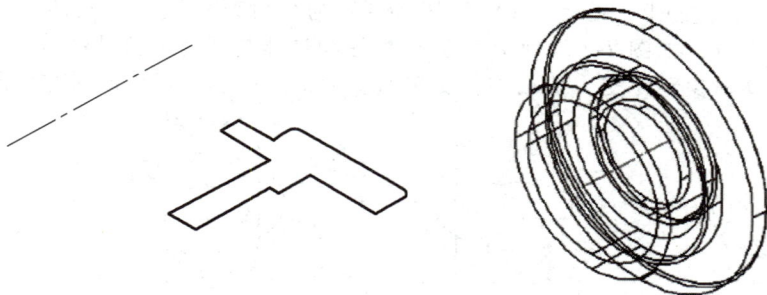

图 7-2-30　旋转生成轴承端盖实体

其操作步骤如下：

1) 在"二维线框"视图样式下，先根据尺寸绘制截面图形，确定旋转轴。再转换到三维视图样式，如图7-2-30所示，转换视点为西南等轴测视图。

2）将截面视图转换为面域或封闭多段线。

3）使用"旋转"命令创建实体。

4. 放样创建实体

放样是通过指定一系列横截面来创建新的实体或曲面。横截面用于定义结果实体或曲面的截面轮廓（形状），横截面（通常为曲线或直线）可以是开放的（如圆弧），也可以是闭合的（如圆）。使用"放样"（LOFT）命令或单击"建模"工具栏中的"放样"按钮 ，启动"放样"命令，用于在横截面之间的空间内绘制实体或曲面。

使用"放样"命令时必须至少指定两个横截面，如果放样的截面都是开放的，那么将创建曲面；如果放样的对象都是闭合的，那么将创建实体。命令行提示如下：

命令:LOFT

按放样次序选择横截面:找到 1 个　　　　　　　　　　　　　（选择所需横截面）

按放样次序选择横截面:找到 1 个,总计 2 个　　　　　　　　　（选择所需横截面）

按放样次序选择横截面:　　　　　　　　　（按〈Enter〉键确认,横截面选择完毕）

输入选项[导向(G)/路径(P)/仅横截面(C)/设置(S)]<仅横截面>:　　　（输入相应选项）

各选项含义如下：

1）导向（G）：指定控制放样实体或曲面形状的导向曲线。导向曲线是直线或曲线，可通过将其他线框信息添加至对象来进一步定义实体或曲面的形状。图 7-2-31 所示无导向曲线放样和图 7-2-32 所示有导向曲线放样显示了不同的放样结果。

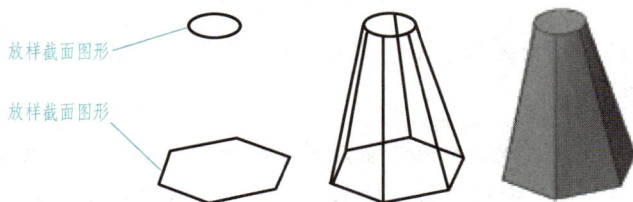

图 7-2-31　无导向曲线放样

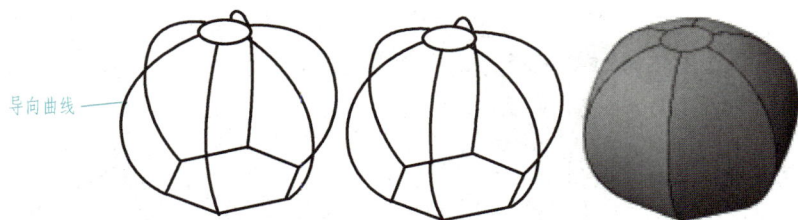

图 7-2-32　有导向曲线放样

2）路径（P）：按照路径对截面进行放样，如图 7-2-33 所示。

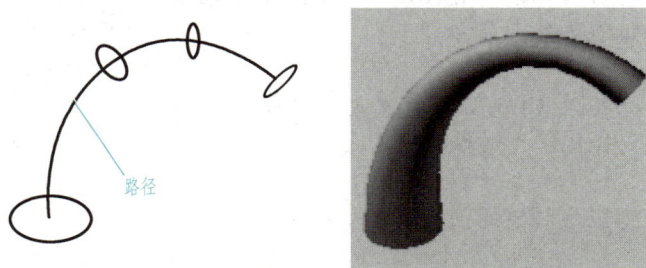

图 7-2-33　按照路径放样

3）仅横截面（C）：在"放样设置"对话框中设置横截面上的曲面控制方法，如图7-2-34所示。

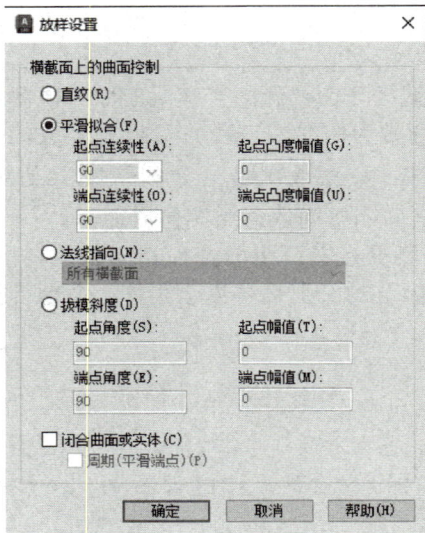

图 7-2-34 "放样设置"对话框

4）设置（S）：可以对横截面上的曲面进行直纹、平滑拟合、法线指向、拔模斜度等控制。

三、设置用户坐标系（UCS）的原点和方向

UCS 是可移动的笛卡儿坐标系，用于建立 XY 工作平面、水平方向和竖直方向、旋转轴以及其他有用的几何参照。

> 注意：用户一般只能在 XY 工作平面内绘制二维图形，在"对象捕捉"等方式指定定点时可在平行于 XY 工作平面的平面上绘制二维图形，在标注尺寸和书写文字时注意通过 X 轴和 Y 轴控制文字方向。

命令：UCS
指定 UCS 的原点或［面(F)/命名(NA)/对象(OB)/上一个(P)/视图(V)/世界(W)/X/Y/Z/Z轴(ZA)]<世界>：
具体意义如下：

1. 指定 UCS 的原点

使用一点、两点或三点定义一个新的 UCS。如果指定单个点，当前 UCS 的原点将会移动，但不会更改 X、Y 和 Z 轴的方向。如果指定第二个点，则 UCS 将旋转，以使 X 轴正向通过该点。如果指定第三个点，则 UCS 将围绕新 X 轴旋转来定义 Y 轴正向，如图 7-2-35 所示。

提示：
也可以直接选择并拖动 UCS 图标原点夹点到一个新位置，或从原点夹点菜单中选择"仅移动原点"。

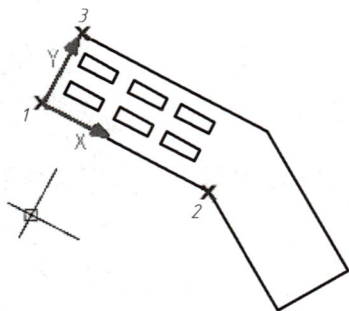

图 7-2-35 三点定义坐标系

2. 面
将 UCS 动态对齐到三维对象的面。

3. 命名
命名当前坐标系。

提示：

也可以在该 UCS 图标上右击后选择"命名 UCS"来保存或恢复命名 UCS 定义。

4. 对象

将 UCS 与选定的二维或三维对象对齐。UCS 可与包括点云在内的任何对象类型对齐（参照线和三维多段线除外）。将光标移动到对象上，以查看 UCS 将如何对齐的预览效果，单击以放置 UCS。大多数情况下，UCS 的原点位于离指定点最近的端点，X 轴将与边对齐或与曲线相切，Z 轴垂直于对象对齐，如图 7-2-36 所示。

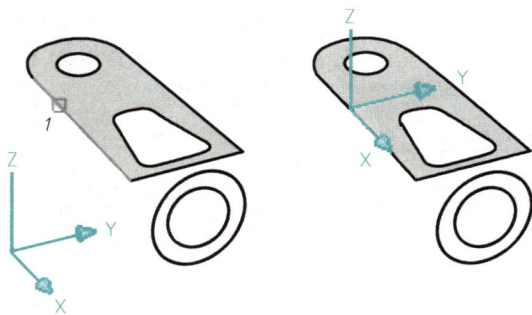

图 7-2-36　对齐对象建立坐标系

5. 上一个

恢复上一个 UCS。可以在当前任务中逐步返回最后 10 个 UCS 设置。

6. 视图

将 UCS 的 XY 平面与垂直于观察方向的平面对齐，原点保持不变，但 X 轴和 Y 轴分别变为水平和竖直，如图 7-2-37 所示。

7. 世界

将 UCS 与世界坐标系（WCS）对齐。

提示：

也可以单击 UCS 图标并从原点夹点菜单中选择"世界"。

8. X、Y、Z

绕指定轴旋转当前 UCS。旋转方向遵循右手定则：将右手拇指指向旋转的坐标轴的正向，卷曲其余四指，其余四指所指的方向即绕轴旋转的正方向，如图 7-2-38 所示。

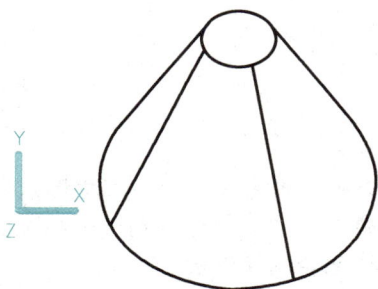

图 7-2-37　对齐视图建立坐标系

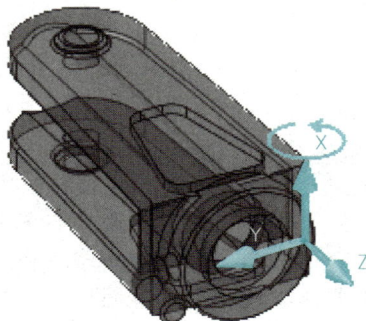

图 7-2-38　右手定则确定旋转方向

通过指定原点和一个或多个绕 X、Y 或 Z 轴的旋转，可以定义任意的 UCS，如图 7-2-39 所示。

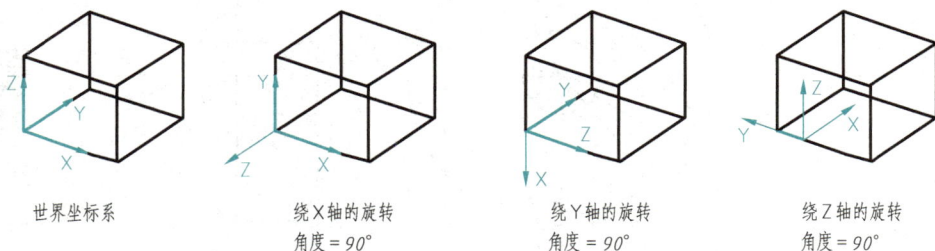

世界坐标系　　　绕 X 轴的旋转　　　绕 Y 轴的旋转　　　绕 Z 轴的旋转
　　　　　　　　角度 = 90°　　　　角度 = 90°　　　　角度 = 90°

图 7-2-39　旋转 X、Y、Z 轴建立坐标系

9. Z 轴

将 UCS 与指定的 Z 轴正向对齐。UCS 原点移动到第一个点，其 Z 轴正向通过第二个点。

> **注意：** 在新位置显示坐标系必须执行"常用"选项卡中的"在原点处显示 UCS 图标"命令，否则 UCS 图标将总在左下角显示或不显示，如图 7-2-40 所示。

【强化练习】

按照图 7-2-41 所示尺寸，绘制轴承端盖实体图形。

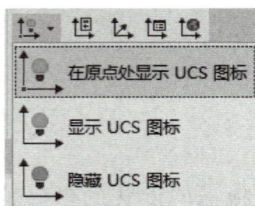

图 7-2-40　显示 UCS 图标

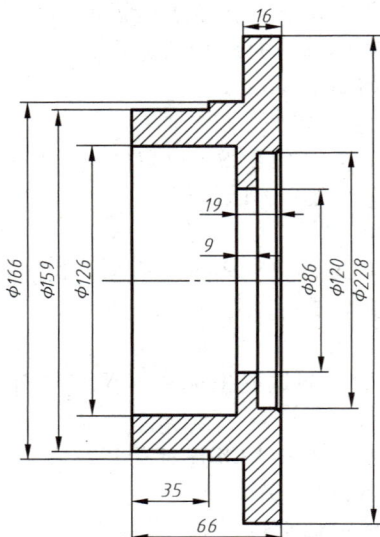

图 7-2-41　轴承端盖

任务三　直齿圆柱齿轮建模

【工作任务及分析】

已知直齿圆柱齿轮的尺寸如图 7-3-1 所示，模数 m 为 2mm，齿数 z 为 36，根据图示尺寸绘制齿轮三维实体。为了方便理解和应用，本任务要求将齿轮实体和中心线分别置于相应的图层上。因此，本任务至少应创建两个图层，分别为中心线图层和轮廓线图层。

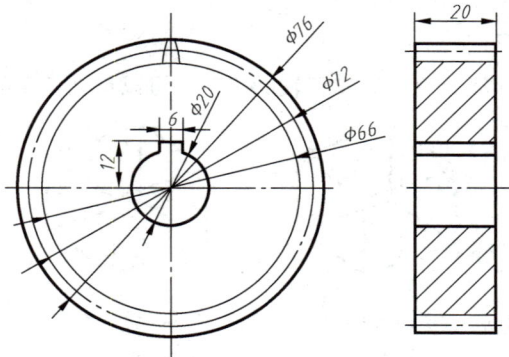

图 7-3-1　直齿圆柱齿轮

直齿圆柱齿
轮建模

【任务操作步骤】

一、创建文档与基本操作

1. 创建文档

启动 AutoCAD 2024，新建文件，将文件命名为"齿轮"。

2. 基本操作

单击"图层特性"按钮 ，在"图层特性管理器"对话框中单击"新建图层"按钮 ，建立图 7-3-2 所示图层，轮廓线线宽为 0.5mm，其余均为默认线宽，单击"确定"按钮。

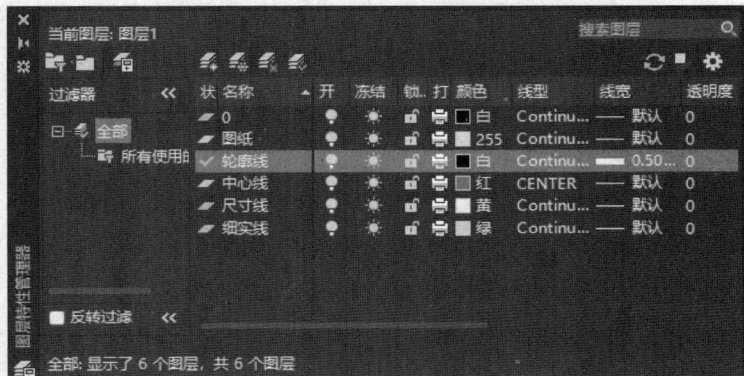

图 7-3-2　图层的建立

二、绘制齿轮

1. 绘制中心线

单击"图层"工具栏中的 ，选择"中心线"图层作为当前图层。单击"绘图"工具栏中的"直线"按钮 ，在绘图区合适位置单击，得到直线的一个端点，在"正交"模式下，向下移动光标，输入点画线长度"100"，按〈Enter〉键两次，得到齿轮主视图中心线；再次按〈Enter〉键，重新执行"直线"命令，在"对象捕捉追踪"和"对象捕捉"模式下，在主视图中心线中间移动光标，当出现捕捉主视图中心线"中点" 时，向左移动光标，当出现水平追踪虚线时，直接输入"50"并按〈Enter〉键作为水平中心线的起点；向右移动光标，输入长度"100"并按〈Enter〉键两次，完成水平中心线绘制。

2. 绘制齿轮分度圆

将"中心线"图层设置为当前图层，单击"绘图"工具栏中的"圆"按钮，启动"圆"命令，捕捉中心线交点作为分度圆的圆心，输入半径 36mm，完成分度圆的绘制，如图 7-3-3 所示。

3. 绘制齿轮轮廓线

将"轮廓线"图层设置为当前图层，再次启动"圆"命令，命令行执行如下：

命令：
CIRCLE

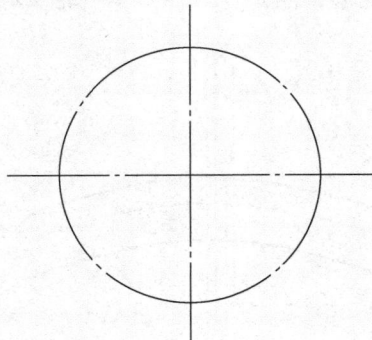

图 7-3-3　齿轮分度圆

指定圆的圆心或［三点(3P)/两点(2P)/切点、切点、半径(T)］：

（捕捉中心线交点为圆心）

指定圆的半径或［直径(D)］<36.0000>:38　　（输入齿顶圆半径38mm）

命令:CIRCLE

指定圆的圆心或［三点(3P)/两点(2P)/切点、切点、半径(T)］：

（按〈Enter〉键,再次启动"圆"命令,捕捉中心线交点为圆心）

指定圆的半径或［直径(D)］<38.0000>:33　　（输入齿根圆半径33mm）

得到如图 7-3-4 所示图形。

4. 绘制单个轮齿的齿形轮廓

1）在命令行窗口中输入"OFFSET"命令，或单击图 7-3-5 所示"修改"工具栏中的"偏移"按钮，启动"偏移"命令，输入偏移距离"2"，选择竖直中心线进行左偏移操作。再次启动"偏移"命令，输入偏移距离"1.57"，选择竖直中心线进行左偏移操作，再次启动"偏移"命令，输入偏移距离"0.61"，选择竖直中心线进行左偏移操作。

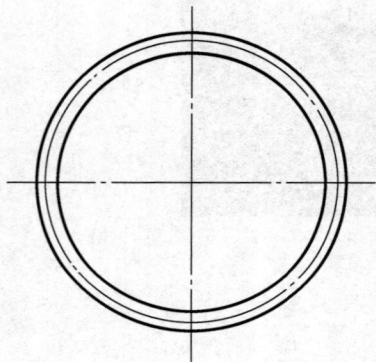

图 7-3-4　齿轮轮廓线

图 7-3-5　"修改"工具栏

2）单击选中刚刚生成的三条直线，将其置于"轮廓线"图层，结果如图 7-3-6 所示。

3）在命令行窗口中输入"ARC"命令，或单击"绘图"工具栏中的"圆弧"按钮，启动"圆弧"命令，绘制图 7-3-7 所示圆弧。

4）删除偏移的三条竖直线，启动"镜像"命令，以竖直中心线为镜像线，对圆弧进行镜像，经修剪后得到单个轮齿轮廓线，如图 7-3-8 所示。

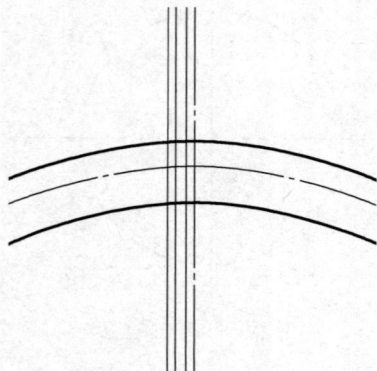

图 7-3-6　偏移中心线　　图 7-3-7　轮齿轮廓线　　图 7-3-8　单个轮齿轮廓线

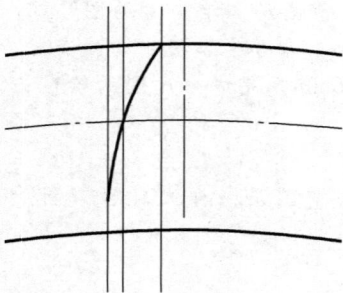

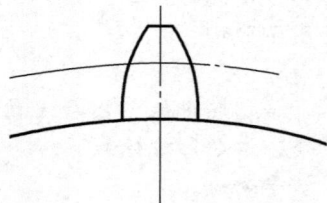

5）在命令行窗口中输入"ARRAY"命令，或者单击"修改"工具栏中的"环形阵列"按钮 ⬡，启动"环形阵列"命令：选择阵列对象，按〈Enter〉键，选择中心线交点作为阵列中心点，打开"阵列创建"选项卡，如图7-3-9所示，项目数输入"36"，关闭阵列。

图 7-3-9　"阵列创建"选项卡

6）对阵列后的图形进行修剪操作，得到图7-3-10所示齿轮轮廓线图形。

5. 绘制齿轮轴孔

启动"圆"命令，以中心线交点为圆心，绘制半径为10mm的孔；再次启动"直线"命令，绘制图7-3-11所示轴孔。

6. 生成齿轮实体

1）将"中心线"图层隐藏起来，在命令行窗口输入"REGION"命令，或者单击"面域"按钮 ⬛，启动"面域"命令，框选齿轮轮廓线，生成两个面域。再用布尔运算"差集"命令对生成的两个面域进行差集运算，生成图7-3-12所示图形。

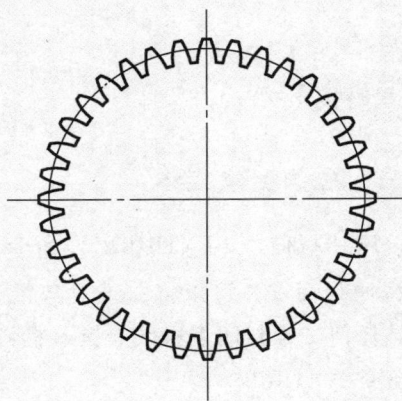

图 7-3-10　齿轮轮廓线

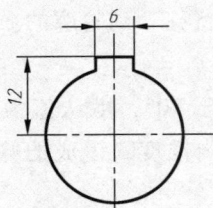

图 7-3-11　绘制齿轮轴孔

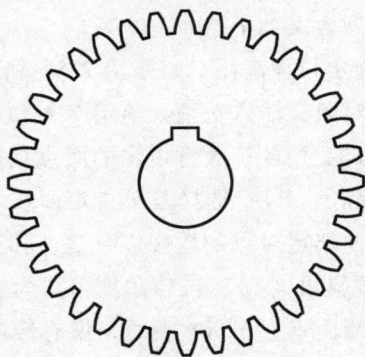

图 7-3-12　生成齿廓面域

2）在命令行窗口输入"EXTRUDE"命令，或者单击图7-3-13所示"建模"工具栏中的"拉伸"按钮，启动"拉伸"命令。

3）选择齿廓面域为拉伸对象，输入拉伸高度"20"，切换到西南等轴测视图，对二维线框进行"消隐"显示，得到图7-3-14所示齿轮实体图形。

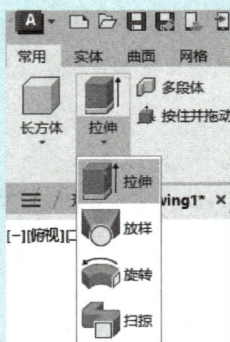

图 7-3-13　"建模"工具栏—"拉伸"按钮

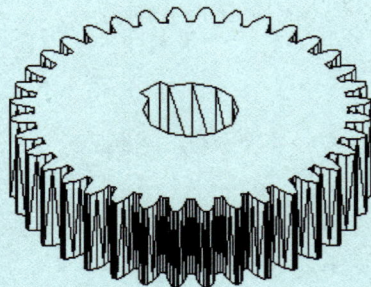

图 7-3-14　齿轮实体

【知识链接】

一、拉伸创建实体

使用"拉伸"（EXTRUDE）命令，或者单击"建模"工具栏中的"拉伸"按钮 ，启动"拉伸"命令，可以将二维对象沿 Z 轴或某个方向矢量拉伸成实体。拉伸对象称为断面，可以是任何二维封闭多段线、圆、椭圆、封闭样条曲线和面域。命令行执行如下：

命令：EXTRUDE　　　　　　　　　　　　　　　　　　　　　　　　　（启动拉伸命令）

选择要拉伸的对象：　　　　　　　　　　　　　（单击选择需要进行拉伸操作的对象）

指定拉伸高度或［方向(D)/路径(P)/倾斜角(T)］＜默认值＞：（输入拉伸高度或其他选项）

各选项含义如下：

1）指定拉伸高度：表示沿 Z 轴进行拉伸操作，输入正值，将沿对象所在坐标系的 Z 轴正方向拉伸对象；输入负值，将沿 Z 轴负方向拉伸对象。

2）方向（D）：通过指定的两点指定拉伸的长度和方向。

3）路径（P）：选择基于指定曲线对象的拉伸路径，路径将移动到轮廓的质心，然后沿选定路径拉伸选定对象的轮廓以创建实体或曲面。

4）倾斜角（T）：拉伸角度可以为正或负，其绝对值不大于 90°；默认值为 0°，表示生成的实体的侧面垂直于 XY 平面，没有锥度；如果为正，将产生内锥度，生成的侧面向里靠；如果为负，将产生外锥度，生成的侧面向外靠。

二、按住并拖动创建实体

通过按住＜Ctrl+Alt＞组合键，或单击"建模"工具栏中的"按住并拖动"按钮，或直接在命令行窗口中输入"PRESSPULL"命令，可以通过拾取一个共面的封闭区域，然后拖动光标来创建实体。执行"按住并拖动"命令时，只需将光标移至封闭区域，系统会自动分析边界。如图 7-3-15 所示为生成的五角星实体。

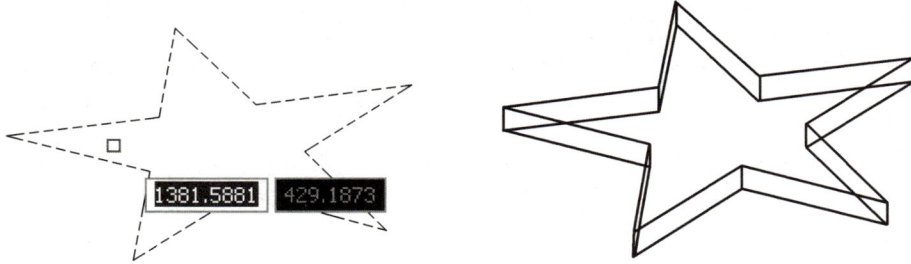

图 7-3-15　按住并拖动创建实体

【强化练习】

图 7-3-16 所示齿轮图形模数为 4mm，齿数为 45，根据图示尺寸绘制齿轮实体。

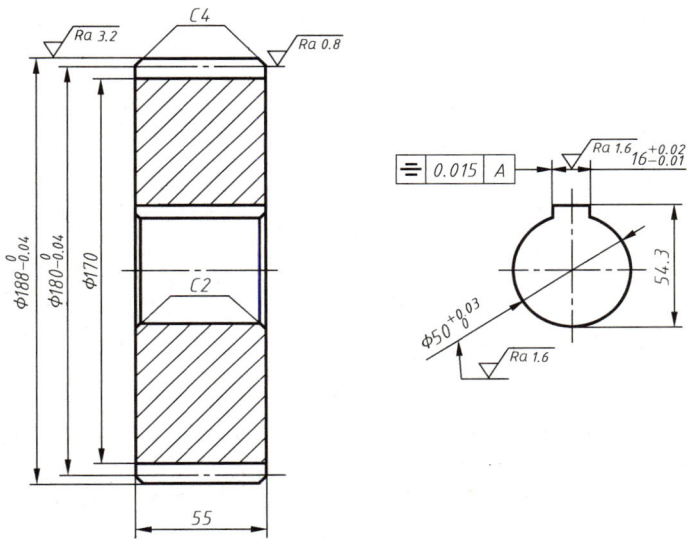

图 7-3-16　齿轮

项目八

8

复杂零件三维建模

学习目标

1. 熟练掌握和使用三维坐标系及坐标轴转换方法。
2. 掌握各种实体生成命令的应用方法。
3. 掌握三维实体编辑命令的应用方法。
4. 掌握使用布尔运算命令创建复杂实体的方法。
5. 掌握三维对象的相关操作方法。
6. 掌握三维实体视图的尺寸标注方法。

任务一　焊接弯头建模

【工作任务及分析】

已知焊接弯头尺寸如图 8-1-1 所示，壁厚为 5mm，要求创建其实体模型。为方便操作，将管身部分和接头部分分别放置在不同图层，因此本任务需建立管身、接头、中心线三个图层。

【任务操作步骤】

一、创建文档与基本操作

1. 创建文档

启动 AutoCAD 2024，新建文件，将文件命名为"焊接弯头"。

2. 基本操作

单击"图层特性"按钮 🖼️，在"图层特性管理器"对话框中单击"新建图层"按钮 🖼️，建立图 8-1-2 所示的图层，单击"关闭"按钮。

二、绘制焊接弯头实体

1. 绘制中心线

单击"图层"工具栏中的 💡☀️🔒⬛ 0 ，选择"中心线"图层为当前图层。

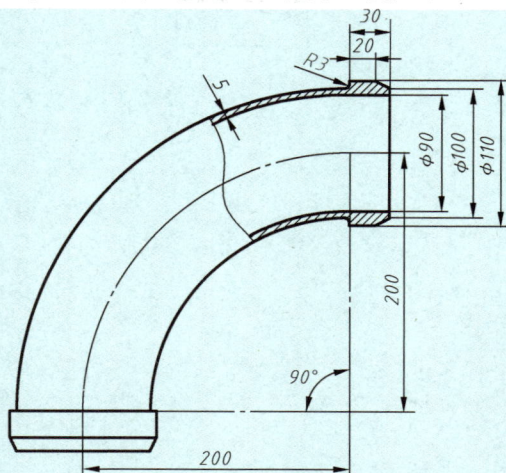

图 8-1-1　焊接弯头

焊接弯头建模

190

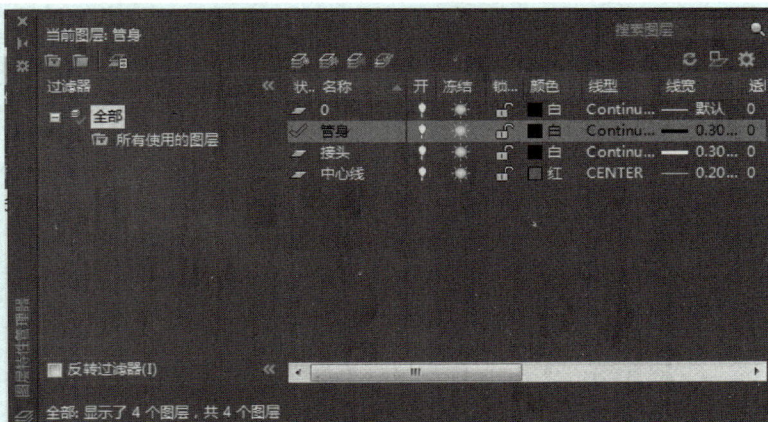

图 8-1-2　图层特性管理器

单击"绘图"工具栏中的"圆弧"按钮，在绘图区合适位置单击，进行圆弧中心线的绘制，命令行执行如下：

命令:ARC
指定圆弧的起点或[圆心(C)]:C　　　　　　　　　　　　　　　　　　　（输入"C"）
指定圆弧的圆心:　　　　　　　　　　　　　（在屏幕绘图区单击确定圆弧中心点）
指定圆弧的起点:200　　　　　　　　　（向上移动光标，输入 200mm 作为圆弧起点）
指定圆弧的端点或[角度(A)/弦长(L)]:A　　　　　　（输入"A"，启动"角度"选项）
指定夹角:90　　　　　　　　　　　　　　　　　　　　　　（输入角度 90°）
得到图 8-1-3 所示图形。

2. 绘制管身实体

1）切换"管身"图层作为当前图层，在西南等轴测视图样式下，在命令行窗口中输入"UCS"命令，进行用户坐标系的创建；在命令行窗口中输入"CIRCLE"命令，或单击"绘图"工具栏中的"圆"按钮，捕捉中心线端点为圆心，分别绘制半径为 45mm 和 50mm 的圆，得到图 8-1-4 所示的用户坐标系和圆。

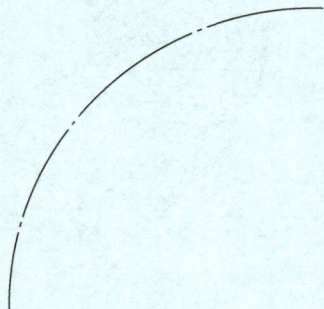

图 8-1-3　圆弧中心线

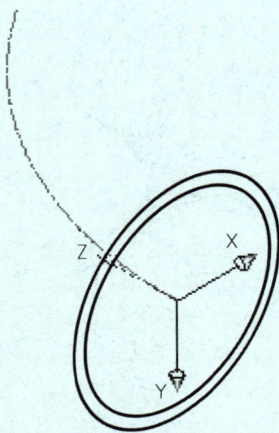

图 8-1-4　用户坐标系和圆

2）在命令行窗口中输入"REGION"命令，或单击"绘图"工具栏中的"面域"按钮，依次选择绘制好的两个圆，生成两个面域。

3）在命令行窗口中输入"SUBTRACT"命令，或单击"布尔值"工具栏中的"差集"按钮![按钮]，依次选择进行差集运算的面域，将两个面域进行差集运算后生成一个面域。

4）在命令行窗口中输入"EXTRUDE"命令，或单击图8-1-5所示"实体"工具栏中的"拉伸"按钮，启动"拉伸"命令。命令行执行如下：

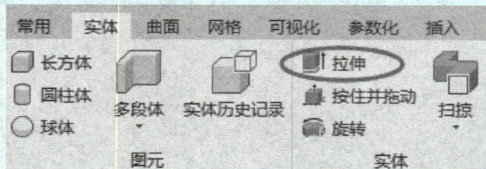

图 8-1-5 "实体"工具栏—"拉伸"按钮

```
命令:EXTRUDE
选择要拉伸的对象:找到 1 个                    (单击选择差集后的面域)
选择要拉伸的对象:                    (直接按〈Enter〉键确认拉伸对象)
指定拉伸的高度或[方向(D)/路径(P)/倾斜角(T)]<30.0000>:P          (输入"P")
选择拉伸路径或[倾斜角(T)]:
                    (单击选择中心线作为拉伸路径,按〈Enter〉键后完成拉伸)
```

得到拉伸后的管身实体，如图8-1-6所示。

3. 绘制接头部分的实体

1）将"接头"图层设置为当前图层，启动"圆"命令，捕捉中心线端点为圆心，分别绘制半径为45mm和55mm的圆，将两个圆生成面域并进行差集运算，得到图8-1-7所示图形。

2）启动"拉伸"命令，将生成的面域进行拉伸操作，输入拉伸高度为"-30"（当前的Z轴反向），经"消隐"操作后得到图8-1-8所示拉伸生成的接头实体。

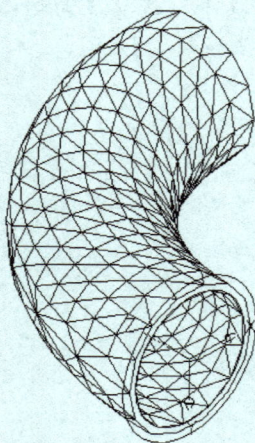

图 8-1-6 管身实体　　　　图 8-1-7 绘制接头圆　　　　图 8-1-8 接头实体分步图 1

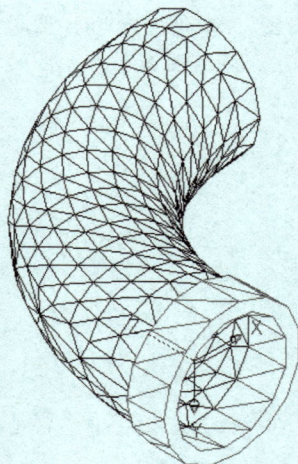

3）切换到东南等轴测视图，重复执行"UCS"命令，以中心线的另一端点为原点建立用户坐标系，启动"圆"命令，绘制另外一端的接头，生成面域后进行差集运算并拉伸得到图8-1-9所示实体。

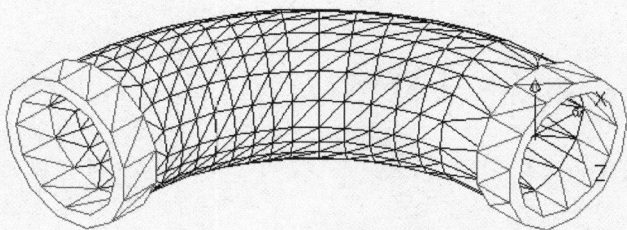

图 8-1-9　接头实体分步图 2

4. 对实体进行圆角和倒角

　　使用"修改"工具栏中的"圆角"和"倒角"命令，在三维实体的棱边进行圆角和倒角操作。

　　1）在命令行窗口中输入"CHAMFER"命令，或单击图 8-1-10 所示"修改"工具栏中的"倒角"按钮，启动"倒角"命令，命令行执行如下：

图 8-1-10　"修改"工具栏—"倒角"按钮

命令：CHAMFER　　　　　　　　　　　　　　　　　　　　　　　　（启动"倒角"命令）
（"修剪"模式）当前倒角距离 1=0.0000,距离 2=0.0000
选择第一条直线或[放弃(U)/多段线(P)/距离(D)/角度(A)/修剪(T)/方式(E)/多个(M)]：
基面选择...　　　　　　　　　　　　　　　　　（单击选择需要倒角的实体接头）
指定基面倒角距离：10　　　　　　　　　　　　　　　　　（输入倒角距离 10mm）
指定其他曲面倒角距离<10.0000>:5　　　　　　　　　　　（输入倒角距离 5mm）
选择边或[环(L)]：　　　　　　　（单击选择实体接头棱边,按〈Enter〉键完成倒角操作）
重复"倒角"命令，将接头的另一端也进行倒角操作，得到图 8-1-11 所示图形。

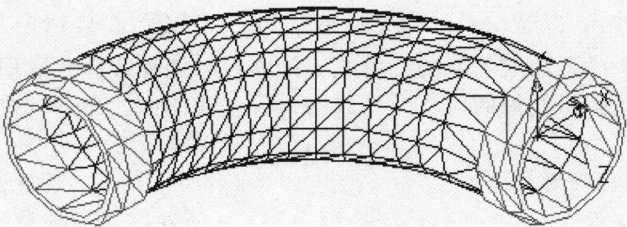

图 8-1-11　接头实体倒角

　　2）因为管身和接头是两个独立的实体，在结合处需要倒圆角，所以要对实体进行合并操作。在命令行窗口中输入"UNION"命令，或单击"布尔值"工具栏中的"并集"按钮，启动"并集"命令，将管身和接头合并成一个实体。

　　3）在命令行窗口中输入"FILLET"命令，或单击"修改"工具栏中的"圆角"按钮，启动"圆角"命令，命令行执行如下：

命令：FILLET

当前设置：模式 = 修剪，半径 = 0.0000

选择第一个对象或［放弃(U)/多段线(P)/半径(R)/修剪(T)/多个(M)］：

（单击选择合并后的实体）

输入圆角半径：3　　　　　　　　　　（根据提示输入圆角半径 3mm）

选择边或［链(C)/环(L)/半径(R)］：　　　（单击选择需要倒圆角的边）

选择边或［链(C)/环(L)/半径(R)］：　　　（单击选择需要倒圆角的边）

已选定 2 个边用于圆角。　　　　（按〈Enter〉键确认完成倒圆角操作）

经"消隐"操作后，得到图 8-1-12 所示焊接弯头实体。

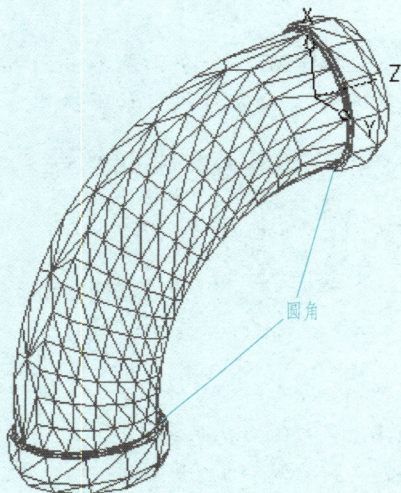

图 8-1-12　焊接弯头实体

【知识链接】

一、扫掠创建实体

在命令行窗口中输入"SWEEP"命令，或单击"建模"工具栏中的"扫掠"按钮，可将开放或闭合的对象沿开放或闭合的二维或三维路径来创建实体或曲面。如果扫掠的对象是闭合的，将创建实体；如果扫掠的对象是开放的，将创建曲面。命令行执行如下：

命令：_SWEEP

选择要扫掠的对象：找到 1 个　　　　　　　　　（单击选择要扫掠的对象）

选择要扫掠的对象：　　　　　　（按〈Enter〉键确认选择完扫掠对象）

选择扫掠路径或［对齐(A)/基点(B)/比例(S)/扭曲(T)］：

（单击选择扫掠的路径，按〈Enter〉键完成扫掠操作）

各选项含义如下：

1）对齐（A）：指定是否对齐轮廓以使扫掠对象始终垂直于扫掠路径。默认情况下，轮廓是对齐的。

2）基点（B）：指定要扫掠对象的基点。如果指定的点不在选定对象所在的平面上，则该点将被投射到该平面上。

3）比例（S）：指定比例因子对扫掠对象进行放大和缩小。从扫掠路径的开始到结束，比例因子将统一应用到扫掠的对象。

4）扭曲（T）：设置正被扫掠的对象的扭曲角度。扭曲角度指定的是沿扫掠路径全部长度的旋转量。

如图 8-1-13 所示为小圆沿螺旋线进行扫掠得到的实体图形。需要注意的是，扫掠与拉伸不同。沿路径扫掠轮廓时，轮廓将被移动并与路径垂直对齐，然后沿路径扫掠该轮廓。

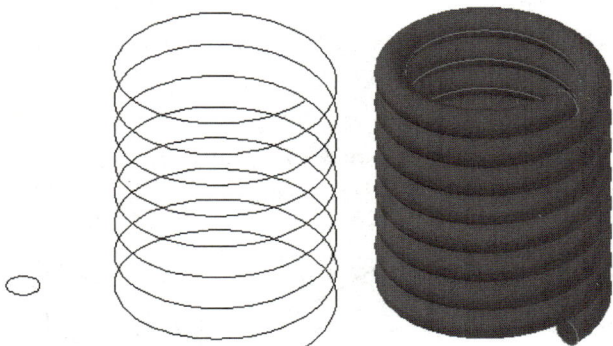

图 8-1-13　扫掠创建实体

二、对实体进行倒角和圆角

使用二维编辑命令"圆角"和"倒角"也可以实现三维实体的圆角和倒角操作。

1）单击"修改"菜单下的"圆角"命令，或在命令行窗口中输入"FILLET"命令，为实体的棱边倒圆角，使相邻面之间通过生成的曲面光滑过渡。命令行执行如下：

命令:FILLET
当前设置:模式=修剪,半径=0.0000
选择第一个对象或[放弃(U)/多段线(P)/半径(R)/修剪(T)/多个(M)]:R　　（输入"R"）
指定圆角半径<0.0000>:5　　　　　　　　　　　　　　　　　（指定圆角半径 5mm）
选择第一个对象或[放弃(U)/多段线(P)/半径(R)/修剪(T)/多个(M)]:
　　　　　　　　　　　　　　　　　　　　　　　　（单击选择需倒圆角的对象）
输入圆角半径<5.0000>:　　　　　　　（按〈Enter〉键确定圆角对象选择完成）
选择边或[链(C)/环(L)/半径(R)]:（再次按〈Enter〉键将所选对象的对应边进行圆角操作,如图 8-1-14 所示）

需要注意的是，选择对象时一是选择实体对象，二是选择倒圆角的边，因此单击要准确，如果提示出现"选择边或［链（C）/环（L）/半径（R）]"时，选择其他的边，可以同时对实体的多条边进行圆角操作。

2）单击"修改"菜单下的"倒角"命令，或在命令行窗口中输入"CHAMFER"命令，启动"倒角"命令，为实体的棱边倒角。该命令可应用于实体上的任何边，以在两相邻面之

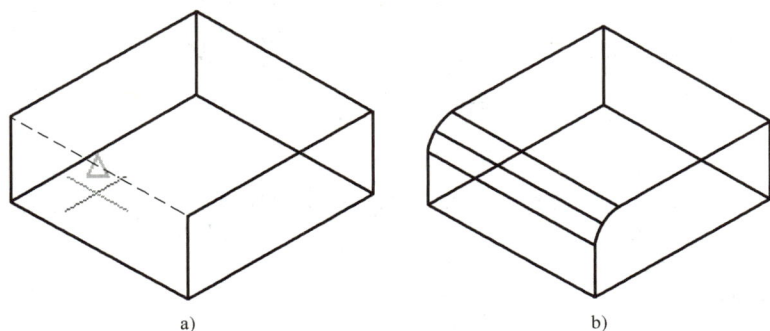

a)　　　　　　　　　　　　　　　b)

图 8-1-14　对实体倒圆角

间生成一个平坦的过渡面。命令行执行如下：

命令：_CHAMFER

选择第一条直线或[放弃(U)/多段线(P)/距离(D)/角度(A)/修剪(T)/方式(E)/多个(M)]：

基面选择... （单击选择要倒角的实体）

输入曲面选择选项[下一个(N)/当前(OK)]<当前(OK)>:OK

（确定实体上要倒角的基准面）

指定基面倒角距离:5 （输入倒角距离5mm）

指定其他曲面倒角距离<5.0000>： （指定到其他面的倒角距离）

选择边或[环(L)]： （按〈Enter〉键确认倒角操作,如图8-1-15所示）

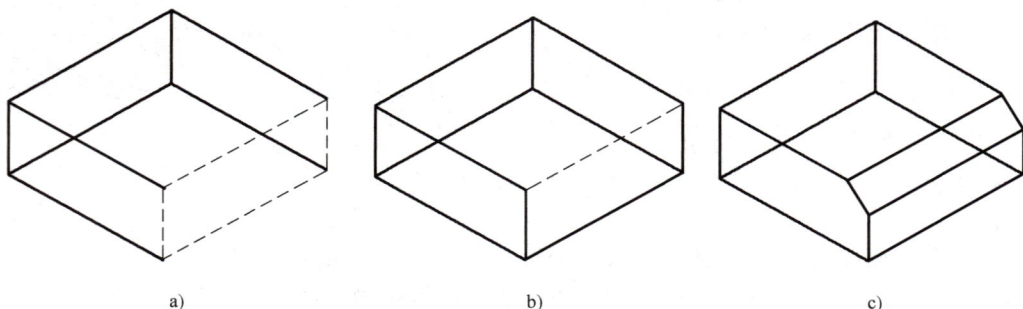

a)   b)   c)

图 8-1-15　对实体修倒角

【强化练习】

绘制图8-1-16所示异形弯管实体图形。

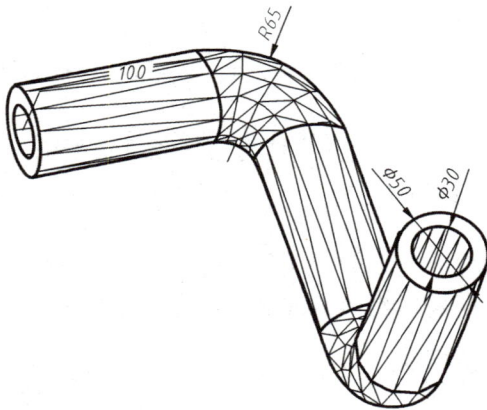

图 8-1-16　异形弯管

任务二　轴承座建模

【工作任务及分析】

为图8-2-1所示轴承座建模。轴承座由轴承孔、凸台、底板、支承板、肋板五部分组成，作图时为方便操作，将分别建立包含中心线和尺寸标注图层在内的七个图层。

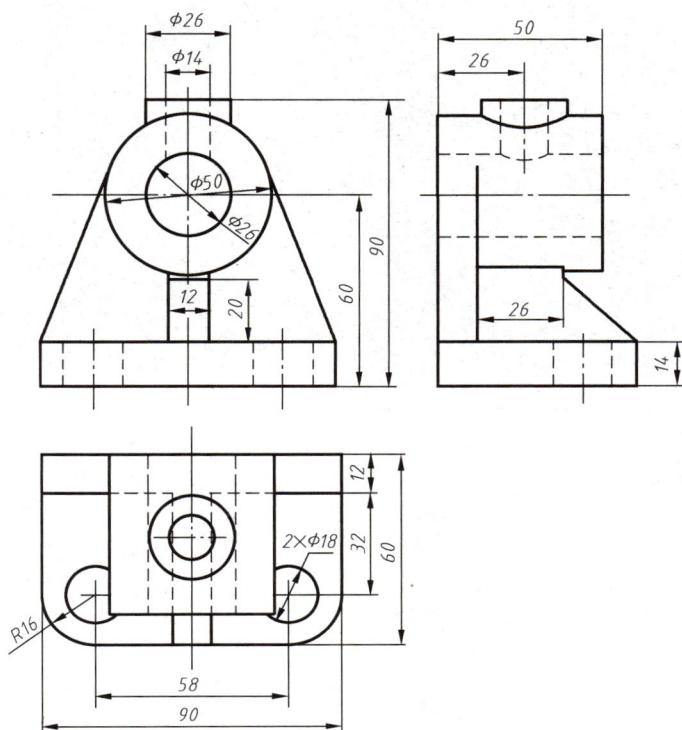

轴承座建模

轴承座标注

图 8-2-1　轴承座

【任务操作步骤】

一、创建文档与基本操作

1. 创建文档

启动 AutoCAD 2024，新建文件，将文件命名为"轴承座"。

2. 基本操作

单击"图层特性"按钮 ⬚，在"图层特性管理器"对话框中单击"新建图层"按钮 ⬚，建立图 8-2-2 所示的图层，单击"确定"按钮。

单击菜单栏中"格式"→"文字样式"，新建"数字"样式并修改为如图 8-2-3 所示，单击"应用"按钮并关闭对话框。

二、绘制轴承座

1. 绘制中心线

单击"图层"工具栏中的 ⬚ 0 ，选择"中心线"图层作为当前图层。单击"绘图"工具栏中的"直线"按钮 ⬚，在绘图区合适位置单击，得到直线的一个端点，在"正交"模式下向下移动光标，输入点画线长度"120"，按〈Enter〉键两次，得到竖直中心线；再次按〈Enter〉键，重新执行"直线"命令，在"对象捕捉"和"对象

图 8-2-2　图层特性管理器

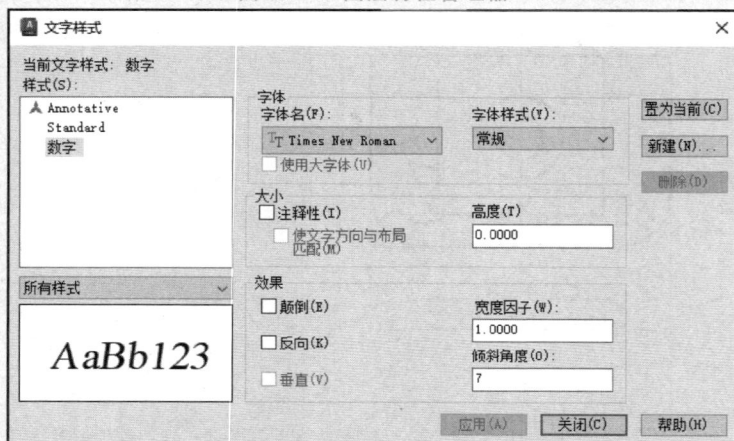

图 8-2-3　建立文字样式

捕捉追踪"模式下，捕捉竖直中心线上端点，向下移动光标，在命令行输入"30"并按〈Enter〉键，捕捉竖直中心线上距离顶端30mm的点，向右移动光标，在命令行窗口中输入"30"，按〈Enter〉键两次，得到水平中心线的一部分；单击水平中心线，激活夹点功能，选择水平中心线左端点，向左移动光标，在命令行输入"30"后按〈Enter〉键，得到图 8-2-4 所示中心线图形。

2. 绘制轴承

1）切换"轴承"图层为当前图层，在命令行窗口中输入"CIRCLE"命令，或单击"绘图"工具栏中的"圆"命令，捕捉中心线交点为圆心，绘制半径为 13mm 和 25mm 的两个圆，如图 8-2-5 所示。

2）在命令行窗口中输入"REGION"命令，或单击"绘图"工具栏中的"面域"按钮，将图 8-2-5 所示的两个圆生成两个面域。在命令行窗口中输入"SUBTRACT"命令，或单击"布尔值"工具栏中的"差集"按钮，进行面域的差集运算。在命令行窗口中输入"EXTRUDE"命令，或单击"建模"工具栏中的"拉伸"按钮，选择差集运算后的面域，输入拉伸高度"50"，按〈Enter〉键，生成轴承实体，如图 8-2-6 所示。

图 8-2-4　中心线

3. 绘制支承板

1）切换"支承板"图层为当前图层，在命令行窗口中输入"OFFSET"命令，或单击"修改"工具栏中的"偏移"按钮 ⊆，启动"偏移"命令，输入偏移距离"45"，选择竖直中心线进行左、右偏移；再次启动"偏移"命令，输入偏移距离"46"，按〈Enter〉键，选择水平中心线进行向下偏移，经适当延伸后得到图 8-2-7 所示图形。

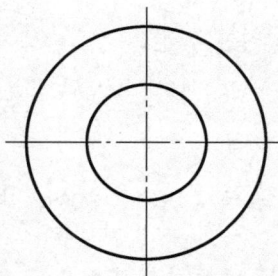

图 8-2-5　绘制两个圆　　　　图 8-2-6　轴承实体　　　　图 8-2-7　偏移中心线

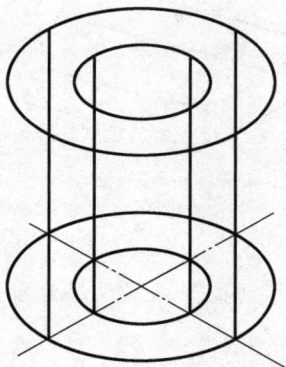

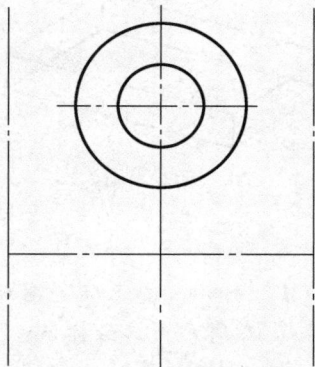

2）设置对象捕捉中的"端点""切点"捕捉模式，启动"直线"命令，分别捕捉偏移后的水平中心线左、右端点为直线起点，以与轴承孔外圆的切点为终点进行绘图，并连接偏移后的水平中心线左、右两端点，得到图 8-2-8 所示图形。

3）启动"圆弧"命令，以中心线交点为圆心，支承板在圆周上的左、右切点为圆弧起点和终点绘制圆弧；启动"面域"命令，将所绘制的支承板相关线段生成面域，得到图 8-2-9 所示图形。

4）启动"拉伸"命令，将生成的支承板面域进行拉伸操作，输入拉伸高度"12"后按<Enter>键确认，将"中心线"和"轴承"图层关闭，显示如图 8-2-10 所示支承板实体。

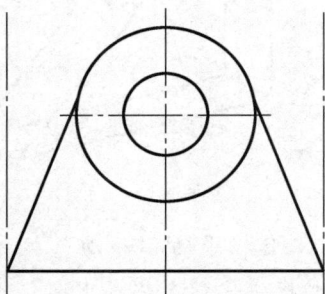

图 8-2-8　绘制支承板　　　　图 8-2-9　支承板面域　　　　图 8-2-10　支承板实体

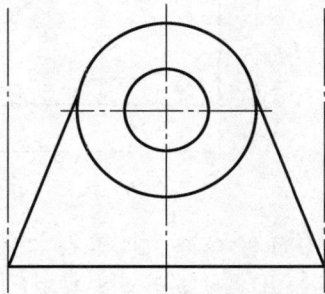

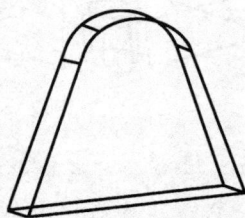

4. 绘制底板

1）打开"中心线"图层，关闭"支承板"图层，将"底板"图层设置为当前图层，启动"直线"命令，捕捉图 8-2-7 所示偏移后的水平中心线左右两端点，绘制底板轮廓。启动"面域"命令，将底板轮廓线生成底板面域，再启动"拉伸"命令，输入拉伸高度为 14mm，图形如图 8-2-11 所示。

2）在命令行窗口中输入"FILLET"命令，或单击"修改"工具栏中的"圆角"按钮 ⌐，单击选择底板实体上需要倒圆角的棱边，输入圆角半径"16"，进行"圆角"操作，如图 8-2-12 所示。

3）切换到西南等轴测视图，启动"圆"命令，分别捕捉两处圆角圆心作为圆心，绘制半径为9mm的两圆，并生成面域。启动"拉伸"命令，输入拉伸高度"−20"（根据Z轴方向确定，此处为Z轴负方向），生成两个圆柱体，进行差集运算后，经"消隐"显示后得到图8-2-13所示底板实体。

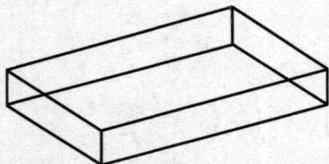

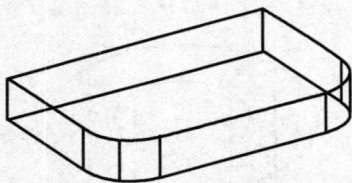

图 8-2-11　底板　　　　　图 8-2-12　底板倒圆角　　　　　图 8-2-13　底板实体

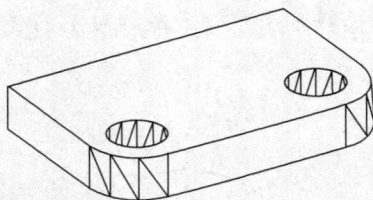

5. 绘制肋板

1）打开"支承板"图层，将"肋板"图层设置为当前图层，启动"UCS"命令，建立图8-2-14所示用户坐标系。

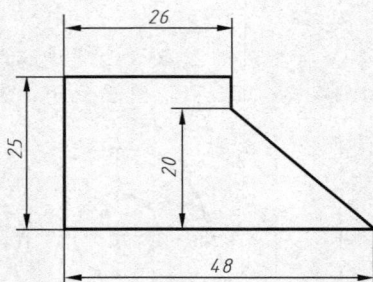

2）启动"直线"命令，以坐标原点为直线起点，绘制图8-2-15所示肋板截面图，启动"面域"命令，将肋板截面生成面域。

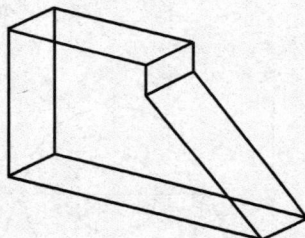

3）启动"拉伸"命令，输入拉伸高度为12mm，完成拉伸操作，得到图8-2-16所示肋板实体。

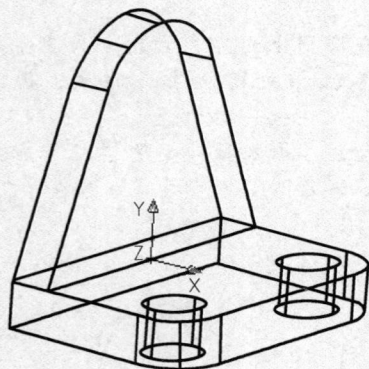

图 8-2-14　肋板用户坐标系　　　　图 8-2-15　肋板　　　　图 8-2-16　肋板实体

4）在命令行窗口中输入"MOVE"命令，或单击"修改"工具栏中的"移动"按钮，启动"移动"命令，捕捉肋板后下棱边中点为基点，移动肋板实体到支承板中间，基点与支承板底边前棱中点重合，如图8-2-17所示。

6. 绘制凸台

1）打开"轴承"图层，将"凸台"图层设置为当前图层，将轴承孔的水平中心线向上方偏移30mm，以该线中点为原点，建立图8-2-18所示用户坐标系。

2）启动"圆"命令，以坐标原点为圆心绘制半径为13mm的圆，生成面域后使用"拉伸"命令，输入拉伸高度为10mm（Z轴负方向）后按〈Enter〉键，生成图8-2-19所示圆柱体。

3）启动"圆柱体"命令，以上一步绘制的圆柱体的圆心为圆心，绘制半径为7mm、高度为20mm（Z轴负方向）的圆柱体，如图8-2-20所示。

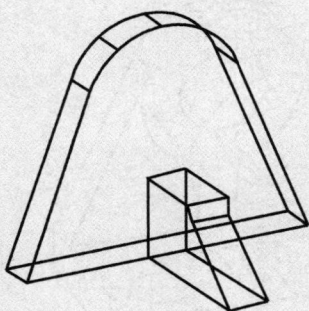

图 8-2-17 确定肋板位置   图 8-2-18 建立用户坐标系   图 8-2-19 凸台圆柱

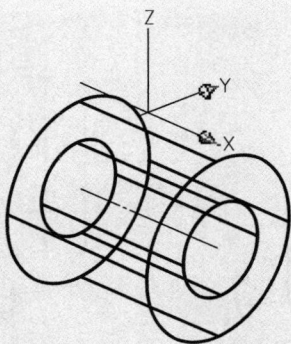

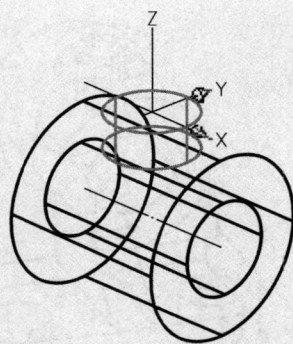

7. 布尔运算

在命令行窗口输入"UNION"命令，或单击"布尔值"工具栏中的"并集"按钮，启动"并集"命令，选择除凸台孔圆柱外的所有实体，将实体合并，再启动"差集"命令，将凸台孔圆柱减去，经"消隐"显示后得到图 8-2-21 所示轴承座实体。

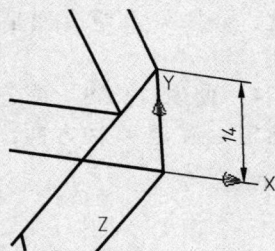

8. 三维尺寸标注

在 AutoCAD 2024 中，使用"标注"工具栏中的标注工具也可以给三维对象标注尺寸，由于所有尺寸标注都是在当前坐标系 XY 平面上进行的，因此在标注三维实体的不同部位的尺寸时，要变换用户坐标系。

如要标注底板长、宽、高尺寸，在命令行窗口中输入"UCS"命令，建立如图 8-2-22 所示坐标系，单击"注释"选项卡"标注"工具栏中的"线性"按钮 ▯，标注高度尺寸"14"。

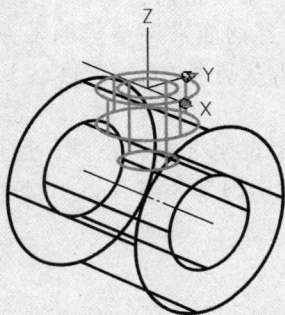

图 8-2-20 凸台孔圆柱   图 8-2-21 轴承座实体   图 8-2-22 高度尺寸标注

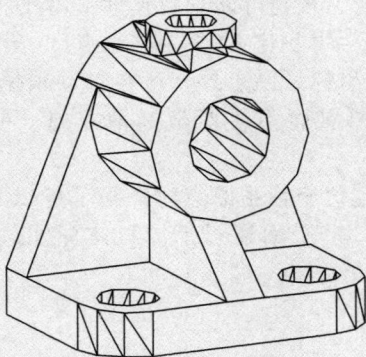

再次在命令行窗口中输入"UCS"命令，命令行执行如下：

指定 UCS 的原点或[面(F)/命名(NA)/对象(OB)/上一个(P)/视图(V)/世界(W)/X/Y/Z/Z 轴(ZA)]<世界>:X   （输入 X,将当前坐标系绕 X 轴旋转）

指定绕 X 轴的旋转角度<90>:270   （输入旋转角度270°）

再次单击"标注"工具栏中的"线性"按钮 ▯，标注长、宽尺寸"90"和"60"，如图 8-2-23 所示。

重复启动"UCS"命令，根据尺寸标注位置的不同，建立不同的用户坐标系，使用相应标注命令进行三维实体尺寸标注，完成标注后如图 8-2-24 所示。

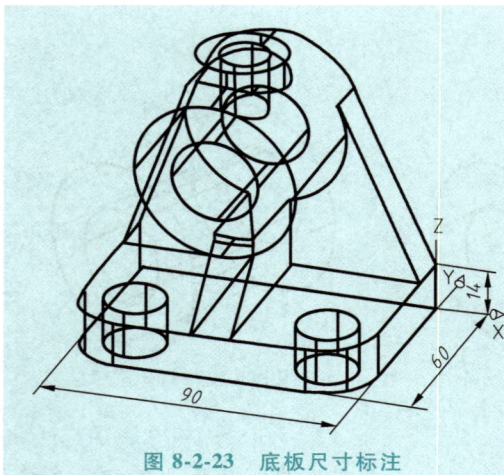

图 8-2-23　底板尺寸标注

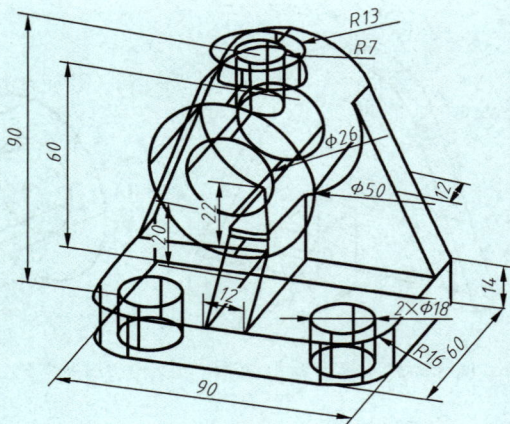

图 8-2-24　轴承座尺寸标注

【知识链接】

一、三维实体的尺寸标注

在 AutoCAD 2024 中，使用"标注"工具栏中的标注工具可以为三维对象标注尺寸。由于所有的尺寸标注都是在当前坐标系 XY 平面内进行的，因此在标注三维对象的不同部分时，需要变换坐标系。

在变换坐标系时需注意以下几点：

1）必须将坐标系的 XY 平面调整到要标注尺寸的平面上。

2）必须注意 X、Y 轴的方向，否则可能导致尺寸文本反向或颠倒。

3）选择菜单栏中的"工具"→"新建 UCS"→"原点"命令时，如果先捕捉到面，然后再捕捉点，则系统除了会重新定位坐标系原点外，还会自动根据捕捉到的面来调整坐标轴方向。因此，如果只希望改变坐标系原点而不改变坐标轴方向，可关闭状态栏中的"动态 UCS"功能。

4）使用"UCS"命令重新定位坐标系原点时，除了可以重新定位坐标系原点外，还可通过指定点确定 X 轴方向，以及 XY 平面通过点。具体标注过程参见图 8-2-24 轴承座的尺寸标注。

二、三维对齐

通过选择"修改"菜单下"三维操作"子菜单项中的"三维对齐"选项，或在命令行窗口中输入"3DALIGN"命令，执行"三维对齐"命令。对齐对象时需要指定三对点，每对点都包括一个源点和一个目标点。此命令常用于绘制装配图。命令行执行如下：

命令:3DALIGN　　　　　　　　　　　　　　　　　　　（启动"三维对齐"命令）

选择对象:找到 1 个　　　　　　　　　　　　　　　（单击选择要对齐的对象）

选择对象:

指定源平面和方向...

指定基点或[复制(C)]:　　　　（单击拾取圆心A确定对齐操作的基点，如图 8-2-25a 所示）

指定第二个点或[继续(C)]<C>:　　　　（单击拾取象限点B确定对齐操作的第二点）

指定第三个点或[继续(C)]<C>:　　　　（单击拾取象限点C确定对齐操作的第三点）

指定目标平面和方向...

指定第一个目标点： 　　　　　　　　　　　（单击拾取圆心 A 确定第一目标点）
指定第二个目标点或［退出 (X)］<X>： 　　（单击拾取象限点 B 确定第二目标点）
指定第三个目标点或［退出 (X)］<X>： 　　（单击拾取象限点 C 确定第三目标点）
经"消隐"显示后如图 8-2-25b 所示。

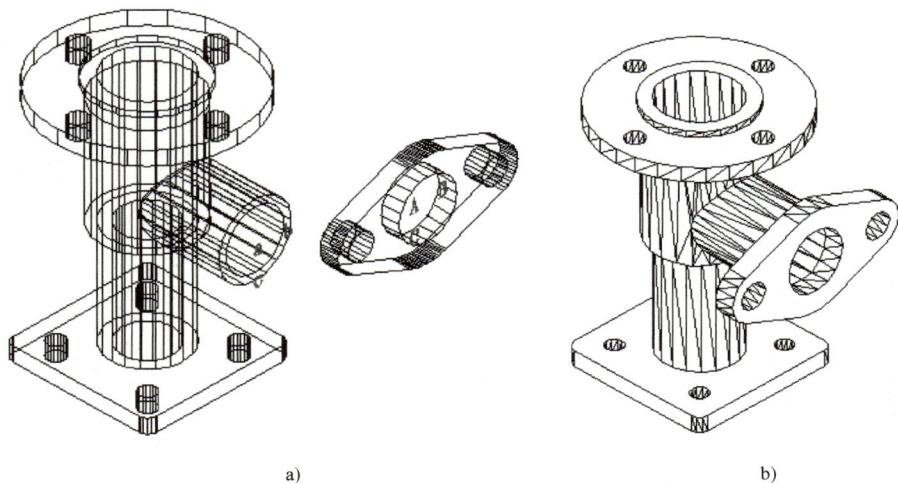

a)　　　　　　　　　　　　　　　　　　　　b)

图 8-2-25　三维对齐

三、三维阵列

在命令行窗口中输入"3DARRAY"命令，或单击"修改"菜单下"三维操作"子菜单项中的"三维阵列"选项，执行"三维阵列"命令。该命令的使用方法与前面介绍的阵列命令基本相同，只是增加了一些参数而已。例如，创建环形阵列时应指定旋转轴，而不仅仅是旋转中心。创建矩形阵列时，除了应设置行、列间距和数量外，还应设置层间距和数量。

四、三维镜像

在命令行窗口中输入 MIRROR3D 命令，或者单击"修改"菜单下"三维操作"子菜单项中的"三维镜像"选项，启动"三维镜像"命令，可以以某一平面作为镜像平面来镜像复制对象。其中，镜像平面可以通过对象、Z 轴、视图、XY、YZ、ZX 平面或指定三点来定义。

命令行执行如下：
命令：MIRROR3D
选择对象： 　　　　　　　　　　　　　　　　　（单击选择需要进行镜像的对象）
指定镜像平面 (三点) 的第一个点或［对象 (O)/最近的 (L)/Z 轴 (Z)/视图 (V)/XY 平面 (XY)/YZ 平面 (YZ)/ZX 平面 (ZX)/三点 (3)］<三点>：XY
　　　　　　　　　　　　　　　　（输入"XY"，以 XY 平面进行镜像操作）
指定 XY 平面上的点<0,0,0>： 　　（单击选择 XY 平面上的点，确定 XY 平面所处位置）
是否删除源对象？［是 (Y)/否 (N)］<否>：N
　　　　　　　　　（按〈Enter〉键完成三维镜像操作，结果如图 8-2-26b 所示）
各选项含义如下：
1）对象：使用选定平面对象的平面作为镜像平面。
2）最近的：相对于最后定义的镜像平面对选定的对象进行镜像处理。

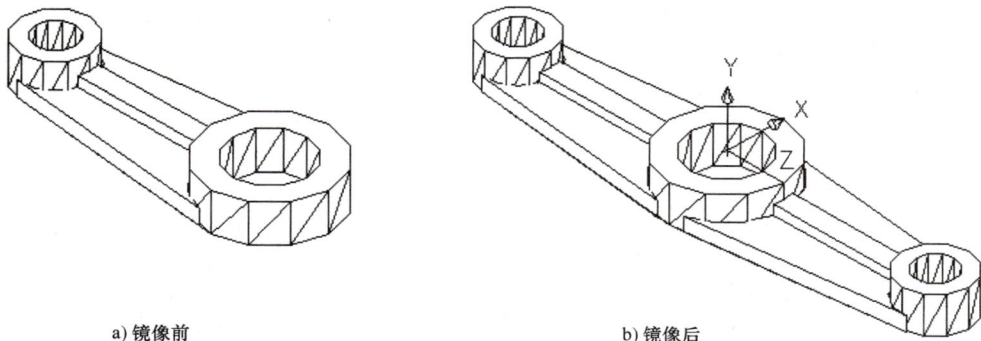

a) 镜像前   b) 镜像后

图 8-2-26　三维镜像

3）Z 轴：根据平面上的一个点和平面法线上的一个点定义镜像平面。

4）视图：将镜像平面与当前窗口中通过指定点的视图平面对齐。

5）XY/YZ/ZX 平面：将镜像平面与一个通过指定点的标准平面（XY、YZ 或 ZX）对齐。

6）三点：通过三个点定义镜像平面。如果通过指定点来选择此选项，将不显示"在镜像平面上指定第一点"的提示。

【强化练习】

1. 绘制图 8-2-27 所示图形的三维实体并标注尺寸。

2. 根据图 3-3-32 所示 V 带轮零件图，绘制如图 8-2-28 所示实体模型。

3. 根据图 3-2-34 所示透盖零件图绘制如图 8-2-29 所示实体模型。

4. 根据图 8-2-30 所示齿轮轴零件图绘制齿轮轴实体模型。

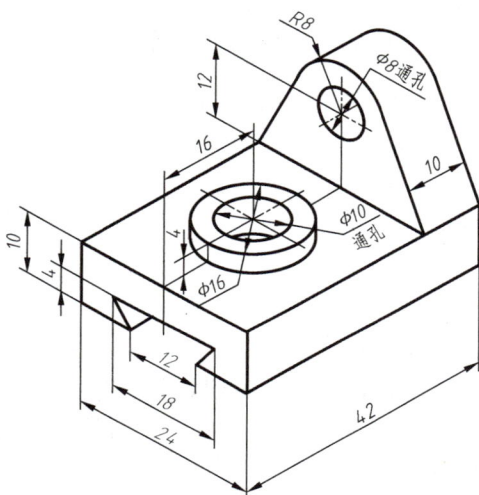

图 8-2-27　练习图 1

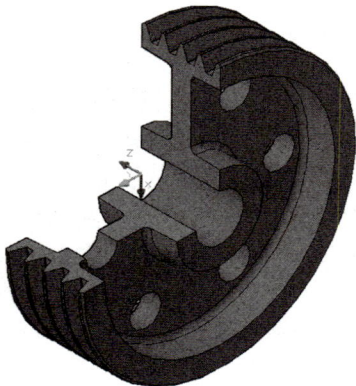

图 8-2-28　带轮实体模型

图 8-2-29　透盖实体模型

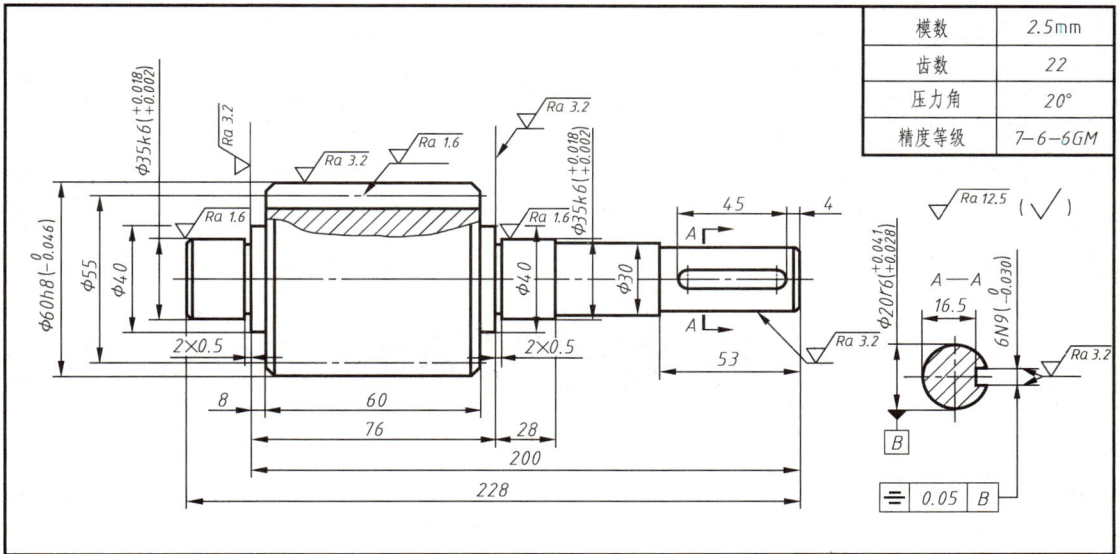

图 8-2-30 齿轮轴

模数	2.5mm
齿数	22
压力角	20°
精度等级	7-6-6GM

项目九

三维模型装配

9

学习目标

1. 能够根据使用习惯新建个性化工具栏。
2. 掌握螺纹的绘制方法。
3. 进一步熟练掌握实体创建和常用编辑命令的使用方法。
4. 能够按照零件的装配关系将三维零件插入到装配图中。

任务　绘制机用虎钳三维模型装配图

【工作任务及分析】

简单的装配图与一般零件图区别不大，完全可以按照零件建模的方法进行建模；复杂的装配图则先绘制各个零件图，再进行装配，具体步骤是首先建立各主要零件的三维模型，再将需要装配的零件模型制成外部块，最后在装配图中依次插入各零件外部块。

本任务根据图 9-1-1a 所示机用虎钳二维装配图，创建图 9-1-1b 所示三维模型。该产品共有 10 种零件，一次装配较复杂，可先以活动钳身 4 为母体，将钳口板 2、螺母块 9、螺钉 3 和螺钉 10 等零件进行装配，再以固定钳座 1 为主体，将装配好的活动钳身组件、钳口板 2、螺杆 8、垫圈 5、环 6、销 7 等零件进行装配。由于本任务内容较多，且多为重复操作过程，为简化操作，本任务只对主要零件进行建模和装配，除螺杆进行螺纹建模外，其余零件螺纹部分均省略，请读者自行完善。

【任务操作步骤】

1. 固定钳座建模

1）新建工具栏。

由于机用虎钳零件较多，各零件的建模方法基本相同，但所需的常用工具分布在不同的工具栏中，如果将所有所需的工具栏置于界面上，则界面混乱，不易查找，且会压缩绘图区。为提高绘图速度，有必要将常用工具置于一个工具栏内。

启动 AutoCAD 2024，逐级单击下拉菜单"视图"→"工具栏"，打开"自定义用户界面"，如图 9-1-2a 所示；单击"所有文件中的自定义设置"后的折叠符号，展开"所有自定义文件"，如图 9-1-2b 所示；右击"工具栏"，单击"新建工具栏"，即在"工具栏"内新

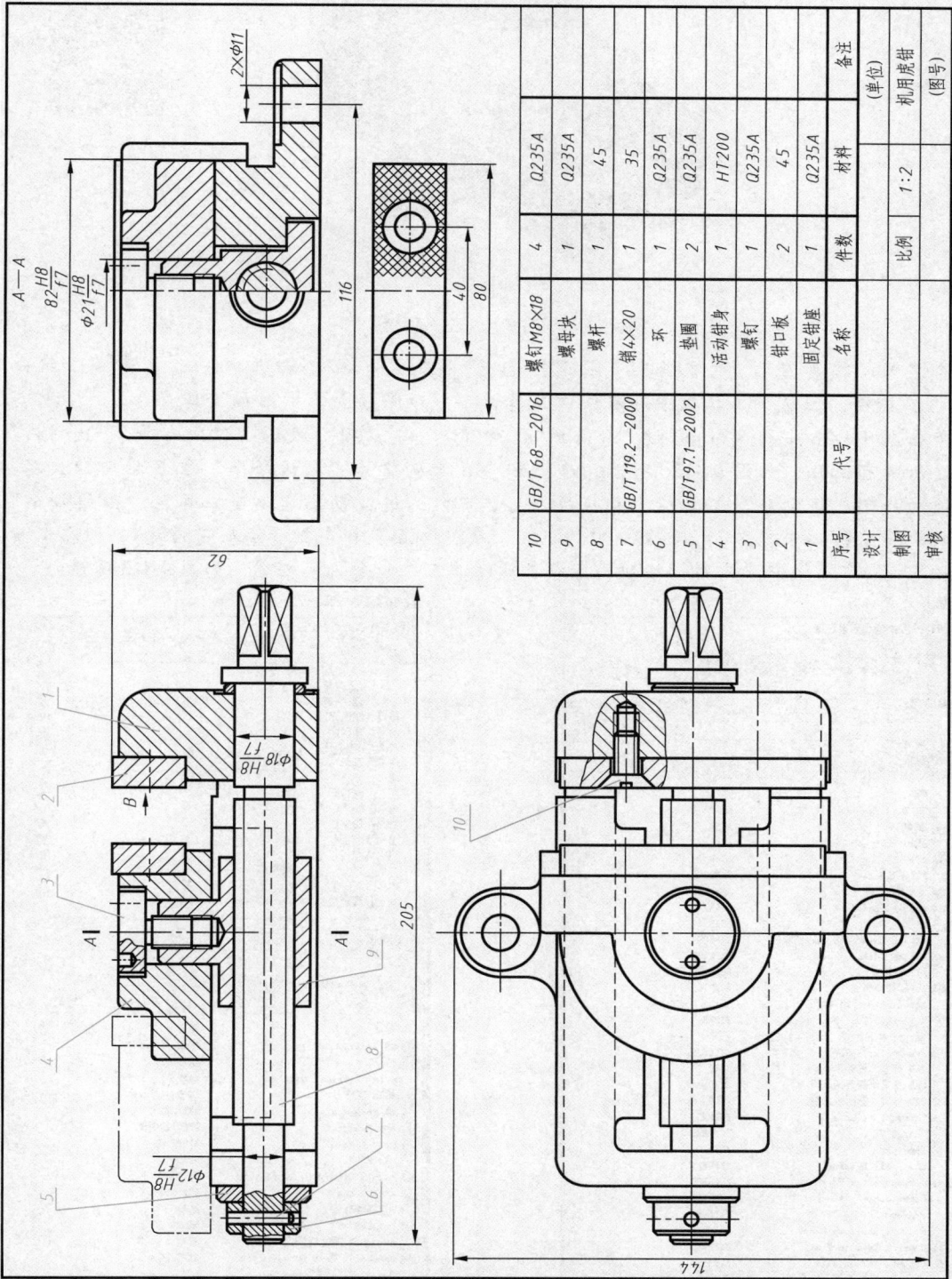

序号	代号	名称	件数	材料	备注
10	GB/T 68—2016	螺钉M8×18	4	Q235A	
9		螺母块	1	Q235A	
8		螺杆	1	45	
7	GB/T 119.2—2000	销4×20	1	35	
6		环	1	Q235A	
5		活动钳身	2	Q235A	
4		螺钉	1	HT200	
3		钳口板	1	Q235A	
2			2	45	
1	GB/T 97.1—2002	固定钳座	1	Q235A	

机用虎钳　（图号）

比例　1:2　（单位）

设计
制图
审核

a) 二维装配图

图 9-1-1　机用虎钳装配图

207

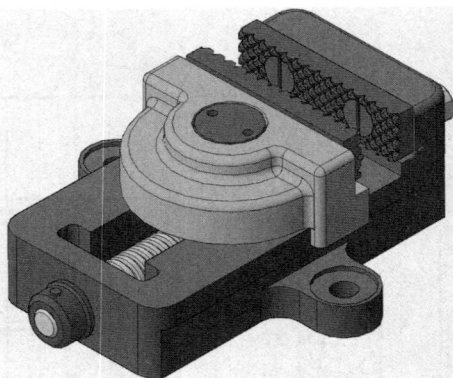

机用虎钳三维装配图

b) 三维模型

图 9-1-1　机用虎钳装配图（续）

建一个名为"工具栏 1"的工具栏，将其改名为"三维命令"，即新建一个名为"三维命令"的工具栏，但这个工具栏中没有任何工具，下一步必须向其中添加工具。

单击图 9-1-2b 中的"命令列表"，选择"仅所有命令"选项（默认"仅所有命令"），则在其下显示所有工具，如图 9-1-2c 所示，选择需要置于新建的"三维命令"工具栏中的工具，将其拖动到"三维命令"工具栏中相应位置，也可以通过拖动工具改变工具在"三维命令"工具栏中的位置。右击"三维命令"中的工具，在快捷菜单中单击"插入分隔符"，即在工具下方插入"---"。单击"应用"按钮，完成工具栏"三维命令"的创建，如图 9-1-3 所示。

a)

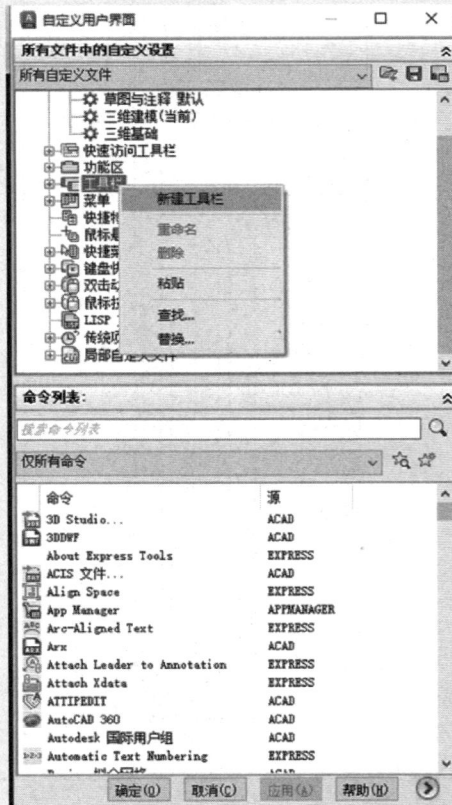

b)

图 9-1-2　自定义用户界面

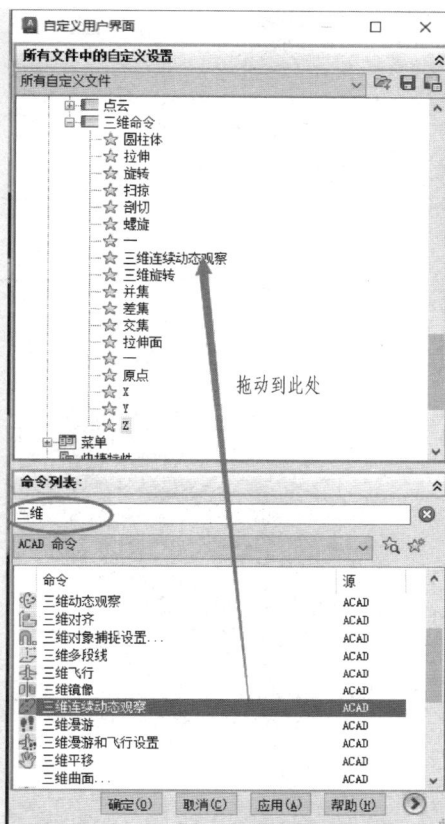

c)

图 9-1-2　自定义用户界面（续）

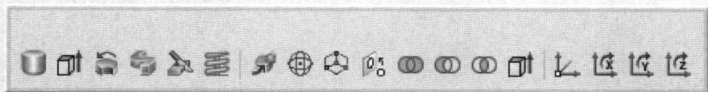

图 9-1-3　新建的"三维命令"工具栏

2）逐级单击下拉菜单"文件"→"保存"或"文件"→"另存为"，打开"图形另存为"对话框，选择合适的保存位置，输入文件名"3D 固定钳座"后保存文件。

3）下面按照项目五任务三图 5-3-1 所示固定钳座尺寸来创建固定钳座的三维模型。先绘制图 9-1-4a 所示图形，使用"面域"命令创建两个面域；新建一个图层，在新图层的同一平面内绘制图 9-1-4b 所示图形，并创建面域。使用"拉伸"命令将图 9-1-4a 所示两个面域拉伸 32mm，将图 9-1-4b 所示面域拉伸 58mm。通过"并集""差集"运算后得到如图 9-1-4c 所示图形。

4）先使用"UCS"命令将坐标系原点移到图 9-1-4c 所示点 A，再使用"绕 X 轴旋转"命令将坐标系绕 X 轴旋转 90°，如图 9-1-5a 所示。在 XY 平面内绘制图 9-1-5 上所示图形。为方便作图，可将实体所在图层关闭而将实体隐藏，创建面域后拉伸"-82"，通过"差集"操作得到图形。

5）使用"UCS"命令和"绕轴旋转"命令将坐标系调整成如图 9-1-6a 所示状态，并在端面绘制图 9-1-6a 所示图形，创建面域后拉伸：ϕ12mm 圆和两矩形拉伸"-160"，ϕ18mm 圆拉伸"-28"，ϕ30mm 圆拉伸"-1"。通过"差集""并集"操作后得到图 9-1-6b 所示图形。

a)

b)

c)

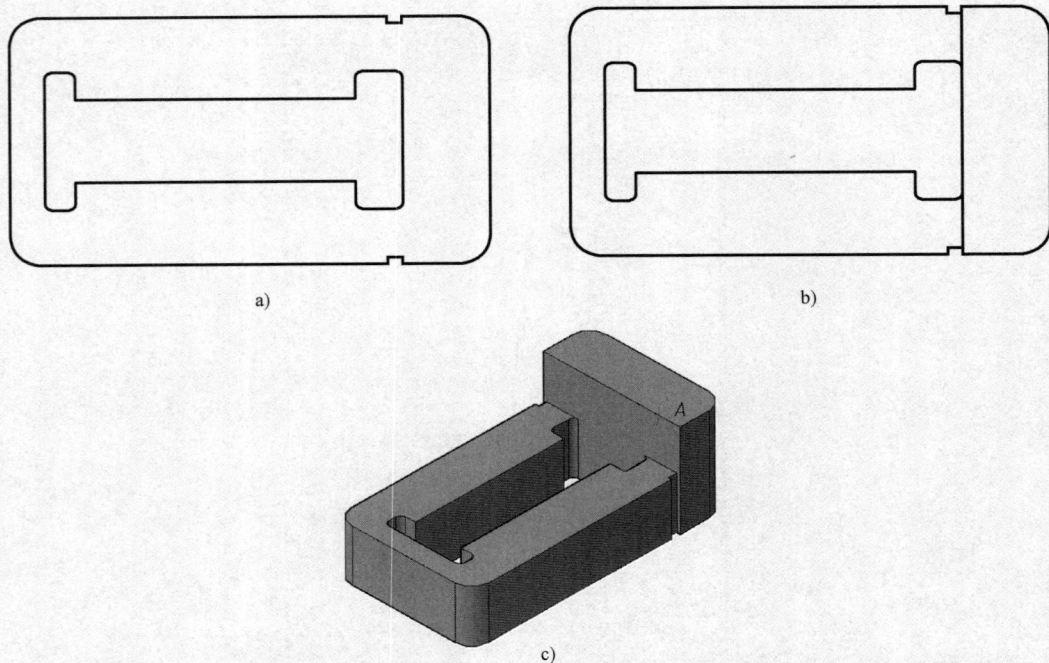

图 9-1-4　分步图 1

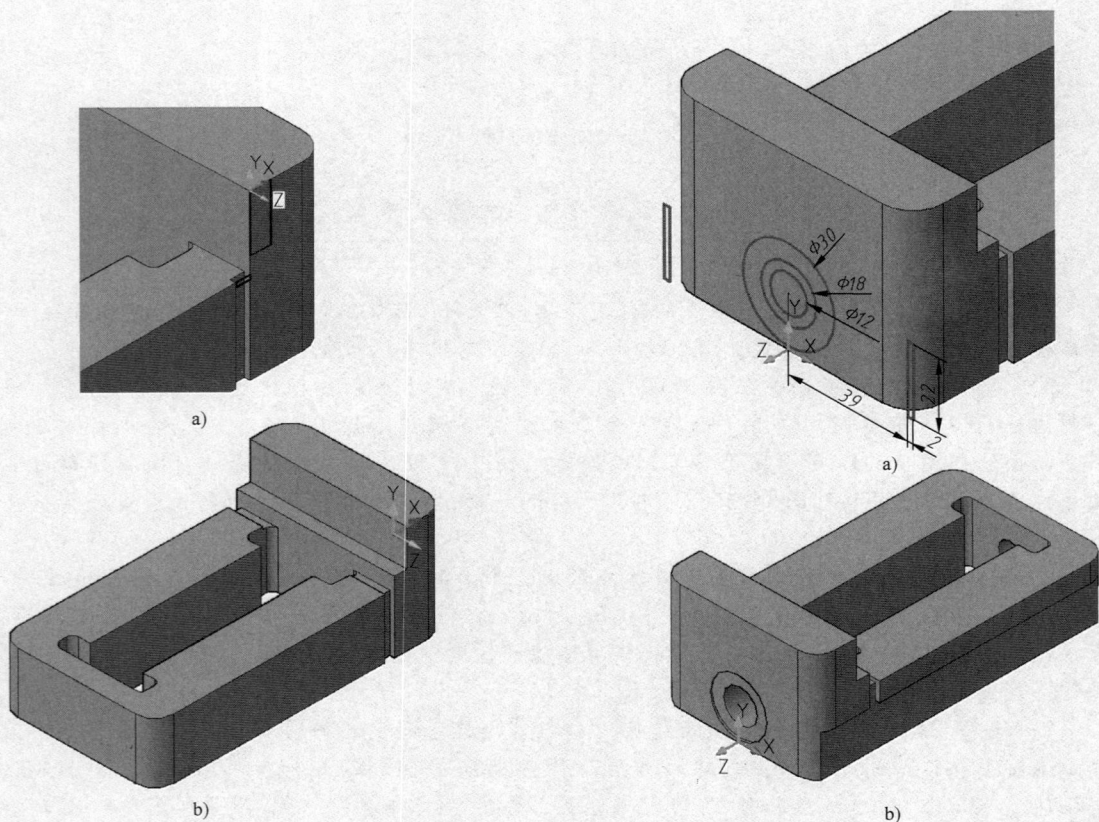

a)

b)

图 9-1-5　分步图 2

a)

b)

图 9-1-6　分步图 3

6）将图9-1-6b所示坐标系绕X轴旋转90°，使用"受约束的动态观察"命令调整观察角度，在底面上绘图，如图9-1-7a所示。创建面域后分别将其拉伸10mm和14mm，通过"差集"和"并集"操作后得到图9-1-7b所示图形。

7）在相应位置绘制四个孔并倒角，完成固定钳座的建模，如图9-1-8所示。

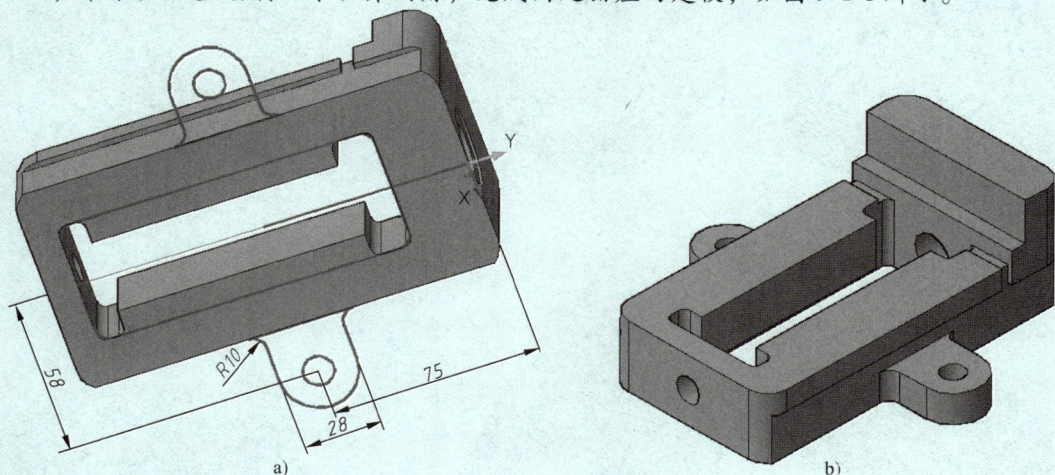

图 9-1-7　分步图4

2. 活动钳身建模

参照项目五任务二图5-2-1所示活动钳身的尺寸建模，过程如图9-1-9所示。绘制图9-1-9a所示图形，创建面域；绘制图9-1-9b所示图形，创建面域后进行"差集"操作；拉伸18mm、28mm后如图9-1-9c所示，移动坐标原点并旋转坐标轴，在侧面绘制图9-1-9d所示图形并创建面域，拉伸"-92"，做差集，结果如图9-1-9e所示；移动坐标原点并旋转坐标轴，在上面绘制φ28mm圆，拉伸"-9"并做差集，如图9-1-9f所示；移动坐标原点并旋转坐标轴，在底面绘制图9-1-9g所示图形，拉伸"8"，如图9-1-9h所示；钻孔并倒圆角，完成模型的绘制，如图9-1-9i所示。

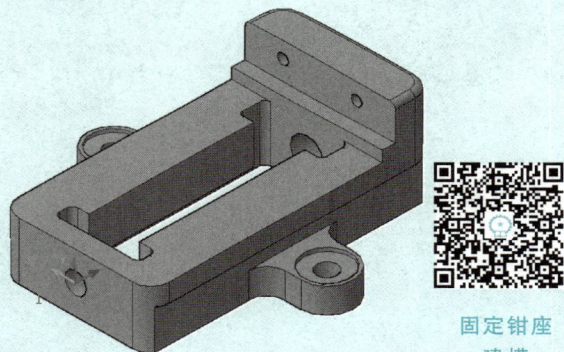

图 9-1-8　固定钳座

固定钳座
建模

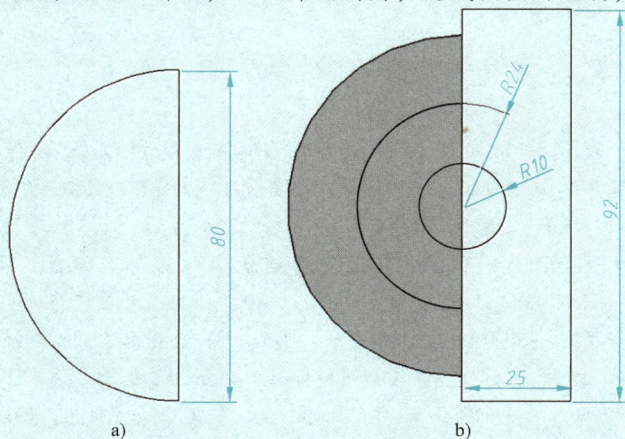

图 9-1-9　活动钳身的建模过程

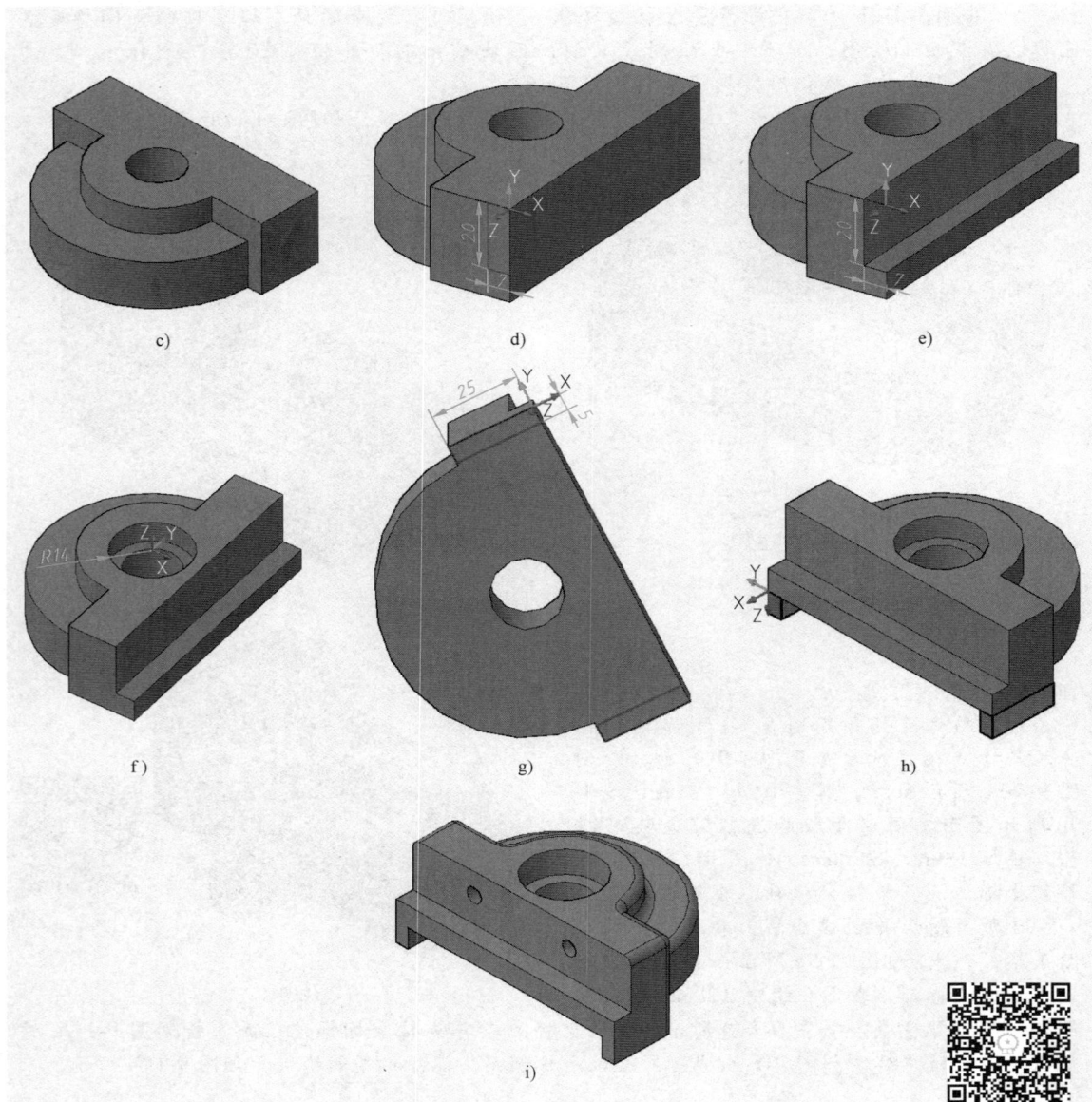

图 9-1-9　活动钳身的建模过程（续）

活动钳身建模

3. 螺杆建模

参照图 5-2-14 所示螺杆的尺寸，进行螺杆建模，建模过程如图 9-1-10 所示。绘制图 9-1-10a 所示的图形并创建面域；旋转后得到实体，如图 9-1-10b 所示；移动坐标原点到右端部，使用"剖切"命令，用 YZ 平面剖切实体，剖切面上的点为 (-22, 0, 0)，保留两侧，如图 9-1-10c 所示；用 XY 和 ZX 平面分别剖切实体端部各两次，剖切面上的点分别为 (0, 0, 7)、(0, 0, -7) 和 (0, 7, 0)、(0, -7, 0)，完成后如图 9-1-10d 所示；使用"螺旋"命令绘制螺旋线，如图 9-1-10e 所示，螺旋线底面和顶面半径均为 9mm，高度为 101mm，圈高为 4mm；在螺旋线起始点绘制 4mm×4mm 的矩形，如图 9-1-10f 所示；使用"扫掠"命令生成螺旋实体，如图 9-1-10g 所示；做差集，如图 9-1-10h 所示；绘制另一端 φ4mm 孔，完成螺杆的建模，如图 9-1-10i 所示。

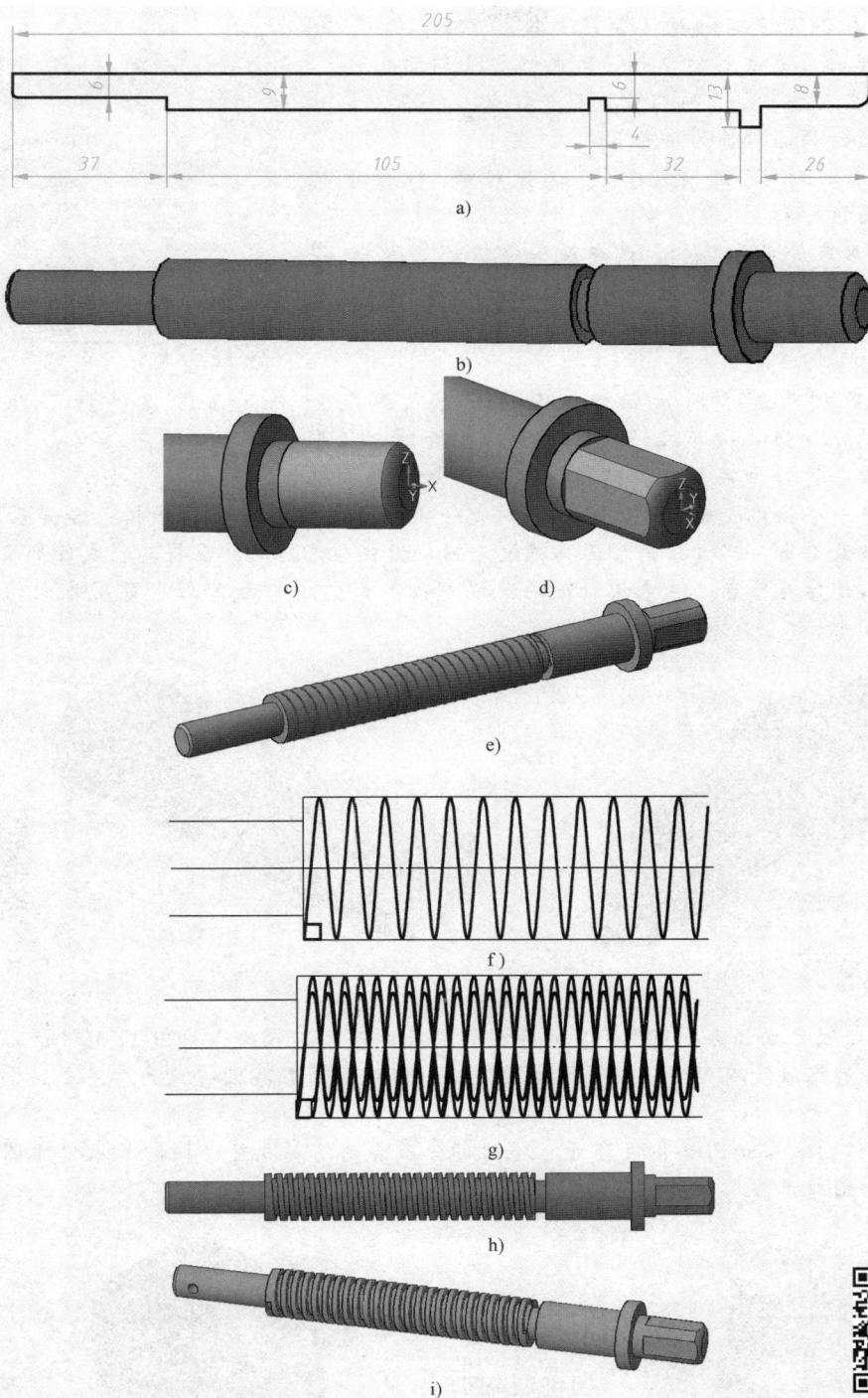

图 9-1-10　螺杆的建模过程

螺杆建模

在装配过程中，螺杆通过插入外部参照的方式装配到合适位置，所以将螺杆保存为外部块。为保证插入方位合适，必须在创建块之前调整坐标轴的方位，具体步骤如下：

1) 保证螺杆左端销孔轴线方向为 Z 轴方向，如果不一致，则通过旋转坐标轴的方式进行调整。

2）在命令行窗口输入"WBLOCK"命令，按〈Enter〉键，弹出"写块"对话框，如图9-1-11所示。

3）单击"基点"选项组中的"拾取点"按钮，选择图9-1-12所示的圆心作为块的基点。

4）单击"对象"选项组中的"选择对象"按钮，选择螺杆为块的对象。

5）输入文件名和路径，选择插入单位"毫米"，单击"确定"按钮，完成外部块的创建，在相应文件夹中生成外部参照文件"螺杆.dwg"。

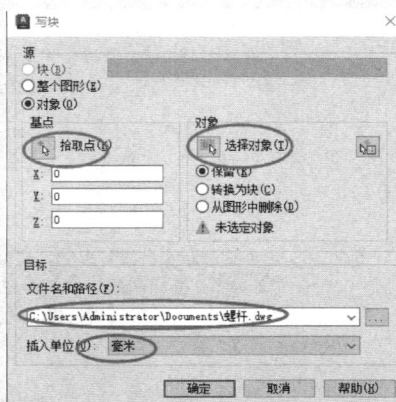

图9-1-11 "写块"对话框

4. 其他零件建模

1）参照图5-2-15所示钳口板尺寸建模，模型如图9-1-13所示。钳口板花纹造型方法为：先绘制三角形沟槽的形状，再拉伸成柱体；通过复制或矩形阵列成一排，将其中一个柱体旋转90°后同样复制成一排，形成相互垂直的网格；合并后旋转45°，再与钳口板做差集，形成三角形沟槽花纹。钳口板模型建好后，应将其制成外部块，将背面圆孔的圆心设为其基点。注意钳口板的安装方位：长度方向为X轴、宽度方向为Z轴、厚度方向为Y轴。

图9-1-12 基点

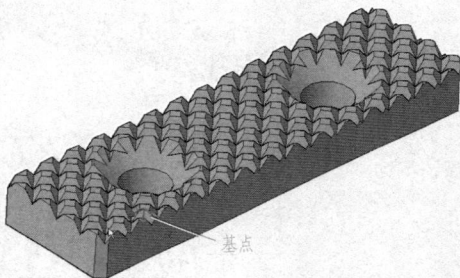

图9-1-13 钳口板

钳口板建模

2）参照项目五任务一图5-1-1所示螺母块尺寸建模，模型如图9-1-14所示。为简化作图，两个孔的螺纹没有绘制。螺母块也要制成外部块，将顶端圆心设为其基点，向上方向为Z轴正方向。

3）螺钉的模型如图9-1-15所示，螺纹部分未绘制。制成外部块的基点位于图示原点位置，方位如图所示。

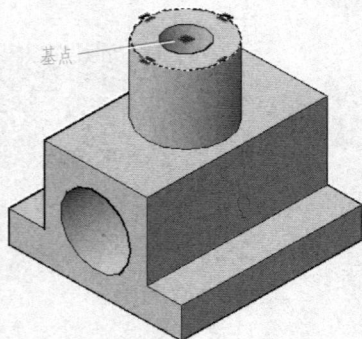

螺母块建模

图9-1-14 螺母块

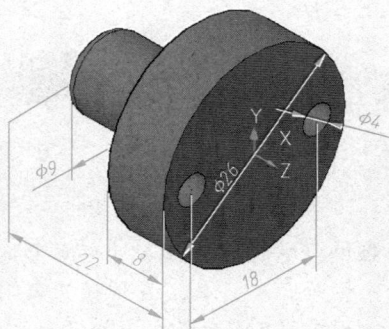

螺钉建模

图9-1-15 螺钉

注意：在插入外部参照时，Z轴的调整较困难，X轴和Y轴以已知角度调整很容易实现，所以在生成零件的外部块时，应使零件的Z轴与装配图的Z轴一致，X轴和Y轴方向可以相同、相反或相差90°。零件外部块的基点设置应考虑与其他零件的装配关系。

5. 装配活动钳身组件

打开"活动钳身.dwg"文件，应用"三维旋转"命令旋转钳身，应用"UCS"命令移动坐标系，调整后活动钳身方位如图9-1-16a所示。

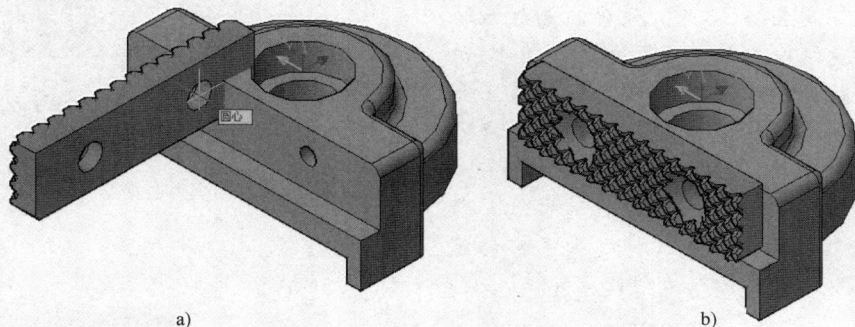

a)　　　　　　　　　　　　　b)

图9-1-16　插入钳口板

在当前图形中插入零件，是通过插入外部参照来实现的。当零件图修改后，装配图会自动修改相应零件。在保存装配图时，需要同时保存插入的零件图文件。外部参照具体内容参照项目二任务二。装配钳口板的步骤如下：

1）单击下拉菜单"插入"→"DWG参照"，打开"选择参照文件"对话框，选择前面制成的外部块文件"钳口板.dwg"，单击"打开"按钮，如图9-1-17所示。

2）在弹出的"附着外部参照"对话框中选中"附着型"，选择"在屏幕上指定"插入点和旋转角度，比例均设为1.00，同时注意块单位为"毫米"，单击"确定"按钮，如图9-1-18所示。

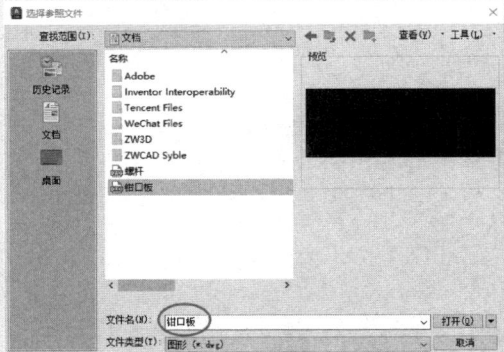

图9-1-17　"选择参照文件"对话框

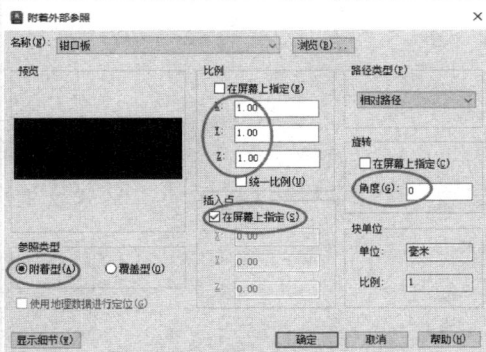

图9-1-18　"附着外部参照"对话框

3）单击绘图区活动钳身小孔圆心处作为块的插入点，如图9-1-16a所示，输入方位角90°，角度大小视相对方位而定，完成钳口板的插入，如图9-1-16b所示。

采用同样的方法插入螺钉和螺母块，螺钉的插入点为顶部圆心（坐标原点），可以使用"对象捕捉"模式或"输入点坐标"的方法找到该点；螺母块的插入点可以输入点坐标（0，0，-12），也可以通过绘制辅助线再使用"对象捕捉"找到该点，即在插入螺母块之前画一条辅助线，辅助线长度为12mm，螺母块的插入点为辅助线的下端点；螺钉和螺母块的方位角在图上指定，为 0°或 90°。注意：在插入零件前注意坐标轴方位，必须按照图 9-1-16 所示方位，如果不相同，可以旋转坐标轴进行调整。

将装配完成的活动钳身组件保存为外部块，基点为坐标原点，如图 9-1-19 所示。

6. 完成机用虎钳三维模型装配图

打开"固定钳座.dwg"文件，为了准确找到活动钳身组件的插入点，绘制图 9-1-20a 所示的辅助线，即在"对象捕捉"模式下用直线连接钳座两边圆弧中点，将坐标原点移到所画直线的中点，旋转坐标轴以使 XY 平面竖立，画长度为 46mm 的竖直辅助线，旋转坐标轴以使 Z 轴竖直向上，以竖直辅助线上部端点作为插入点插入活动钳身组件，如图 9-1-20b 所示。

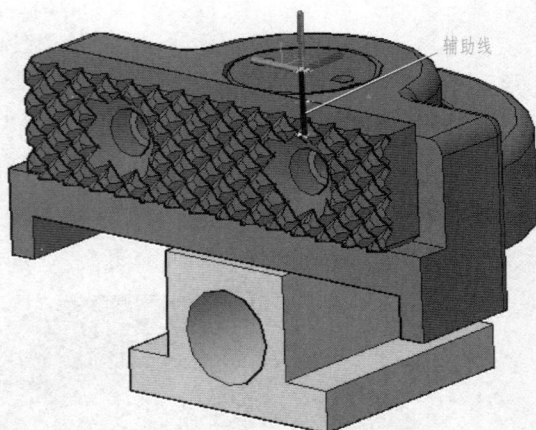

图 9-1-19　活动钳身组件

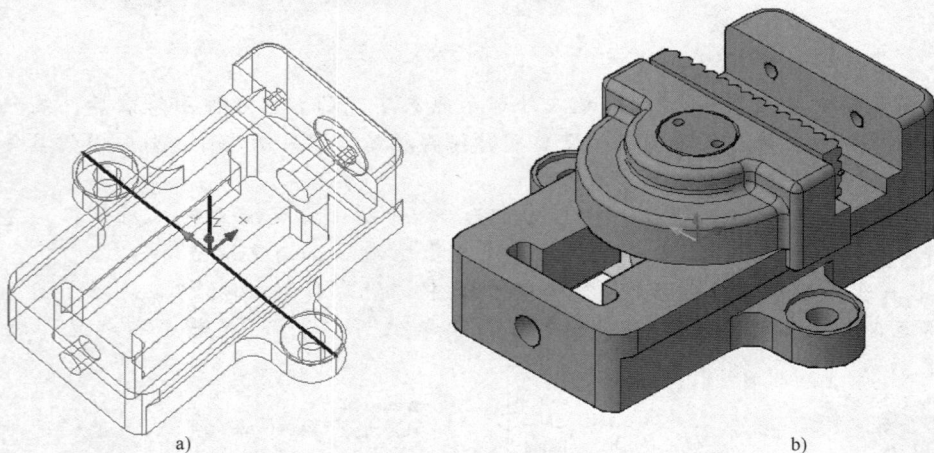

图 9-1-20　插入活动钳身组件

用同样方法插入螺杆和钳口板，螺杆的插入点位于固定钳座端部圆心，钳口板的插入点位于固定钳座上的安装小孔上，旋转角度根据方位确定为 90°的倍数，如图 9-1-21 所示。

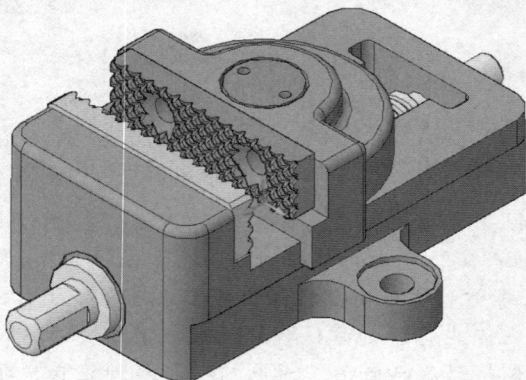

图 9-1-21　机用虎钳部分装配图

> **注意**：在插入外部参照之前，必须根据将要插入的零件外部块的方位来调整坐标轴，以使两者的 Z 轴方向相同，X 轴和 Y 轴方向可以相同、相反或相差 90°；插入时，插入点的定位可以采用输入坐标或使用对象捕捉的方法，必要时需添加辅助线。

【知识链接】

创建外部块

WBLOCK 命令用于将对象或块写入新图形文件，即创建可以作为块插入到其他图形中的外部块。注意它与 BLOCK 命令的区别：BLOCK 命令创建内部块，只能在本文件中使用。

有两种创建图形文件的方法：一是使用 SAVE 或 SAVEAS 命令创建并保存整个图形文件；二是使用 EXPORT 或 WBLOCK 命令从当前图形中创建选定的对象，然后保存到新图形中。使用任一方式创建一个普通图形文件，都可以作为块插入到任何其他图形文件中。默认情况下，WCS（世界坐标系）原点（0，0，0）用作以块插入的图形文件的基点。打开原图形并使用BASE 命令指定不同的插入基点可以更改基点，下次插入此块时将使用新基点。

将图形作为块插入时，并不包括图纸空间中的对象。要将图纸空间对象传送到其他图形中，需将对象转变成块或将其保存为单独的图形文件，然后将块或图形文件插入到其他图形中。

外部块插入后更改了原图形，但不会影响当前图形。如果希望更改原图形且使所做的更改反映在当前图形中，则需要作为外部参照附着，而不是将它作为块插入。

【强化练习】

按作图步骤完成任务，并将剩余零件插入到装配图中。

项目十

从三维图到工程图

学习目标

1. 掌握从三维图到工程图的基本操作方法。
2. 掌握剖面图基本操作方法。
3. 掌握工程图编辑的基本方法。

任务　绘制轴承座工程图

【工作任务及分析】

将项目八任务二所绘制的轴承座三维图转换为图 10-1-1 所示工程图。

本任务工程图生成的主要步骤为：页面编辑→生成主视图和轴测图→生成半剖视图（俯视图）→生成由两个平行剖切平面获得的剖视图（左视图）→导出二维图→编辑二维图并标注。

【任务操作步骤】

1. 页面编辑

1）按照项目八任务二所述操作步骤绘制轴承座三维模型。单击"布局 1"选项卡，单击选择页面框，如图 10-1-2a 所示，删除"布局 1"原有页面。

2）单击"布局"选项卡中的"页面设置"按钮，打开"页面设置管理器"对话框，单击"修改"，打开"页面设置—布局 1"对话框，设置如图 10-1-2b 所示，单击"确定"按钮并关闭对话框，返回"布局 1"选项卡。

2. 生成主视图和轴测图

单击"基点"按钮，在下拉框中单击"从模型空间"按钮，在"方向"工具栏中选择合适的视图作为主视图，本处根据实际情况选择"后视"；在"外观"工具栏中单击按钮，在下拉框中单击"可见线"按钮；选择比例为"1∶1"，在图纸空间合适位置单击主视图放置位置，如图 10-1-3a 所示，按〈Enter〉键两次，完成主视图绘制，如图 10-1-3b 所示。单击"投影"按钮，父视图选择为刚刚生成的主视图，单击位置生成一个轴测图，如图 10-1-3c 所示；选择生成的轴测图，单击"工程视图"选项卡中的"编辑视图"按钮，可见性选择带可见线着色，比例设置为 1∶2。

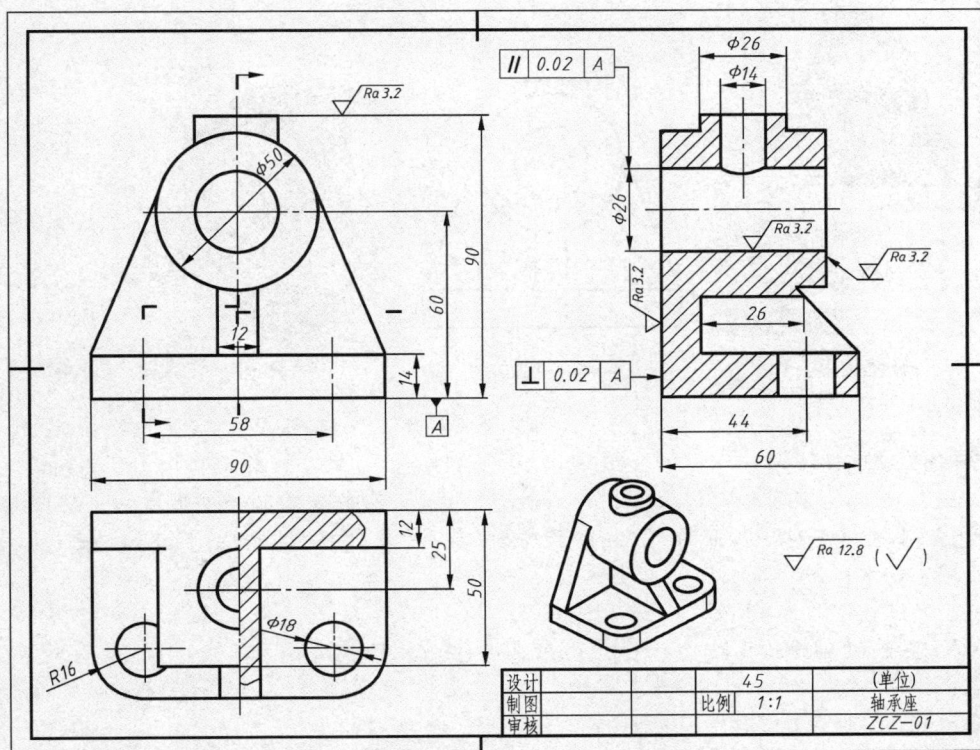

图 10-1-1 轴承座工程图

从三维图到
工程图

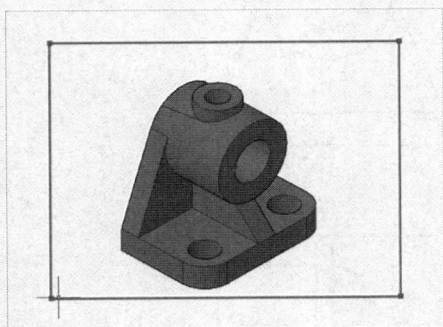

a) 删除"布局1"原有页面

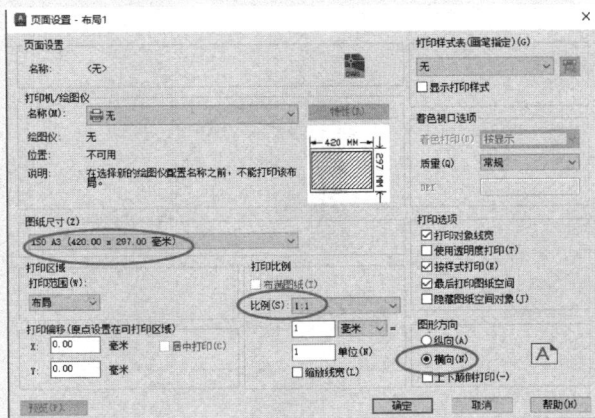

b) "页面设置—布局1"对话框

图 10-1-2 页面编辑

3. 生成半剖视图—俯视图

单击"布局"选项卡中"创建视图"工具栏中的"截面" 下拉箭头，在下拉框中选择 半剖命令，命令行执行如下：

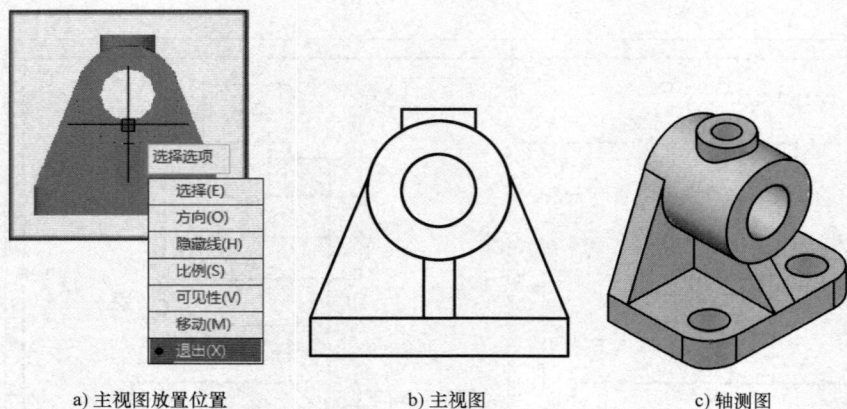

a) 主视图放置位置　　　　　　　　b) 主视图　　　　　　　　c) 轴测图

图 10-1-3　生成主视图和轴测图

命令：VIEWSECTION

选择父视图：　　　　　　　　　　　　　　　　　　（单击选择上一步生成的主视图）

选择类型[全剖(F)/半剖(H)/阶梯剖(OF)/旋转剖(A)/对象(OB)/退出(X)]<退出>：H

选择父视图：找到 1 个

隐藏线＝可见线(V) 比例＝1：1　　　　　　　　　　　　　　　　[来自父视图(F)]

指定起点或[类型(T)/隐藏线(H)/比例(S)/可见性(V)/注释(A)/图案填充(C)]<类型>：

指定起点：　　　　　　　　　　　　　　　　　（单击点1，如图 10-1-4a 所示）

指定下一个点或[放弃(U)]：

　　　　　　　（单击点2，注意在状态栏打开"对象捕捉"和"对象捕捉追踪"模式）

指定端点或[放弃(U)]：　　　　　　　　　　　　　　　　　　　（单击点3）

指定截面视图的位置或：　　　　　　　　　　　（单击合适位置，如图 10-1-4b 所示）

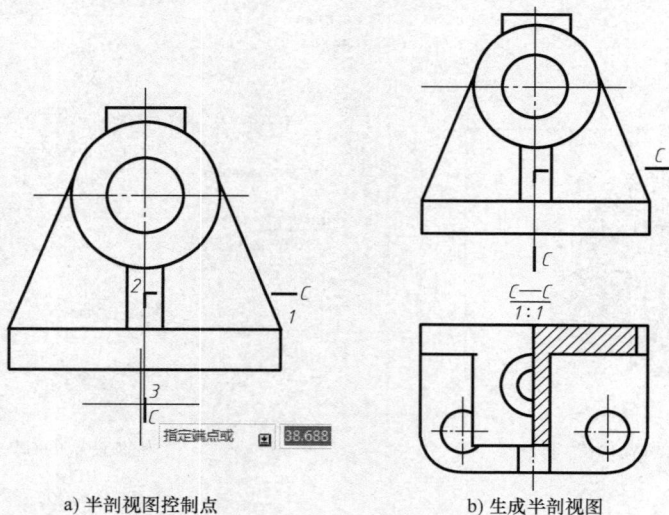

a) 半剖视图控制点　　　　　　　　　　b) 生成半剖视图

图 10-1-4　半剖视图

4. 生成两个平行剖切平面的剖视图—左视图

单击"布局"选项卡"创建视图"工具栏栏中"截面" 下拉箭头，在下拉框中选择

阶梯剖命令，命令行执行如下：

命令:VIEWSECTION

选择父视图: （选择主视图）

选择类型[全剖(F)/半剖(H)/阶梯剖(OF)/旋转剖(A)/对象(OB)/退出(X)]<退出>:OF

选择父视图:找到 1 个

隐藏线=可见线(V) 比例=1:1 ［来自父视图(F)］

指定起点或[类型(T)/隐藏线(H)/比例(S)/可见性(V)/注释(A)/图案填充(C)]<类型>:

指定起点: （单击点 1,注意在状态栏打开"对象捕捉"和"对象捕捉追踪"模式）

指定下一个点或[放弃(U)]: （单击点 2）

（单击点 3,可以事先绘制一条过俯视图圆心的竖直线作为辅助线）

指定下一个点或[放弃(U)]: （单击点 4）

指定下一个点或[放弃(U)/完成(D)]<完成>: （按〈Enter〉键）

指定截面视图的位置或: （单击指定左视图放置位置,如图 10-1-5 所示）

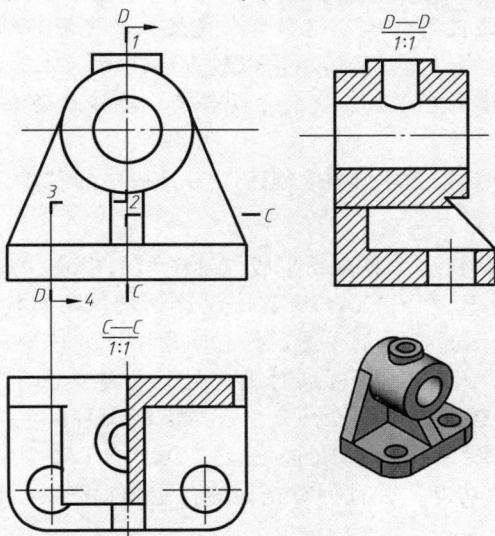

图 10-1-5　两个平行剖切平面的剖视图

5. 导出二维图形

单击左上角标题栏图标 ，在下拉菜单中单击"另存为"→"将布局另存为图形",输入文件名,确定后即可保存布局中的图形。

6. 编辑二维图形并标注

单击"默认"选项卡中的"分解"按钮 ，将导出的二维图形进行分解,再使用各种 CAD 编辑命令对二维图形进行编辑,参照图 10-1-1 的要求进行标注,完成工程图的绘制。

【知识链接】

从模型空间创建视图

从模型空间创建视图需要的一些常用命令有："页面设置""基点（从模型空间）""投影""截面""局部""编辑视图"等,通过"截面"命令可以得到全剖、半剖、局部剖等不同的剖视图。当模型空间中的三维模型改变时可执行"自动更新"命令进行更新。布局选项卡如图 10-1-6 所示。

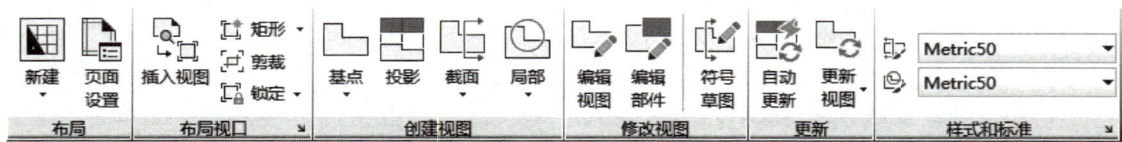

图 10-1-6　布局选项卡

下面以全剖视图为例说明剖视图的生成过程，通过沿被剖切对象的全部长度执行剪切平面命令，生成全剖视图。

1）单击"布局"选项卡中"创建视图"工具栏中的"截面"下拉框，选择"全剖"命令。

2）单击要用作父视图的视图，起点方向箭头将显示在光标上。

3）在绘图区单击以指示剖切线的起点，终点方向箭头将显示在光标上。

提示：使用"对象捕捉""对象捕捉追踪""正交"和"极轴追踪"功能来准确指定剖切线的位置。

4）在绘图区单击以指示剖切线的端点，截面视图的预览将显示在光标上。

提示：可以使用"截面视图创建"选项卡来修改截面视图的特性。

5）将预览移动到所需的位置，然后单击以放置该视图。

提示：将预览约束为按垂直于剖切线的方向移动。要释放约束，可按<Shift>键；要恢复约束，则再次按<Shift>键。

6）单击"截面视图创建"选项卡中"创建"工具栏中的"确定"按钮完成操作。

素养园地：自动绘图，超越发展

目前大多数国产 3D 软件均带有自动生成二维图形的模块，且生成的二维图形与我国国家标准更加切合。以中望 3D 和 CAXA 3D 实体设计为例：两者均可以将设计的三维模型直接在工程图中生成基本视图、各种剖视图、任意向视图，并按用户要求设置图层、颜色、线型、线宽等，尺寸标注也可以与国家标准对接；至于生成装配图，也更加便捷，实际上，大型机械的装配图一般不会按元素绘制，而是由三维装配图直接生成得到，同时还可以十分方便地得到明细栏和表达装配关系的爆炸图。总之，国产 3D 软件生成二维图形的功能已经全面超越了 AutoCAD 的该项功能，并且拥有完全的自主知识产权。国产 3D 软件生成工程图界面如图 10-1-7 所示。

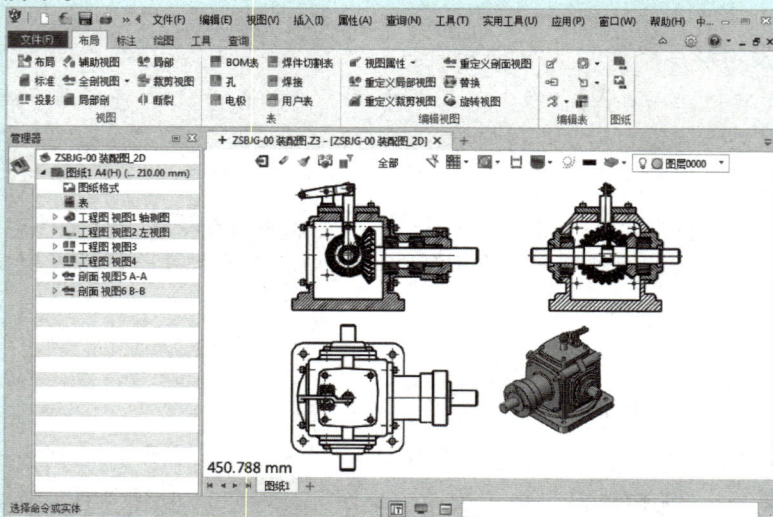

a) 中望3D的工程图

图 10-1-7　国产 3D 软件生成工程图

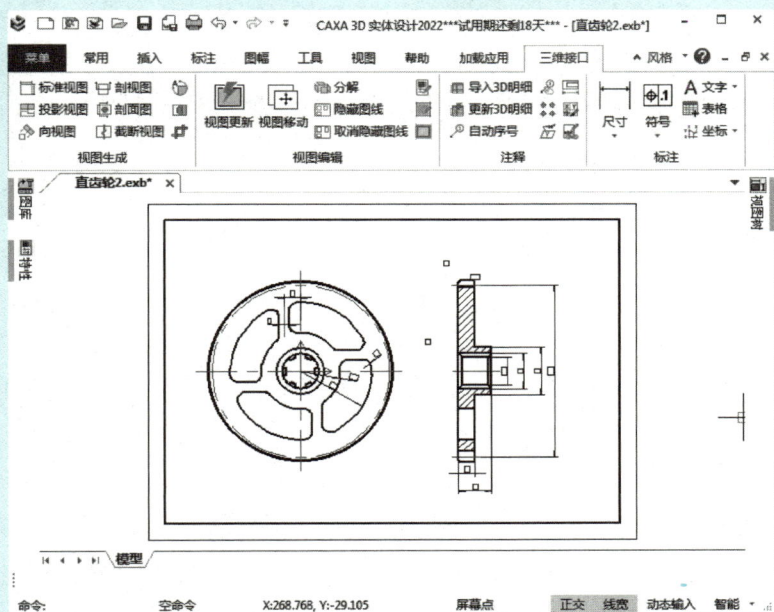

b) CAXA 3D实体设计的三维接口

图 10-1-7 国产 3D 软件生成工程图（续）

【强化练习】

将图 10-1-8 所示二维图形绘制成三维图形，再生成工程图，要求工程图的主视图采用半剖视图，尺寸公差、几何公差、表面粗糙度如图所示，添加图框、技术要求等工程图必备要素。

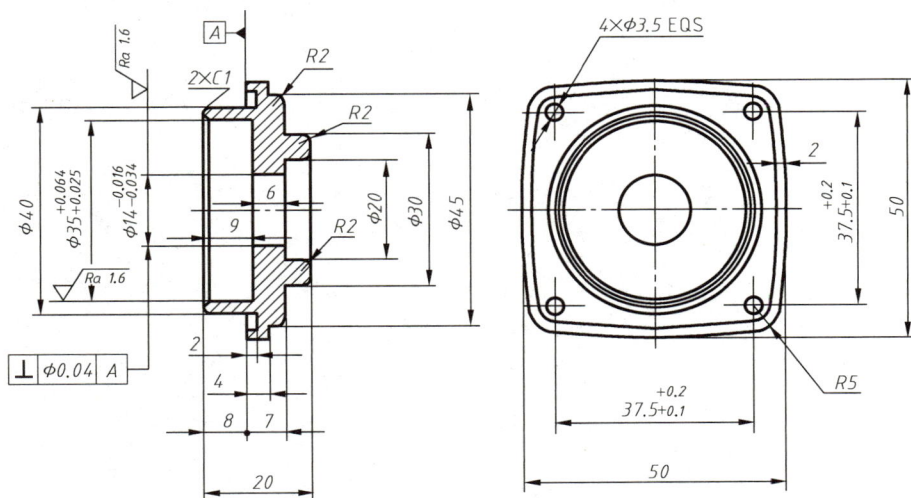

图 10-1-8 端盖

参 考 文 献

［1］ 杨琼，陈卫红．AutoCAD 实用教程 ［M］．武汉：华中师范大学出版社，2009．

［2］ 毛江峰，强光辉，等．机械绘图实例应用 ［M］．北京：清华大学出版社，2016．

［3］ 陈卫红．机械制图 ［M］．上海：上海科学普及出版社，2017．